高等医药院校药学专业教材

物理化学

Physical Chemistry

主　编　李晓燕　崔国辉

编　者　（按姓氏笔画排序）

刘　艳（北京大学药学院）

李晓燕（北京大学药学院）

赵登亮（内蒙古医学院）

侯小娟（怀化医学高等专科学校）

崔国辉（首都医科大学药学院）

北京大学医学出版社

图书在版编目（CIP）数据

物理化学/李晓燕　崔国辉主编．—北京：北京大学医学出版社，2007.2（2014.1 重印）

ISBN 978-7-81071-943-8

Ⅰ．物…　Ⅱ．①李…　②崔…　Ⅲ．物理化学-高等学校-教材　Ⅳ．064

中国版本图书馆 CIP 数据核字（2007）第 003674 号

物理化学

主　　编：李晓燕　崔国辉
出版发行：北京大学医学出版社（电话：010－82802230）
地　　址：（100191）北京市海淀区学院路 38 号　北京大学医学部院内
网　　址：http://www.pumpress.com.cn
E－mail：booksale@bjmu.edu.cn
印　　刷：北京地泰德印刷有限公司
经　　销：新华书店
责任编辑：张彩虹　　**责任校对：**金彤文　　**责任印制：**张京生
开　　本：787mm×1092mm　1/16　　**印张：**13.5　　**字数：**342 千字
版　　次：2007 年 2 月第 1 版　2014 年 1 月第 2 次印刷
书　　号：ISBN 978-7-81071-943-8
定　　价：19.60 元

前　言

本书是高等医药教育药学专业专科教材，本教材的使用对象是通过普通高考的全日制药学专业本、专科学生和在职接受高等教育的药学专业从业人员。本书力求为培养现代化药学应用人才提供一本简单适用的教材。

物理化学是药学专业的基础课，我们在编写本教材时，本着为后续专业课程提供基础理论、基础知识、基本思维方法和基本技能的原则，充分考虑到药学专科学生的培养目标、实际需要和知识水平，在教材的深度和广度上作了合理调整。本教材只用了较少的篇幅讲述热力学的基本原理和关于化学平衡、相平衡的热力学计算，同时用了较大篇幅对与药学专业密切相关的化学动力学、表面现象、胶体等内容进行讲述，舍去了公式推导等比较抽象、难度较大的内容，增加了例题部分，在所有要求学生掌握的公式后都附有例题。在文字叙述上尽量做到深入浅出、循序渐进。本书采用 SI 制，专业术语根据 IUPAC 的建议或 GB 中的规定。

本教材按 50～70 学时的讲课内容编写，部分标题前加“*”，以供本、专科不同层次、不同学校根据具体情况取舍。全书共分 8 章，第一章、第二章、第七章、第八章由李晓燕编写，第三章由崔国辉编写，第四章由侯小娟编写，第五章由赵登亮编写，第五章的插图由崔国辉绘制，第六章由刘艳编写。北京大学医学部的谢英、李馨儒老师百忙之中对本书提出了非常有价值的建议和意见，在此一并表示感谢。

为了编写一本适合药学专业专科学生的教材，所有编者竭尽全力，但水平有限，不足及错误之处，恳请读者指正。

编者

2007 年 1 月

目　录

第一章 热力学基本原理

热力学(thermodynamics)是研究在物理和化学变化中热和其它能量相互转换规律的科学。热力学在建立初期只是研究热和功之间的转换关系。1850 年前后,焦耳通过实验提出了著名的热功转换当量定律,之后能量守恒定律即热力学第一定律得到承认。同一时间前后,开尔文和克劳修斯分别建立了热力学第二定律。

热力学研究的是系统的宏观性质,热力学第一定律研究不同性质的能量之间的转换关系;热力学第二定律解决了变化的方向和限度问题。热力学第一定律和第二定律是热力学的基础。这两个定律不是从理论上推导出来的,而是人们从长期的实践经验中总结得到的,并经过大量实验事实所证明,是不容置疑的科学真理。这两个定律也是物理化学中最基本的定律。

化学热力学(chemical thermodynamics)是用热力学的基本原理研究化学反应、物态变化及与化学现象相关的物理现象的学科。通过热力学第一定律可以计算化学反应的热效应,用热力学第二定律可以判断化学反应的方向以及反应的限度。19 世纪末,当人们了解到石墨和金刚石原来是同一种元素碳的不同晶型,就试图用石墨制造金刚石,但无数实验均以失败告终。热力学计算表明,只有压力在 15000 大气压以上,这种转变才能够实现。热力学理论对人造金刚石的成功制造起了决定性的作用。热力学第三定律的建立确定了规定熵的数值,使化学平衡的计算可以用热力学数据解决,给化学平衡的研究带来了极大方便。

化学热力学对药物的研究、生产、使用等各环节也有重要作用。新型药物的合成及可能性、合成药物最高产率的确定及寻找提高产率的方法、药物制剂的稳定性等,都需要化学热力学的基本理论和方法。

热力学方法及特点

热力学是讨论系统宏观性质的理论,它的研究对象是由大量质点组成的宏观系统,所得结论反映了大量粒子的平均行为,具有统计意义。热力学不能对个别粒子的行为作出解答。因此无需知道微观粒子的结构、变化的细节、系统是如何达到目前状态的,只要知道系统的状态、变化的始态和终态及变化时外界的条件等,热力学就可以进行计算,得到可靠的结论。热力学研究的是系统变化的方向、限度及变化中的能量转化,而变化的真实过程、变化所用的时间等,不是热力学所研究的,因此热力学对变化速率、机理等无法作出预测。

热力学采用演绎的研究方法,即从基本定律出发,采用严格的数理逻辑推理方法,以实验观察、实验事实为基础,所得结论的正确性和有效性从不受到怀疑。

第一节 热力学基本概念

一、系统与环境

系统(system) 我们所研究的对象称为系统。它包括所研究的物质及这些物质所占有的空间。

环境(surroundings) 系统之外、和系统密切相关的那部分物质和空间称为环境。

系统和环境是为了研究的目的而人为划定的，它们之间可以有真实的界面，也可以是假设的界面。根据系统和环境之间的关系，可以把系统分为三个类型：隔离系统、封闭系统和开放系统。

隔离系统(isolated system) 和环境之间既没有能量传递，也没有物质交换的系统。

封闭系统(closed system) 和环境之间有能量传递，但是没有物质交换的系统。

开放系统(open system) 和环境之间既有能量传递，也有物质交换的系统。

二、系统的性质

系统的性质 表征系统状态的物理量，如温度、体积、压力、黏度等，也称这些性质为热力学变量(thermodynamic variable)。系统的性质分为两类：广度性质和强度性质。

广度性质(extensive properties) 性质数值的大小和系统中的物质的量成正比，如质量、体积、热力学能等，也称容量性质。广度性质具有加和性，系统的某种广度性质是系统各部分该广度性质的加和。

强度性质(intensive properties) 性质只和系统所处的状态有关，和系统中的物质的量无关，如温度、压力、密度等。强度性质不具有加和性。当系统达到平衡时，系统中各部分强度性质的值相等。

广度性质和强度性质之间是相关联的，它们之间可以相互转化。例如：

$$摩尔体积(V_m) = \frac{体积(V)}{物理的量(n)}$$

体积 V 和物质的量 n 是广度性质，它们的商摩尔体积 V_m 是强度性质。

三、状态函数与状态方程

状态(state) 系统全部宏观性质的总和称为状态。当系统的状态确定时，系统的性质都有确定的值；同样，当系统的性质都有确定的值，系统的状态就确定了。一般认为，一个确定量的单组分系统，若有两个强度性质确定，系统的所有强度性质就确定了。如果知道系统的量，则系统所有性质都确定，即系统的状态确定了。常用来确定系统状态的两个强度性质是温度和压力。

状态函数(state function) 描述系统状态的宏观性质，如温度、体积、热力学能等称为状态函数。状态函数具有以下特征：

(1) 状态函数具有单值性。当系统的状态确定以后，状态函数都只具有一个确定的数值。例如在 1 个大气压下，25℃时，水的摩尔体积、密度、黏度等性质都已确定了，并且只有一个确定的值。

(2) 当系统发生变化时，状态函数的改变量只与系统的始、终态有关，与变化的过程无关。

(3) 状态函数的微小变化在数学上是全微分。例如，定量理想气体的体积 V 是温度 T 和压力 p 的函数：

$$V = f(T, p)$$

V 的全微分关系式为：

$$\mathrm{d}V = \left(\frac{\partial V}{\partial T}\right)_p \mathrm{d}T + \left(\frac{\partial V}{\partial p}\right)_T \mathrm{d}p$$

状态函数的微分的循环积分为零。$\mathrm{d}V$ 的循环积分是系统恢复原态时体积的变化，显然

$$\oint dV = 0$$

(4) 不同状态函数的集合(和、差、积、商)仍是状态函数。例如热力学能、压力、体积都是状态函数,它们的集合——焓也是状态函数 $H=U+pV$。

状态方程(equation of state) 描述系统中各状态函数数值之间关系的方程式。例如,理想气体的温度、压力和体积之间有如下函数关系:

$$pV=nRT$$

式中 p 为气体的压力,V 是气体的体积,T 为热力学温度,单位为"K",R 称摩尔气体常数,$R=8.314\ J\cdot K^{-1}\cdot mol^{-1}$。上式被称作理想气体状态方程。

四、热力学平衡态

热力学平衡态 当系统所有的性质都不随时间而改变时,系统所处的状态。热力学平衡包括热平衡、力平衡、相平衡和化学平衡。

热平衡 系统各部分的温度相等。

力学平衡 系统各部分之间及系统与环境之间没有不平衡的力存在。

相平衡 系统中各相的组成和数量不随时间而变。

化学平衡 系统中化学反应达到平衡时,系统的组成不随时间而变。

基础物理化学主要讲述经典热力学,即只研究处于热力学平衡态的系统。在本书中如果没有特殊说明,所讨论的系统均为处于热力学平衡的系统。

当系统处于热力学平衡时,系统中的各种性质都具有一定的数值。

在处理实际问题时,为了简化所处理的问题,常把一些没有达到热力学平衡的系统近似作为平衡系统处理。例如某系统的温度和环境温度不相等,或者系统还存在未达到平衡的化学变化或相变化,但是在我们研究的时间和范围内,系统性质的变化极其微小,可以近似地将其看作是热力学平衡系统。

五、过　程

过程(process) 系统的状态会随着外界条件的改变而发生变化,如 p、T、V 的变化、相变化、化学变化等,这种变化的经过称作"过程"。几种典型的过程如下:

等温过程(isothermal process) $T_1=T_2=T_{环}$,系统的始、终态温度相等,且过程中的温度恒定,并等于环境温度。

等压过程(isobaric process) $p_1=p_2=p_{外}$,系统的始、终态压力相等,且过程中压力恒定,并等于环境的压力。

等容过程(isochoric process) $V_1=V_2$,过程中体积不变。

绝热过程(adiabatic process) 过程中系统和环境之间没有以热的形式进行的能量传递。

循环过程(cyclic process) 系统由始态出发经历一系列过程又回到初始态的过程。

可逆过程(reversible process) 系统经历某一过程后从一个状态变为另一个状态,如果能通过其逆过程使系统和环境都完全复原,则该过程称可逆过程。

途径(path) 系统发生变化的具体步骤。系统从始态到终态的变化过程可以是一个途径也可以是多个途径组成的。

六、热与功

系统和环境之间传递的能量可以分为两大类：热和功。由此可见，热和功都不是系统的性质，不是状态函数，它们的值是和能量传递的过程相关的。

热(heat) 系统和环境之间由于温差而传递的能量，符号为“Q”，单位为“J”。本书规定系统吸热时 $Q>0$，放热时 $Q<0$。

功(work) 除了热以外系统和环境之间传递的其它能量，符号为“W”，单位为“J”。本书规定环境对系统做功 $W>0$，系统对环境做功 $W<0$。

热力学中把功分为两类：因系统的体积改变而做的功称为“体积功”，也称“膨胀功”；除此以外的功称为“其它功”或“非体积功”，用符号“W'”表示。

体积功的计算

$$W_e=-\int p_{外}\,dV$$

对于一个外压恒定的过程：

$$W_e=-p_{外}(V_2-V_1)$$

【例 1-1】 苯在 101.325 kPa 下的沸点为 80℃。现有 1 mol 液态苯在该条件下完全蒸发为相同温度、压力下的气体，计算该过程系统所做的体积功。设苯蒸气为理想气体。

【解】 80℃为苯的沸点。

$$W=-\int p_e dV=-p_e(V_g-V_l)$$

液体的体积 V_l 比气体的体积 V_g 小很多，可以忽略，则 $W\approx -p_eV_g=-pV_g$

因为理想气体 $pV=nRT$

所以 $W=-pV_g=-nRT=-1\times 8.314\times(80+273.2)=-2937$ J

系统对环境做功为 2937 J。

第二节 热力学能与热力学第一定律

热力学能(thermodynamic energy) 也称内能，是系统内部所有能量的总和，包括内位能和内动能。热力学能用符号“U”表示，单位为“J”。热力学能是状态函数，是系统的广度性质，它的数值大小和系统的状态有关，和系统中物质的量成正比。

热力学第一定律(the first law of thermodynamics) 系统内部能量的改变量等于系统从环境得到的能量。这是能量守恒和转化定律在系统内部的应用。

热力学第一定律数学表达式 若系统经历某个过程从状态 1 变成状态 2，在该过程中系统从环境吸热为 Q，环境对系统做功为 W，则系统热力学能的变化值 ΔU 为

$$\Delta U=Q+W \tag{1-1}$$

若系统所发生的变化非常微小，上式也可以表示为

$$dU=\delta Q+\delta W \tag{1-2}$$

式中“d”和“δ”都表示变量的微小变化。状态函数的微小变量可以全微分，用“d”表示；功 W、热 Q 等不能全微分的变量极小值用“δ”表示，以示区别。

【例 1-2】 1mol 液态 H_2O 在 100℃完全蒸发为气体，在该过程中水吸热 40.7 kJ，所产生的气体对环境做体积功 3.1 kJ，计算该过程系统热力学能的变化。

【解】 根据题意　　$Q=40.7\ \mathrm{kJ}$，$W=-3.1\ \mathrm{kJ}$

系统热力学能的变化　　$\Delta U=Q+W=40.7+(-3.1)=37.6\ \mathrm{kJ}$

第三节　功与可逆过程

功不是系统的性质。功是系统在变化过程中与环境交换能量的一种形式，是和系统在变化中所选择的具体途径直接相关的。过程不同，系统做功的大小不同。

一、体积功的计算

在多数化学反应过程中系统只做体积功，因此本章只介绍体积功的计算。下面通过一个例题了解当系统始、终态相同时，如果过程不同，系统所做的功有什么不同。

【例 1-3】 1mol 481.1K、$2p^{\ominus}$ 的理想气体等温膨胀至 $0.5p^{\ominus}$，计算系统经下列过程所做的功。

(1) 向真空膨胀。

(2) 对抗恒定外压 $0.5p^{\ominus}$ 膨胀。

(3) 首先对抗恒定外压 $p^{\ominus}$ 膨胀之平衡，第二步对抗恒定外压 $0.5p^{\ominus}$ 膨胀至终态。

(4) 使外压始终保持比系统压力少一个无穷小量，直至终态。

【解】 理想气体等温膨胀

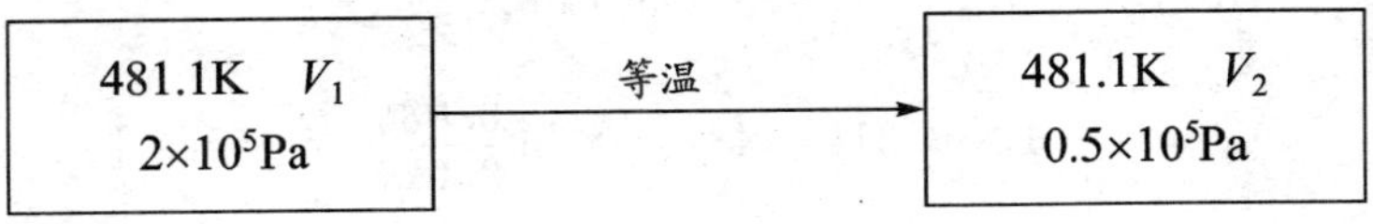

$$V_1=\frac{nRT}{p_1}=\frac{1\times 8.314\times 481.1}{2\times 10^5}=0.020\ \mathrm{m^3}$$

$$V_2=\frac{nRT}{p_2}=\frac{1\times 8.314\times 481.1}{0.5\times 10^5}=0.080\ \mathrm{m^3}$$

(1) 因为向真空膨胀，$p_e=0$

$$W_{(1)}=-\int p_e \mathrm{d}V=-p_e(V_2-V_1)=0$$

(2) 恒定外压等温膨胀

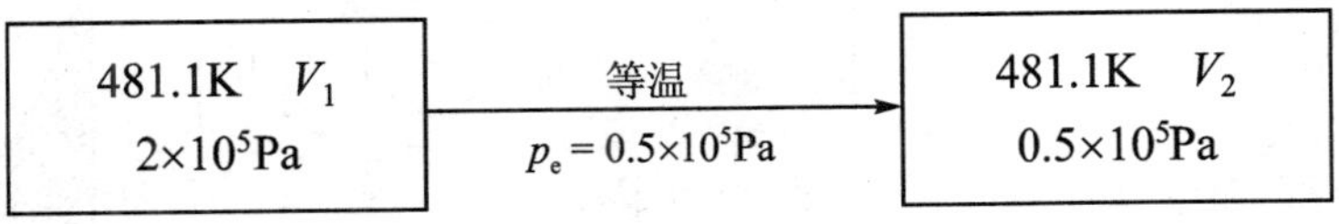

$$\begin{aligned}W_{(2)}&=-\int p_e \mathrm{d}V=-p_e(V_2-V_1)\\&=-0.5\times 10^5\times(0.080-0.020)=-3000\ \mathrm{J}\end{aligned}$$

(3) 分 2 次膨胀

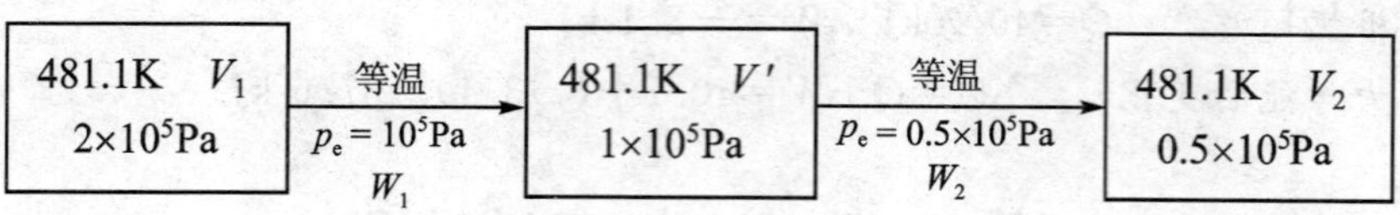

$$V'=\frac{1\times8.314\times481.1}{1\times10^5}=0.040\ \mathrm{m^3}$$

$$W_1=-10^5\times(0.040-0.020)=-2000\ \mathrm{J}$$

$$W_2=-0.5\times10^5\times(0.080-0.040)=-2000\ \mathrm{J}$$

$$W_{(3)}=W_1+W_2=-4000\ \mathrm{J}$$

(4) 使外压始终保持比系统压力少一个无穷小量的膨胀，即 $p_e=p-\mathrm{d}p$

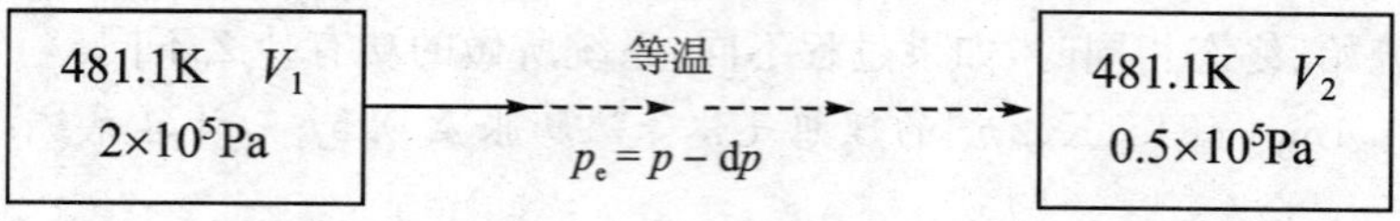

$$W_{(4)}=-\int p_e\mathrm{d}V=-\int(p-\mathrm{d}p)\mathrm{d}V=\int p\mathrm{d}V-\int\mathrm{d}p\mathrm{d}V$$

忽略二级无穷小量 $\mathrm{d}p\mathrm{d}V$，且理想气体 $p=\dfrac{nRT}{V}$，代入上式，得

$$W_{(4)}=-nRT\int_{V_1}^{V_2}\frac{\mathrm{d}V}{V}=-nRT\ln\frac{V_2}{V_1}$$

$$=-1\times8.314\times481.1\times\ln\frac{0.080}{0.020}=-5545\ \mathrm{J}$$

从计算结果可以看到，在系统始、终态相同时，变化的过程经过不同途径，系统所做的功不同。

例题中系统在不同的等温过程中所做的功可以用 $p-V$ 图(图 1－1)表示。气体向真空膨胀，外压为 0，系统没做功，$W_{(1)}=0$。一次膨胀所做功 $W_{(2)}$ 的绝对值由图 1－1a 中阴影的面积表示。分两次膨胀所做功 $W_{(3)}$ 的绝对值要大于系统一次膨胀所做得功，是图 1－1b 中的两块阴影的面积总和。当外压始终保持比系统压力少一个无穷小量时，系统所做的功最大，是图 1－1c 中曲线所包围的阴影的面积。

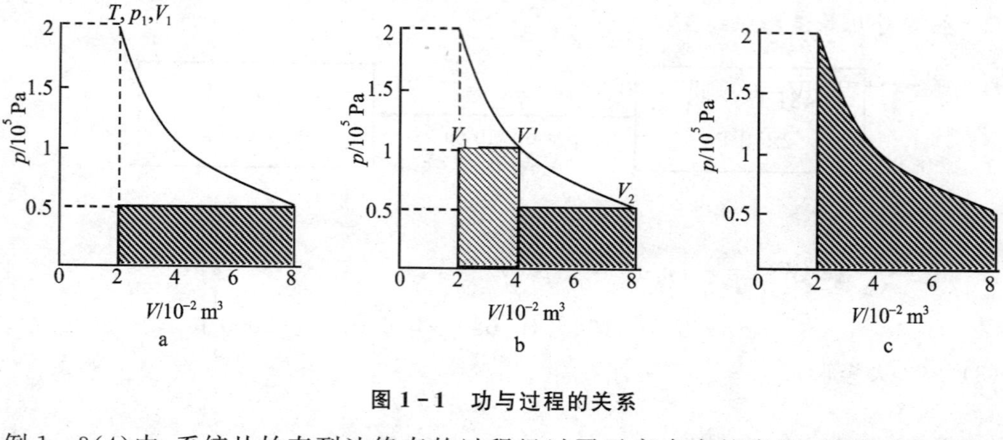

图 1－1　功与过程的关系

例 1－3(4)中，系统从始态到达终态的过程经过了无穷多次的膨胀，用了无穷长的时间，

变化进行的每一步都无限接近平衡态。这种由一连串无限接近平衡态所构成的过程称**准静态过程(quasi-static process)**。

当用相同的步骤将系统压缩回初始状态,即使环境的压力始终比系统气体的压力大 dp,将系统从 p_2、V_2 等温压缩至 p_1、V_1,环境所做的功为

$$W_{(4')} = -nRT\ln\frac{V_1}{V_2}$$

在压缩过程中,环境的压力最小,因此环境做功最小。

在上述过程中,压缩过程所做的功 $W_{(4')}$ 数值上正好与膨胀过程所做功 $W_{(4)}$ 的绝对值相等,符号相反,即系统经过正、逆两个过程所做的功 $W=W_{(4)}+W_{(4')}=0$。根据第一定律,系统回到始态,$\Delta U=0$。因此,$Q=0$ 。由于功和热都为零,当系统回到初始状态时,环境在这个过程中没有功、热的相互转换,因此也回到初始状态。

二、可逆过程

可逆过程 系统经历某一过程后从一个状态变为另一个状态,如果能通过其逆过程使系统和环境都完全复原,则该过程称可逆过程。在例 1-3(4)中的过程就是一个可逆过程。

可逆过程的特点

(1) 可逆过程是以无限小的变化进行的,是系统在每一瞬间都无限地接近于平衡态的过程,这个过程进行得无限缓慢。

(2) 可逆过程的逆过程可以使系统和环境都复原。

(3) 可逆过程系统做最大功。

可逆过程是一个理想过程,并不真实地存在于客观世界。实际过程都是不可逆过程。但有些真实过程和可逆过程非常接近,可以近似地当作可逆过程处理。例如,在相变点发生的相变过程、化学反应达到平衡后的反应、通过可逆电池进行的化学反应等。在处理实际问题时,也可以通过设计可逆过程,使问题简化。由于可逆过程系统做最大功,因此通过计算可逆过程系统所做的功,可以了解实际过程所能达到的极限。

第四节 焓

设系统发生变化时只做体积功,即 $W'=0$,根据热力学第一定律

$$\Delta U=Q+W \quad 或 \quad dU=\delta Q+\delta W=\delta Q-p_e dV$$

若变化为等容过程,$dV=0$,则 $W=0$

$$\Delta U = Q_V \tag{1-3}$$

根据式(1-3),经历一个只做体积功的等容过程,系统在该过程所吸收的热等于系统热力学能的变化。

若只做体积功的系统发生了一个等压变化,即 $p_1=p_2=p_e=p$,则

$$\Delta U = Q+W = Q-p_e\Delta V = Q-p(V_2-V_1)$$

或

$$U_2-U_1 = Q-(p_2V_2-p_1V_1)$$

整理得:

$$Q_p = (U_2+p_2V_2)-(U_1+p_1V_1) \tag{1-4}$$

由于 U、p、V 均为状态函数,因此 $(U+pV)$ 也一定是状态函数。定义系统一个新的状态函数:

焓(enthalpy)　用符号 H 表示

$$H = U + pV \tag{1-5}$$

焓的单位是"J"。由于热力学能的绝对值无法得知，焓的绝对值同样无法确定，根据式(1-4)和式(1-5)可得

$$Q_p = H_2 - H_1 = \Delta H \tag{1-6}$$

根据式(1-6)，经历一个只做体积功的等压过程，系统在该过程所吸收的热等于系统焓的增加。

虽然我们不知道热力学能和焓的绝对值，但它们的改变量 ΔU 和 ΔH，是可以分别通过系统在不做非体积功的等容或等压过程中所吸收的热来得知的。大部分的化学反应和相变化都是在等压条件下进行的，因此焓的实用价值更大一些。

【例 1-4】　已知乙醇的沸点为 78℃，1mol 液体乙醇在沸点完全蒸发为气体时吸热 18.65 kJ。若乙醇蒸气可近似看作是理想气体，液体的体积可忽略不计，试计算 10mol 乙醇在沸点完全蒸发为气体的 Q、W、ΔU 和 ΔH。

【解】　$Q = 10 \times 18.65 = 186.5\ \text{kJ}$

$W = -p_e(V_g - V_l) \approx -pV_g = -nRT$

$= -10 \times 8.314 \times (78 + 273) = -2.92 \times 10^4\ \text{J} = -29.2\ \text{kJ}$

$\Delta U = Q + W = 186.5 + (-29.2) = 157.3\ \text{kJ}$

$\Delta \text{H} = Q_p = 186.5\ \text{kJ}$

第五节　热　容

热容(heat capacity)　使无相变、无化学变化且不做非体积功的均相封闭系统升高单位热力学温度时所吸收的热。热容用符号"C"表示，单位为 $\text{J} \cdot \text{K}^{-1}$。用公式表示为：

$$C = \frac{\delta Q}{\text{d}T} \tag{1-7}$$

摩尔热容(molar heat capacity)　系统为单位物质的量时的热容，用符号"C_m"表示。

$$C_\text{m} = \frac{C}{n} = \frac{1}{n} \cdot \frac{\delta Q}{\text{d}T} \tag{1-8}$$

摩尔热容的单位为 $\text{J} \cdot \text{K}^{-1} \cdot \text{mol}^{-1}$。

定压热容　等压过程中的热容，用符号 C_p 表示。

$$C_p = \frac{\delta Q_p}{\text{d}T} = \left(\frac{\partial H}{\partial T}\right)_p$$

$$C_{p,\text{m}} = \frac{1}{n} \cdot \frac{\delta QP_p}{\text{d}T} \tag{1-9}$$

定容热容　等容过程中的热容，用符号 C_V 表示。

$$C_V = \frac{\delta Q_V}{\text{d}T} = \left(\frac{\partial U}{\partial T}\right)_V$$

$$C_{V,\text{m}} = \frac{1}{n} \cdot \frac{\delta Q_V}{\text{d}T} \tag{1-10}$$

由于温度变化而引起系统热力学能和焓的变化可用下式计算：

$$\text{d}U = C_V \text{d}T$$

$$\Delta U = \int C_V \mathrm{d}T = \int nC_{V,\mathrm{m}} \mathrm{d}T \tag{1-11}$$

$$\mathrm{d}H = C_p \mathrm{d}T$$

$$\Delta H = \int C_p \mathrm{d}T = \int nC_{p,\mathrm{m}} \mathrm{d}T \tag{1-12}$$

热容是温度的函数，它们之间的函数关系与物质种类、物态种类及不同的温度区间相关。如气体的定压热容和温度之间的经验关系式一般具有下面的形式：

$$C_{p,\mathrm{m}} = a + bT + cT^2 + \cdots$$

$$C_{p,\mathrm{m}} = a + bT + c'T^{-2} + \cdots \tag{1-13}$$

式中 a, b, c, c'…为经验常数，常见物质定压热容的经验常数可以从手册中查到，本书附录 6 中收录了部分物质定压热容的经验常数。

当温度变化较小时，可以近似将热容看作是与温度无关的常数，这种情况下，式(1－11)和式(1－12)可以写成简单的形式

$$\Delta U = nC_{V,\mathrm{m}}(T_2 - T_1)$$

$$\Delta H = nC_{p,\mathrm{m}}(T_2 - T_1)$$

【例 1－5】 在常压下将 90g、－10℃的冰加热至 50℃，试计算系统焓的变化。已知冰和水的热容分别为 37.11 J·K^{-1}·mol^{-1}和 75.31 J·K^{-1}·mol^{-1}，冰的融化热为 6.003 kJ·mol^{-1}。

【解】 冰在加热的过程中融化为水，因此该过程是分三步进行的。

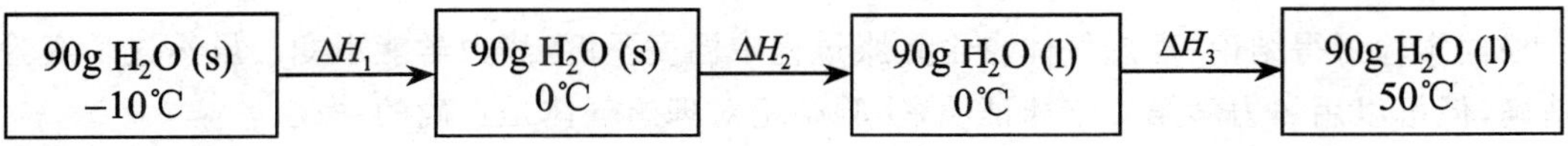

$$M_{H_2O} = 18 \times 10^{-3}\,\mathrm{kg \cdot mol^{-1}}, \quad m(H_2O) = 90 \times 10^{-3}\ \mathrm{kg}$$

$$n = \frac{m(H_2O)}{M(H_2O)} = \frac{90 \times 10^{-3}}{18 \times 10^{-3}} = 5\ \mathrm{mol}$$

$$\Delta H = \Delta H_1 + \Delta H_2 + \Delta H_3$$

$$= \int_{263}^{273} nC_{p,\mathrm{m}}(\text{冰})\mathrm{d}T + n\Delta_{\mathrm{fus}}H_{\mathrm{m}} + \int_{273}^{323} nC_{p,\mathrm{m}}(\text{水})\mathrm{d}T$$

$$= 37.11 \times 5 \times (273 - 263) + 6.003 \times 10^3 \times 5 + 75.35 \times 5 \times (323 - 273)$$

$$= 50.71\ \mathrm{kJ}$$

气体在等容升温过程中吸收的热使系统的热力学能增加，而等压升温过程中吸收的热除了升高系统的热力学能外，还因体积膨胀向环境做了体积功，因此气体的 $C_{p,\mathrm{m}}$ 大于 $C_{V,\mathrm{m}}$。液体或固体物质由于温度升高引起的体积变化很小，所做的体积功可忽略不计，因此对于固体和液体物质 $C_{p,\mathrm{m}} \approx C_{V,\mathrm{m}}$。

第六节 热力学第一定律在理想气体中的应用

一、理想气体的热力学能和焓

盖-吕萨克(Gay-Lussac)于 1807 年，焦耳(Joule)于 1843 年，分别做了低压气体自由膨胀实验。将中间带有活塞的连通容器放在水浴中(图 1－2)，将容器抽成真空后，关闭中间的活

塞，并在容器的左侧放入一定量的气体。恒温后打开连通两个容器之间的活塞，使气体从左侧的容器膨胀到右侧已经抽成真空的容器中。待平衡后，观测放置于水浴中的温度计，没有发现温度的变化。根据实验结果，气体膨胀前后，气体和水浴的温度都没有变化，因此 $Q=0$。同时气体的膨胀是在容器内部进行的，系统没有对环境做功，即 $W=0$。根据热力学第一定律 $\Delta U=Q+W$，所以 $\Delta U=0$。

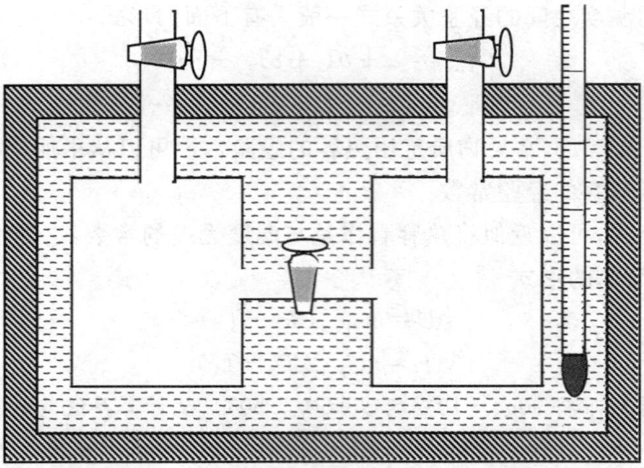

图 1-2　焦耳试验

根据实验可得结论：理想气体自由膨胀过程中温度不度，热力学能不变。虽然这个实验不够精确，但可以用热力学第二定律证明，实验结论对理想气体是正确的。

将定量的理想气体的热力学能写成温度和体积的函数 $U=U(T,V)$，系统状态发生变化时

$$dU=\left(\frac{\partial U}{\partial T}\right)_V dT+\left(\frac{\partial U}{\partial V}\right)_T dV$$

通过焦耳-吕萨克实验可以得知，气体在自由膨胀时 $dT=0$，$dU=0$，故

$$\left(\frac{\partial U}{\partial V}\right)_T dV=0$$

因为 $dV\neq 0$，所以

$$\left(\frac{\partial U}{\partial V}\right)_T=0 \tag{1-14}$$

若将热力学能表示为温度、压力的函数 $U=f(T,p)$，同理可以证明

$$\left(\frac{\partial U}{\partial p}\right)_T=0 \tag{1-15}$$

根据式(1-14)和式(1-15)说明理想气体的热力学能在恒温时保持不变，即理想气体的热力学能只是温度的函数，与压力、体积无关，用公式表示

$$U=U(T) \tag{1-16}$$

根据焓的定义式 $H=U+pV$，对于理想气体 $pV=nRT$，温度恒定时 $pV=$常数，即 $d(pV)=0$，由于恒温时 $dU=0$，因此有 $dH=0$，即理想气体的焓也只是温度的函数，与 p，V 无关。

$$H=H(T) \tag{1-17}$$

理想气体的 ΔU 和 ΔH

根据式(1－16)和式(1－17)，定量的理想气体发生了一个 p、T、V 的变化，若过程无相变和化学变化，系统热力学能和焓的变化量只与温度的变化有关。在计算热力学能及焓的变化时，不用考虑 p、V 改变的影响，故

$$\Delta U = \int_{T_1}^{T_2} nC_{V,\mathrm{m}}\mathrm{d}T$$

$$\Delta H = \int_{T_1}^{T_2} nC_{p,\mathrm{m}}\mathrm{d}T$$

二、理想气体 $C_{p,\mathrm{m}}$与 $C_{V,\mathrm{m}}$之差

理想气体的等压热容和等容热容为一常数，可以证明

$$C_{p,\mathrm{m}} - C_{V,\mathrm{m}} = R \tag{1-18}$$

根据气体分子运动论可以得知：

单原子理想气体 $C_{V,\mathrm{m}} = \frac{3}{2}R \quad C_{p,\mathrm{m}} = \frac{5}{2}R$

双原子理想气体 $C_{V,\mathrm{m}} = \frac{5}{2}R \quad C_{p,\mathrm{m}} = \frac{7}{2}R$

【例 1－6】 10 mol N_2从温度 300 K，压力 10^5 Pa 等温压缩至 300 K，1.2×10^5 Pa，再等压升温至 400 K、1.2×10^5 Pa。计算系统热力学能和焓的变化。设可以将 N_2看作是理想气体。

【解】 热力学能和焓是系统的性质、状态函数，它们的变化量之和与系统的始、终态有关，即可以将变化看作系统从 300 K，压力 10^5 Pa→400 K、1.2×10^5 Pa。同时，理想气体的 ΔU、ΔH 只和温度的改变量有关。

N_2为双原子理想气体 $C_{V,\mathrm{m}} = \frac{5}{2}R \quad C_{p,\mathrm{m}} = \frac{7}{2}R$

$$\Delta U = \int_{T_1}^{T_2} nC_{V,\mathrm{m}}\mathrm{d}T = nC_{V,\mathrm{m}}(T_2 - T_1)$$

$$= 10 \times \frac{5}{2} \times 8.314 \times (400 - 300) = 2.079 \times 10^4\ \mathrm{J}$$

$$\Delta H = \int_{T_1}^{T_2} nC_{p,\mathrm{m}}\mathrm{d}T = nC_{p,\mathrm{m}}(T_2 - T_1)$$

$$= 10 \times \frac{7}{2} \times 8.314 \times (400 - 300) = 2.910 \times 10^4\ \mathrm{J}$$

第七节　热 化 学

化学反应常伴随着放热或吸热现象，热化学(thermochemistry)是用热力学第一定律研究化学反应热效应的科学。

一、基本概念

化学反应的进度(extent of reaction)　简称反应进度，是表示反应进行程度的物理量，用符号“ξ”来表示。

任意化学反应

$$aA + dD = gG + hH \tag{1-19}$$

式(1-19)可以表示为

$$0 = \sum_B \nu_B B \tag{1-20}$$

式中B代表反应式中的任一组分；ν_B表示B组分的计量系数，对反应物ν_B取负值，对产物ν_B取正值，在上式中ν_B分别代表$-a$、$-b$、g、h。ν_B是量纲一的量。

反应进度定义为

$$\xi = \frac{n_B(t) - n_B(0)}{\nu_B} \tag{1-21}$$

式中$n_B(0)$和$n_B(t)$分别为物质B在反应未开始时和反应进行到时间t时物质的量。ξ的单位是mol。

对式(1-21)微分得

$$d\xi = \frac{dn_B}{\nu_B} \tag{1-22}$$

考虑在某一时间段$t_1 \sim t_2$内B物质的量发生的变化，对式(1-22)定积分得

$$\Delta\xi = \frac{\Delta n_B}{\nu_B} \tag{1-23}$$

根据式(1-19)可以这样理解ξ的意义：当ξ=1mol时意味着有a mol的A、d mol的D生成g mol的G和h mol的H。或者说当化学反应按照计量系数比进行了一个单位的反应时，此时反应进度ξ=1mol 。

用反应进度表示反应进行的程度时，无论用哪一种反应物或生成物的变化表示反应进行的程度，所得数值都是相同的，这给研究化学反应带来极大的便利。

【例1-7】 氢的催化氧化反应，若系统中有20mol $H_2(g)$和10mol $O_2(g)$反应，生成20mol $H_2O(l)$，请按下面两个反应方程式分别计算反应进度。

(1) $H_2(g) + \frac{1}{2}O_2(g) = H_2O(l)$

(2) $2H_2(g) + O_2(g) = 2H_2O(l)$

【解】 (1)用反应掉的$H_2(g)$的物质的量来计算

$$\Delta\xi = \frac{-20}{-1} = 20 \text{ mol}$$

用反应掉的$O_2(g)$的物质的量来计算

$$\Delta\xi = \frac{-10}{-0.5} = 20 \text{ mol}$$

用生成$H_2O(l)$的物质的量计算

$$\Delta\xi = \frac{20}{1} = 20 \text{ mol}$$

(2) 根据反应方程式，分别用$H_2(g)$、$O_2(g)$、$H_2O(l)$的物质的量的变化来计算

$$\Delta\xi = \frac{-20}{-2} = \frac{-10}{-1} = \frac{20}{2} = 10 \text{ mol}$$

可以看出，对于同一个化学反应方程式，不论用哪一种反应物或生成物来计算反应进度都是相同的。而对同一个化学反应，如果化学反应方程式写法不一样，同样的变化所计算的反应进度是不同的，即反应进度的值和化学反应方程式的写法有关。

化学反应的热效应

在发生化学反应时，若系统只做体积功，使系统反应前、后温度相同，系统所吸收或放出的热量称该反应的热效应，简称反应热。

在等压条件下测得的热效应称等压热效应，也称化学反应的焓变，用符号“$\Delta_r H$”表示；在等容条件下测得的热效应称等容热效应，也称化学反应的热力学能变，用符号“$\Delta_r U$”表示。由于大多数化学反应是在等压条件下发生的，所以如果不特别说明，化学反应的热效应是指等压热效应。

化学反应的摩尔焓变(molar enthalpy of the reaction) 单位反应进度的化学反应焓变，即反应进度改变 1mol 时化学反应的焓变，用 $\Delta_r H_m$ 表示

$$\Delta_r H_m = \frac{\Delta_r H}{\xi} = \frac{\nu_B \Delta_r H}{\Delta n_B} \tag{1-24}$$

$\Delta_r H_m$ 的单位为 $J \cdot mol^{-1}$。

同样，反应进度改变 1mol 时化学反应的热力学能改变量称化学反应的摩尔热力学能变，用符号 $\Delta_r U_m$ 表示。

$$\Delta_r U_m = \frac{\Delta_r U}{\xi} = \frac{\nu_B \Delta_r U}{\Delta n_B} \tag{1-25}$$

通常测量化学反应热效应所用的仪器是完全密闭的刚性容器，也就是在等容条件下测量的化学反应热，因此需要了解等压热效应和等容热效应之间的关系。

化学反应等压热效应和等容热效应之间的关系

$$Q_{p,m} = Q_{V,m} + \sum_B \nu_B(g)RT$$

或

$$\Delta_r H_m = \Delta_r U_m + \sum_B \nu_B(g)RT \tag{1-26}$$

式中 $\sum_B \nu_B(g)$ 是参与反应的气体物质 B 计量系数和，对于产物 ν_B 为正，对于反应物 ν_B 为负。

【例 1-8】 在氧弹式量热计中测得 1mol 苯甲酸(s)完全燃烧放热 3228.5 kJ，若反应时的平均温度为 25℃，计算苯甲酸燃烧反应的摩尔焓变。

【解】 反应 $C_6H_5CO_2H\ (s) + 7\frac{1}{2}O_2(g) = 7CO_2(g) + 3H_2O\ (l)$

$$\sum_B \nu_B(g) = 7 - 7\frac{1}{2} = -\frac{1}{2}$$

氧弹式量热计是完全封闭的刚性容器，因此反应是在等容条件下进行的。系统放热 $Q<0$

$$Q_{V,m} = -3228.5\ kJ \cdot mol^{-1}$$

$$Q_{p,m} = Q_{V,m} + \sum_B \nu_B(g)RT$$

$$= -3228.5 \times 10^3 - \frac{1}{2} \times 8.314 \times 298.15 = -3229.7\ kJ \cdot mol^{-1}$$

标准状态(standard state) 由于热力学能、焓等热力学函数的绝对值无法知道，有必要选择一个相对的基准，使各热力学函数的数值在这个基准上加以计算、测量。热力学规定：在单组分系统中物质的标准状态是温度 T、压力为 100 kPa 的纯物质的状态，100 kPa 为标准压力，用符号“$p^{\ominus}$”表示。

固体 温度 T 标准压力下最稳定的晶体状态。

液体 标准压力下纯液体的状态。

气体　标准压力下的纯气体，且具有理想气体性质的状态。

标准状态没有指定温度，因此每一个温度都有一个标准状态。一般在手册上查到的数据多为 298.15 K 时的数据。如果不特别指明，通常是指温度为 298.15 K。在物理量的右上角加符号"$\ominus$"，表示该物理量处于标准状态，如标准压力表示为"$p^{\ominus}$"。

化学反应的标准摩尔焓变　参加反应的各物质都处于标准状态时化学反应的摩尔焓变，用符号"$\Delta_r H_m^{\ominus}(T)$"表示。

热化学反应方程式　标明化学反应热效应的化学反应方程式。在书写热化学反应方程式时，必须注明温度、压力及参与反应的物质的聚集状态(气体"g"、液体"l"、固体"s"等)。固体物质如果有多种晶型时，要注明晶型；溶液中的反应要注明溶液的组成(浓度)。例如在 298.15 K

$$\mathrm{C(石墨)} + \mathrm{O_2}(\mathrm{g}, p^{\ominus}) = \mathrm{CO_2}(\mathrm{g}, p^{\ominus})$$

$$\Delta_r H_m^{\ominus}(298.15\mathrm{K}) = -393.5\ \mathrm{kJ \cdot mol^{-1}}$$

由于热化学反应方程式中的反应摩尔焓变是指完成单位反应进度的反应的热效应，因此对于同一个反应，反应方程式的写法不同，反应摩尔焓变也不同。例如 298.15K 时

$$\mathrm{N_2}(\mathrm{g}, p^{\ominus}) + 3\mathrm{H_2}(\mathrm{g}, p^{\ominus}) = 2\mathrm{NH_3}(\mathrm{g}, p^{\ominus})$$

$$\Delta_r H_m^{\ominus}(298.15\mathrm{K}) = -92.38\ \mathrm{kJ \cdot mol^{-1}}$$

如果把反应方程写成

$$\frac{1}{2}\mathrm{N_2}(\mathrm{g}, p^{\ominus}) + \frac{3}{2}\mathrm{H_2}(\mathrm{g}, p^{\ominus}) = \mathrm{NH_3}(\mathrm{g}, p^{\ominus})$$

按照这个方程式，反应的摩尔焓变为第一种写法的$\frac{1}{2}$

$$\Delta_r H_m^{\ominus}(298.15\mathrm{K}) = -46.19\ \mathrm{kJ \cdot mol^{-1}}$$

二、盖斯定律

盖斯定律(Гecc's law)　不管化学反应是一步完成的，还是分几步完成的，该反应的热效应相同。这个定律也称为热效应总值一定定律。

1840 年盖斯在实验事实的基础上提出了该定律，在热力学第一定律确立之后，该定律得到了理论上的证明。化学反应的等容热效应 $Q_V = \Delta_r U$，等压热效应 $Q_p = \Delta_r H$，热力学能与焓是状态函数，因此 $\Delta_r U$、$\Delta_r H$ 只和化学反应的起始状态与终了状态有关，与过程分几步进行无关。

一些化学反应的热效应由于各种原因很难直接测得，盖斯定律的应用可以解决这个困难。通过已知反应的热效应，经过简单的加减可以间接得到这些难以测定的化学反应的热效应。

【例 1-9】　C(s)和 O_2(g)反应生成 CO(g)的 $\Delta_r H$ 很难直接测得，这是由于 C(s)的氧化很难控制在仅生成 CO(g)的阶段，在生成的 CO(g)中一定混有 C(s)的完全氧化产物 CO_2(g)。根据盖斯定律，通过下面两个已知反应的热效应求得 C 部分氧化反应的热效应。

(1) $\mathrm{C(s)} + \mathrm{O_2(g)} = \mathrm{CO_2(g)}$　　$\Delta_r H_m^{\ominus}(298.15\mathrm{K}) = -393.5\ \mathrm{kJ \cdot mol^{-1}}$

(2) $\mathrm{CO(g)} + \frac{1}{2}\mathrm{O_2(g)} = \mathrm{CO_2(g)}$　　$\Delta_r H_m^{\ominus}(298.15\mathrm{K}) = -283.0\ \mathrm{kJ \cdot mol^{-1}}$

【解】　所求反应为　　$\mathrm{C(s)} + \frac{1}{2}\mathrm{O_2(g)} = \mathrm{CO\ (g)}$　　(3)

反应(3) = 反应(1) − 反应(2)

$$\Delta_r H_m^{\ominus}(3) = \Delta_r H_m^{\ominus}(1) - \Delta_r H_m^{\ominus}(2)$$
$$= (-393.5) - (-283.0) = -110.5\ \text{kJ} \cdot \text{mol}^{-1}$$

三、几种热效应

等温等压下化学反应的热效应等于产物焓的总和减去反应物焓的总和。如果能够知道产物与反应各物质焓的绝对值，就可以方便地根据下式计算任一化学反应的热效应了。

$$\Delta_r H_m = \sum \nu_B H_m(B)$$

但这实际是不可能的，因为焓的绝对值无法知道。一个替代的方法就是设定一个相对标准，用这个相对标准同样可以方便地计算化学反应的 $\Delta_r H$ 。

(一) 生成焓

标准摩尔生成焓(standard molar enthalpy of formation) 在指定温度和标准压力下，由最稳定单质(elementary substance)合成相同温度、标准压力下单位量物质 B 的反应焓变，称物质 B 的标准摩尔生成焓，用符号 $\Delta_f H_m^{\ominus}$(B，相态，T)表示，符号中下标"f"表示生成，下标"m"表示反应进度为 1mol。

根据定义，最稳定的单质的标准摩尔生成焓都等于零，即 $\Delta_f H_m^{\ominus}$(最稳定单质，$p^{\ominus}$)＝0。

各种物质在 298.15K 时的标准摩尔生成焓的数据可以从物理化学手册中查到，在本书附录 6 中也可查到部分常用物质的热力学数据。

当某化学反应中各物质的标准摩尔生成焓都已知时，可以用生成焓的数据求化学反应的焓变。对于任意反应，用标准摩尔生成焓计算化学反应标准焓变的公式为

$$\Delta_r H_m^{\ominus}(298.15\text{K}) = \sum \nu_B \Delta_f H_m^{\ominus}(\text{B}, 298.15\text{K}) \qquad (1-27)$$

式中 ν_B 为化学反应方程式中反应物与产物的计量系数，对产物为正值，对反应物为负值。

公式(1－27)的根据是：组成化学反应方程式等号两边的物质的元素种类和原子的数目是完全相等的。因此它们都是由完全相同种类和相同数目的稳定单质生成的。

【例 1－10】 已知 $CH_3CO_2H(l)$、$CH_3CH_2OH(l)$、$CH_3CO_2C_2H_5(l)$和 $H_2O(l)$的标准摩尔生成焓分别为－436.4、－277.6、－463.2、－285.8 kJ·mol^{-1}。试计算反应

$$CH_3CO_2H(l) + CH_3CH_2OH(l) \xlongequal{\quad} CH_3CO_2C_2H_5(l) + H_2O(l)$$

在 298.15 K 时的标准摩尔焓变。

【解】 $\Delta_r H_m^{\ominus}(298.15\text{K}) = \sum \nu_B \Delta_f H_m^{\ominus}(\text{B}, 298.15\text{K})$

$$\Delta_r H_m^{\ominus}(298.15\text{K}) = (-463.2) + (-285.8) - (-43.4) - (-277.6)$$
$$= -35.0\ \text{kJ} \cdot \text{mol}^{-1}$$

(二) 燃烧焓

有机化合物的结构大都比较复杂，很难从单质直接合成，但多数有机化合物都可以燃烧，因此设定了另一个相对标准。

标准摩尔燃烧焓(standard molar enthalpy of combustion) 在指定温度和标准压力下，单位量的物质 B 完全氧化为同温下的指定产物的标准摩尔焓变，称物质 B 的标准摩尔燃烧焓，用符号 $\Delta_c H_m^{\ominus}$(B，相态，T)表示。符号中下标"c"表示燃烧，下标"m"表示反应进度为 1mol。

298.15 K 时，指定的燃烧产物为：化合物中的 C 变为 $CO_2(g)$、H 变为 $H_2O(l)$、S 变为 $SO_2(g)$、N 变为 $N_2(g)$、Cl 变为 HCl(水溶液)等。显然这些指定的燃烧产物的标准摩尔燃烧焓 $\Delta_c H_m^{\ominus}$＝0。例如在 298.15K，$p^{\ominus}$ 时

$$H_2(g)+\frac{1}{2}O_2(g)\!=\!=\!=H_2O(l)$$

$$\Delta_r H_m^{\ominus}(298.15K)=-285.83\ kJ\cdot mol^{-1}$$

因此，$H_2(g)$在 298.15 K、$p^{\ominus}$时的燃烧焓为

$$\Delta_c H_m^{\ominus}(H_2,g,298.15K)=-285.83\ kJ\cdot mol^{-1}$$

对于燃烧产物，不同的书上指定的有所不同，在使用不同书上的数据时，要予以注意。

从化合物的燃烧焓的数据也可以计算化学反应的摩尔焓变。对于任意反应，用标准摩尔燃烧焓计算化学反应标准摩尔焓变的公式为

$$\Delta_r H_m^{\ominus}(298.15K)=-\sum \nu_B \Delta_c H_m^{\ominus}(B,298.15K) \qquad (1-28)$$

公式(1-28)的根据是：由于组成化学反应方程式等号两侧物质基本元素的种类和数目都完全相同，因此它们的氧化产物也都是完全相同的。

【例 1-11】 已知 298.15 K 时乙炔和苯的标准摩尔燃烧焓分别为$-1299.59\ kJ\cdot mol^{-1}$、$-3267.54\ kJ\cdot mol^{-1}$，计算反应 $3C_2H_2(g)\!=\!=\!=C_6H_6(l)$的标准摩尔反应焓。

【解】 $\Delta_r H_m^{\ominus}(298.15K)=-\sum \nu_B \Delta_c H_m^{\ominus}(B,298.15K)$

$$\Delta_r H_m^{\ominus}(298.15K)=3\times(-1299.59)-(-3267.54)=-631.23\ kJ\cdot mol^{-1}$$

(三) 标准摩尔离子生成焓

电解质在溶液中电离成离子。很多溶液反应都有离子参与，如果知道各种离子的生成焓，就可以用离子生成焓计算这一类反应的焓变。

标准摩尔离子生成焓 在指定温度和标准压力下，由稳定单质生成溶于大量水的 1mol 离子时的热效应，用符号 $\Delta_f H_m^{\ominus}(B,\infty aq)$表示，“$\infty$aq”表示无限稀释水溶液。

溶液总是电中性的，正、负离子同时存在，因此不可能直接从实验测得某一种离子的生成焓。解决的方法是：人为地指定某一种离子的标准生成焓，从而据此计算出其它离子的标准生成焓。公认的标准是：生成 1 mol H^+ 的无限稀释水溶液 $H^+(\infty aq)$ 的标准摩尔离子生成焓为零。

根据这个标准就可以计算其它离子的标准摩尔生成焓。

【例 1-12】 已知 298.15 K 时化学反应

(1) $HCl(g)\xlongequal{H_2O(l)}H^+(\infty aq)+Cl^-(\infty aq)$

$$\Delta_r H_m^{\ominus}=-75.14\ kJ\cdot mol^{-1}$$

(2) $\frac{1}{2}Cl_2(g)+\frac{1}{2}H_2(g)\!=\!=\!=HCl\ (g)$

$$\Delta_r H_m^{\ominus}=-92.30\ kJ\cdot mol^{-1}$$

求 Cl^- 在无限稀释时的标准摩尔生成焓。

【解】 反应(1)+反应(2)得：

$$\frac{1}{2}Cl_2(g)+\frac{1}{2}H_2(g)\!=\!=\!=H^+(\infty aq)+Cl^-(\infty aq)$$

$$\Delta_r H_m^{\ominus}=-75.14-92.30=-167.44\ kJ\cdot mol^{-1}$$

$$\begin{aligned}\Delta_r H_m^{\ominus}&=\Delta_f H_m^{\ominus}(H^+,\infty aq)+\Delta_f H_m^{\ominus}(Cl^-,\infty aq)-\frac{1}{2}\Delta_f H_m^{\ominus}(H_2,g)-\frac{1}{2}\Delta_f H_m^{\ominus}(Cl_2,g)\\&=0+\Delta_f H_m^{\ominus}(Cl^-,\infty aq)-0-0\\&=\Delta_f H_m^{\ominus}(Cl^-,\infty aq)\end{aligned}$$

所以

$$\Delta_f H_m^{\ominus}(Cl^-, \infty aq) = -167.44\ \text{kJ} \cdot \text{mol}^{-1}$$

其它离子的标准摩尔生成焓也可以用相同的方法得到，它们的数据可以从物理化学手册中查到。

四、反应热效应与温度的关系——基尔霍夫定律

通常可以通过物理化学手册中的热力学数据计算 298.15K 时化学反应的焓变，但是绝大多数化学反应并不是在 298.15K 时发生的。如何根据化学反应在已知某一温度下的焓变，求出另一温度下该反应的焓变，需要知道化学反应热效应与温度之间的关系。

根据式(1-9)$\left(\frac{\partial H}{\partial T}\right)_p = C_p$，将公式中 H 换成 ΔH，则 C_p 也相应换成 ΔC_p，式(1-9)可以改写为

$$\left(\frac{\partial \Delta H}{\partial T}\right)_p = \Delta C_p \tag{1-29}$$

对式(1-29)求定积分，得

$$\Delta_r H_m^{\ominus}(T_2) = \Delta_r H_m(T_1) + \int_{T_1}^{T_2} \Delta C_p \mathrm{d}T \tag{1-30}$$

式中 $\Delta C_p = \sum_B \nu_B C_{p,m}(B)$，即产物和反应物的定压热容之差。

式(1-29)和式(1-30)被称为**基尔霍夫定律**(Kirchhoff 's law)。当温度变化不大时，可以把 $C_{p,m}$ 当作常数，则式(1-30)变成

$$\Delta_r H_m(T_2) = \Delta_r H_m(T_1) + \Delta C_p(T_2 - T_1)$$

如果温度变化较大，C_p 是温度的函数，则需要把 C_p 与 T 之间的具体函数关系式代入式(1-30)，积分后求 $\Delta_r H_m(T_2)$ 。

【例 1-13】 计算 500K 时 SO_2 氧化反应的标准摩尔焓变。

$$SO_2(g) + \frac{1}{2}O_2(g) = SO_3(g)$$

已知 298K 时各物质标准摩尔生成焓和定压热容数据如下：

	$SO_2(g)$	$O_2(g)$	$SO_3(g)$
$\Delta_f H_m/\text{kJ} \cdot \text{mol}^{-1}$	-296.9	0	-395.2
$C_{p,m}/\text{J} \cdot \text{K} \cdot \text{mol}^{-1}$	42.5	31.42	57.32

【解】 298 K 时

$$\Delta_r H_m^{\ominus}(298\text{K}) = 1 \times (-395.2) - 1 \times (-296.9) - \frac{1}{2} \times 0 = -98.30\ \text{kJ} \cdot \text{mol}^{-1}$$

$$\Delta C_p = 57.32 \times 1 - 42.5 \times 1 - \frac{1}{2} \times 31.42 = -0.89\ \text{J} \cdot \text{K}^{-1} \cdot \text{mol}^{-1}$$

$$\begin{aligned}\Delta_r H_m(500\text{K}) &= \Delta_r H_m(298\text{K}) + \Delta C_p(500-298) \\ &= -98.30 + (-0.89 \times 10^{-3}) \times (500-298) \\ &= -98.48\ \text{kJ} \cdot \text{mol}^{-1}\end{aligned}$$

【例 1-14】 HCl 的生成反应

$$\frac{1}{2}H_2(g) + \frac{1}{2}Cl_2(g) = HCl(g)$$

已知 298 K 时反应的焓变为$-92.31\ \text{kJ} \cdot \text{mol}^{-1}$。有关的热力学数据为：

$$C_{p,\mathrm{m}}(\mathrm{H_2}, \mathrm{g}, 298\ \mathrm{K}) = (26.88 + 4.35 \times 10^{-3} T)\ \mathrm{J \cdot K^{-1} \cdot mol^{-1}}$$
$$C_{p,\mathrm{m}}(\mathrm{Cl_2}, \mathrm{g}, 298\ \mathrm{K}) = (31.70 + 10.14 \times 10^{-3} T)\ \mathrm{J \cdot K^{-1} \cdot mol^{-1}}$$
$$C_{p,\mathrm{m}}(\mathrm{HCl}, \mathrm{g}, 298\ \mathrm{K}) = (28.17 - 1.81 \times 10^{-3} T)\ \mathrm{J \cdot K^{-1} \cdot mol^{-1}}$$

计算该反应在 1273 K 时的反应焓 $\Delta_r H_m(1273\ \mathrm{K})$。

【解】 根据题给数据

$$\begin{aligned}\Delta C_p &= \sum_{\mathrm{B}} \nu_{\mathrm{B}} C_{p,\mathrm{m}}(\mathrm{B}) \\ &= \left(1 \times 28.17 - \frac{1}{2} \times 26.88 - \frac{1}{2} \times 31.70\right) + \\ &\quad \left[1 \times (-1.81 \times 10^{-3}) - \frac{1}{2} \times (4.35 \times 10^{-3}) - \frac{1}{2} \times (10.14 \times 10^{-3})\right] T \\ &= -1.12 - 9.06 \times 10^{-3} T\end{aligned}$$

$$\begin{aligned}\Delta_r H_m(1273\mathrm{K}) &= \Delta_r H_m(298\mathrm{K}) + \int_{298}^{1273} \Delta C_p \mathrm{d}T \\ &= -92.31 \times 10^3 + (-1.12) \times (1273 - 298) + \frac{-9.06 \times 10^{-3}}{2} \times (1273^2 - 298^2) \\ &= -1.0034 \times 10^5\ \mathrm{J \cdot mol^{-1}} \\ &= -100.34\ \mathrm{kJ \cdot mol^{-1}}\end{aligned}$$

如果反应温度变化时，还有反应物或产物发生了相的变化，在计算反应热效应时，应把相变热也计算在内。

第八节 自发过程的特点与热力学第二定律

热力学第一定律是能量转化及守恒定律，通过热力学第一定律可以了解在变化过程中各种能量是如何相互转化的，以及这种转化的定量关系。例如对一个化学反应，如果反应可以发生，通过热力学第一定律，我们可以了解反应定容热效应和定压热效应之间的关系；可以通过反应热效应，了解反应前后系统热力学能和焓的变化；了解温度对反应热效应的影响等。但是热力学第一定律不能告诉我们一个未知的化学反应能否自发进行；如果反应能够进行，反应的方向和限度是什么，或者是否能够通过改变反应条件使反应向所需要的方向进行……这些问题热力学第一定律都不能回答。这正是热力学第一定律的局限性。

解决变化的方向和限度问题是热力学第二定律的任务。

一、自发过程的特征——不可逆性

自发过程 在一定条件，不需要外力的推动就能够自动发生的过程。

自然界有很多自发过程。例如，将两个温度不同的物体相互接触，热会自发地从高温物体传向低温物体，直至两个物体温度相等，而该过程的逆过程不会自发进行，热不会自动从低温物体传向高温物体；向液体中滴入一些染料，染料会自动扩散，直至成为均匀的有色溶液，而均匀分散在溶液中的溶质却不会自动聚集在一起；气体会自动从高压区域向低压区域流动，直至各处压力相等，但气体不会自动从低压处向高压区域流动；在碱溶液中加入酸，会自动生成盐和水，而盐和水却不会自动生成酸和碱。

从上面的例子中可以看到，所有的自发过程都有一定的方向和限度，它们的逆过程都不能自动发生。

当系统经历了某过程后，系统和环境的状态都发生了变化，如果设法将系统复原，则一定会在环境留下影响，这种系统和环境无法同时复原为原来的状态而不留下任何影响的过程是热力学不可逆过程。

自发过程的共同特征　自发过程都是热力学不可逆过程。

二、热力学第二定律的经典表述

自然界存在着多种多样的自发过程，人们逐渐发现这些自发过程有着共同的规律、特征。通过简单的语言总结某个自发过程的规律，用以概括其它自发过程，这就是热力学第二定律。热力学第二定律有多种表述方法，其中最经典的是开尔文(Kelvin)和克劳修斯(Clausius)的说法。

开尔文的表述　“不可能从单一热源取热使之完全转化为功而不引起其它变化。”这种说法也可以表达为“第二类永动机不可能制成。”

克劳修斯的表述　“热不可能从低温物体传给高温物体而不引起其它变化。”

开尔文和克劳修斯关于热力学第二定律的表述都是从经验中总结出来的。开尔文指出了功热转换的不可逆性，克劳修斯则指出了热传导的不可逆性，这两种对自发过程的表述是相关联的，可以相互验证。

热力学第二定律与热力学第一定律一样是大量自然界事实的归纳总结，是人类长期实践经验的结晶，它的所有推论都与客观事实相符合，其正确性不容置疑。

尽管如此，用这些热力学第二定律的经典表述来判断任意一个过程是否能够自发进行仍是非常困难的，特别是对于一个化学反应，它的方向、限度等问题，更是无法仅仅靠这些表述来解决。直到一个非常重要的物理量——熵被提出，所有这些问题都迎刃而解。

第九节　熵与熵增加原理

一、卡诺定理与熵

1824 年法国工程师卡诺(Carnot)在对热机效率的研究中提出了卡诺定理(Carnot's law)。设有一理想可逆热机工作在温度分别为 T_1 和 T_2($T_1 < T_2$)的两个热源之间(图 1－3)。卡诺为他的理想热机设计了一个四步的可逆循环：等温可逆膨胀、绝热可逆膨胀、等温可逆压缩、绝热可逆压缩。卡诺热机经过卡诺循环后从高温热源吸热为 Q_2，对环境做功为 W，并向低温热源放热 Q_1。卡诺热机的效率

$$\eta_R = \frac{-W}{Q_2} = \frac{Q_1 + Q_2}{Q_2} = \frac{T_2 - T_1}{T_2} \qquad (1-31)$$

由于低温热源的温度必然大于 0 K，因此一定有卡诺热机的效率 $\eta_R < 1$，即热不可能完全转化为功。

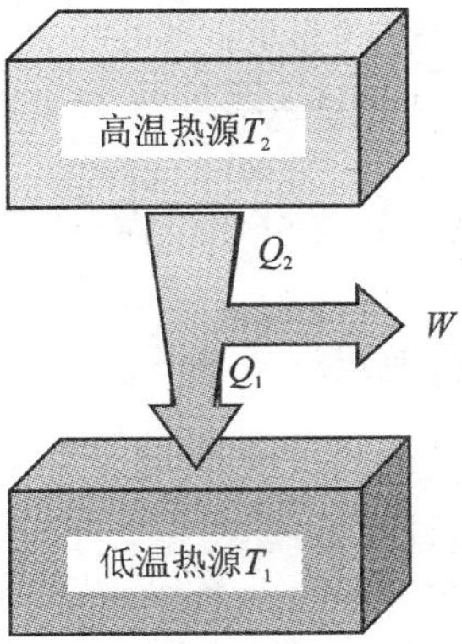

图 1－3　热机示意图

卡诺定理　所有工作于同温热源与同温冷源之间的热机，其效率都不可能超过可逆热机。用公式表示

$$\eta \leqslant \eta_R \quad 或 \quad \eta = \frac{Q_1 + Q_2}{Q_2} \leqslant \frac{T_2 - T_1}{T_2} \tag{1-32}$$

其中等号表示可逆热机，不等号表示不可逆热机。

将式(1-32)整理得

$$\frac{Q_1}{T_1} + \frac{Q_2}{T_2} \leqslant 0 \quad 或 \quad \sum_i \frac{Q_i}{T_i} \leqslant 0 \tag{1-33}$$

式中$\frac{Q}{T}$称热温商。

任意可逆循环都可以分解成无数小的卡诺循环，对于每一个小的卡诺循环都有

$$\frac{\delta Q_1}{T_1} + \frac{\delta Q_2}{T_2} \leqslant 0$$

因此整个可逆循环将各小卡诺循环热温商相加之和仍为零

$$\sum_i \left(\frac{\delta Q_i}{T_i}\right)_R = 0 \quad 或 \quad \oint \frac{\delta Q_R}{T} = 0$$

据此克劳修斯提出一个新的状态函数熵(entropy)，用符号"S"表示，并定义熵的微小变量

$$dS = \frac{\delta Q_R}{T} \tag{1-34}$$

系统从状态 A 改变至状态 B，系统熵的变化量为

$$\Delta S = \int_A^B \frac{\delta Q_R}{T} \tag{1-35}$$

即系统的熵等于可逆过程的热温商之和。

熵是系统的性质，是状态函数，熵的改变量只和始、终态有关，不论实际过程如何，ΔS 只等于两个状态之间可逆过程的热温商之和。

熵的单位是 $J \cdot K^{-1}$。熵是广度性质，具有加和性。

二、熵增加原理

根据卡诺定理的导出公式$\sum_i \frac{Q_i}{T_i} \leqslant 0$和$\sum_i \left(\frac{\delta Q_i}{T_i}\right)_R = 0$，可以得到公式：

$$\Delta S_{A \to B} \geqslant \sum_A^B \frac{\delta Q}{T}$$

或

$$\Delta S_{A \to B} - \sum_A^B \frac{\delta Q}{T} \geqslant 0 \tag{1-36}$$

这个公式称**克劳修斯不等式**(Clausius inequality)。式中 δQ 为实际过程传送的热量，T 为环境温度。若为可逆过程，$\Delta S_{A \to B} = \sum_A^B \frac{\delta Q}{T}$，这时系统和环境的温度相同，$T$ 也是系统的温度，δQ 是可逆过程的热效应 δQ_R。若为不可逆过程，$\Delta S_{A \to B} > \sum_A^B \frac{\delta Q}{T}$，即系统经过一个不可逆过程，系统熵的改变量大于热温商之和。

当计算系统的熵变时，不论真实过程是否是可逆过程，均要用可逆热温商来计算。也就是说，如果真实过程是不可逆过程，应该设计相同始、终态之间的可逆过程，然后用可逆热温商计算。克劳修斯不等式也是热力学第二定律的数学表达式。

熵增加原理(principle of entropy increasing)　在绝热条件下，趋向于平衡的过程使系统

的熵增加。

在绝热系统中不论发生什么变化，都有 $\delta Q=0$ ，因此

$$dS \geqslant 0$$

或

$$\Delta S \geqslant 0 \tag{1-37}$$

式中等号表示可逆过程，不等号表示不可逆过程。也就是绝热系统发生一个可逆变化，系统的熵不变；若发生一个不可逆变化，系统的熵增加。

熵增加原理的推论 隔离系统熵永远不会减少。隔离系统和环境之间没有任何能量交换，不仅 $Q=0$，而且 $W=0$，因此

$$dS_{孤立} \geqslant 0$$

或

$$\Delta S_{孤立} \geqslant 0 \tag{1-38}$$

式中等号表示可逆过程，不等号表示自发过程，隔离系统内发生的不可逆过程是没有任何外力推动的，因此必然是自发过程。

在隔离系统中发生的自发过程使系统的熵增加，直至系统达到平衡，此时系统的熵达到最大，在平衡状态下系统内发生的一切过程都是可逆过程，系统的熵不再变化。用熵增加原理可以对隔离系统内的过程进行判别，系统的熵增加表示是自发过程，若熵不变则是可逆过程，系统达到平衡。

在用熵增加原理处理实际问题时，是将系统与环境放在一起构成一个隔离系统。

$$dS_{隔离} = dS_{系统} + dS_{环境} \geqslant 0$$

或

$$\Delta S_{隔离} = \Delta S_{系统} + \Delta S_{环境} \geqslant 0 \tag{1-39}$$

在使用熵增加原理时，是用式(1－39)计算封闭系统和环境总的熵变，来判断过程是否自发进行。

三、熵变的计算

熵是状态函数，熵变的大小只和始、终态有关，和过程无关。根据熵变的定义 $dS=\dfrac{\delta Q_R}{T}$，若实际过程不是可逆过程时，必须首先在始、终态之间设计可逆过程，再根据所设计的过程进行计算。如果判断过程是否自发，则还要计算环境的熵变，再根据式(1－39)进行判断。

计算系统的熵变所依据的公式

$$\Delta S = \int_A^B \frac{\delta Q_R}{T}$$

计算环境的熵变时，可以把环境看成一个巨大的热源，在变化过程中，系统和环境之间交换的热相对于环境来说是微不足道的，不会改变环境的状态，因此对于环境这种变化是可逆的，即环境的可逆热效应等于系统实际热效应的负值。同时，无论系统向环境传递多少热量，都不会改变环境的温度，即认为环境的温度为定值。

$$\Delta S_{环境} = \int \frac{\delta Q_R}{T} = \frac{-Q_{系统}}{T_{环境}}$$

定量物质温度变化引起系统的熵变

等容过程 $\delta Q_V = C_V dT$

$$\Delta S = \int \frac{\delta Q_R}{T} = \int_{T_1}^{T_2} \frac{C_V dT}{T} = \int_{T_1}^{T_2} \frac{nC_{V,m} dT}{T} \tag{1-40}$$

等压过程 $\delta Q_p = C_p dT$

$$\Delta S = \int \frac{\delta Q_R}{T} = \int_{T_1}^{T_2} \frac{C_p \mathrm{d}T}{T} = \int_{T_1}^{T_2} \frac{nC_{p,\mathrm{m}} \mathrm{d}T}{T} \tag{1-41}$$

【例 1-15】 计算 1.0 kg 铝从 500℃降温至环境温度 20℃时系统熵的变化，并判断该过程是否能自发进行。已知铝的热容为 31.8 J·K^{-1}·mol^{-1}。

【解】 铝的摩尔质量 $M(\mathrm{Al}) = 27\times10^{-3}$ kg·mol^{-1}

$$n(\mathrm{Al}) = \frac{m}{M} = \frac{1}{27\times10^{-3}} = 37\ \mathrm{mol}$$

$$\Delta S = \int_{T_1}^{T_2} \frac{nC_{p,\mathrm{m}}\mathrm{d}T}{T} = nC_{p,\mathrm{m}}\int_{T_1}^{T_2}\frac{\mathrm{d}T}{T} = nC_{p,\mathrm{m}}\ln\frac{T_2}{T_1}$$

$$= 37\times31.8\times\ln\frac{293}{773} = -1141.4\ \mathrm{J\cdot K^{-1}}$$

$$\Delta S_{环境} = \frac{-Q_{系统}}{T_{环境}} = \frac{\int_{T_1}^{T_2} nC_{p,\mathrm{m}}\mathrm{d}T}{T_{环境}} = \frac{nC_{p,\mathrm{m}}(T_2-T_1)}{T_{环境}}$$

$$= \frac{37\times31.8\times(773-293)}{293} = 1927.5\ \mathrm{J\cdot K^{-1}}$$

$$\Delta S_{孤立} = \Delta S_{系统} + \Delta S_{环境} = -1141.4 + 1927.5 = 786.1\ \mathrm{J\cdot K^{-1}} > 0$$

$\Delta S_{孤立} > 0$，因此该过程为自发过程。

【例 1-16】 1mol 空气的温度从 10℃上升至 25℃，若将空气看作理想气体，分别计算空气经过等压过程和等容过程的 ΔS。已知空气的平均热容 $C_{p,\mathrm{m}} = 29.1$ J·K^{-1}·mol^{-1}。

【解】 等压过程

$$\Delta S = \int_{T_1}^{T_2}\frac{nC_{p,\mathrm{m}}\mathrm{d}T}{T} = nC_{p,\mathrm{m}}\ln\frac{T_2}{T_1}$$

$$= 1\times29.1\times\ln\frac{298}{283} = 1.503\ \mathrm{J\cdot K^{-1}}$$

等容过程　理想气体 $C_{V,\mathrm{m}} = C_{p,\mathrm{m}} - R$

$$\Delta S = \int_{T_1}^{T_2}\frac{nC_{V,\mathrm{m}}\mathrm{d}T}{T} = nC_{V,\mathrm{m}}\ln\frac{T_2}{T_1}$$

$$= 1\times(29.1-8.314)\times\ln\frac{298}{283} = 1.074\ \mathrm{J\cdot K^{-1}}$$

相变过程的 ΔS

等温、等压可逆相变过程

$$\Delta S_{相变} = \int\frac{\delta Q_R}{T}$$

因为相变热即相变焓，且温度是不变的，所以

$$\Delta S_{相变} = \frac{\Delta H_{相变}}{T_{相变}} \tag{1-42}$$

【例 1-17】 1mol 水在 0℃，$p^{\ominus}$ 下凝结成冰，计算系统的 ΔS。已知冰的融化焓为 6.003kJ·mol^{-1}。

【解】 水凝结成冰的过程是放热过程，因此

$$\Delta H_{相变} = -n\Delta_{\mathrm{fus}}H_{\mathrm{m}}$$

$$\Delta S = \frac{-n\Delta_{\mathrm{fus}}H_{\mathrm{m}}}{T}$$

$$= \frac{-1\times 6.003\times 10^{3}}{273} = -21.99\ \text{J}\cdot\text{K}^{-1}$$

***不可逆相变过程**

如果相变不是发生在相变点，就是不可逆相变，根据熵变的定义 $\mathrm{d}S=\frac{\delta Q_{R}}{T}$，要用可逆热温商计算 ΔS，因此必须设计可逆过程。

【例 1-18】 已知苯的熔点为 278.2 K，熔化热为 9916 $\text{J}\cdot\text{mol}^{-1}$，液态苯和固态苯的热容分别为 126.8 $\text{J}\cdot\text{K}^{-1}\cdot\text{mol}^{-1}$ 和 122.6 $\text{J}\cdot\text{K}^{-1}\cdot\text{mol}^{-1}$。现有 1mol 液态苯在 101.325 kPa 和 273.2K 凝固成固体，同时放热 9874 J。计算该过程系统的熵变。

【解】 由于苯的凝固不是在苯的熔点进行的，是不可逆相变，所以不能直接用该过程的热效应计算 ΔS，需要设计可逆过程，使相变化通过可逆的方式完成。

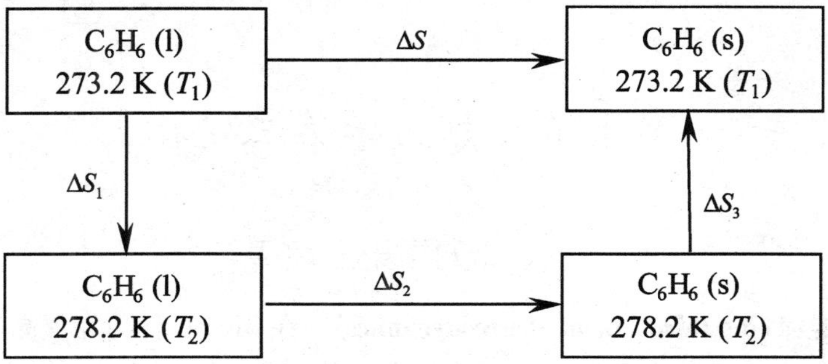

$$\Delta S_1=\int_{T_1}^{T_2}\frac{nC_{p,\mathrm{m}}(\mathrm{l})\,\mathrm{d}T}{T}=nC_{p,\mathrm{m}}(\mathrm{l})\ln\frac{T_2}{T_1}$$

$$\Delta S_2=\frac{-n\Delta_{\mathrm{fus}}H_{\mathrm{m}}}{T_2}$$

$$\Delta S_3=\int_{T_2}^{T_1}\frac{nC_{p,\mathrm{m}}(\mathrm{s})\,\mathrm{d}T}{T}=nC_{p,\mathrm{m}}(\mathrm{s})\ln\frac{T_1}{T_2}$$

$$\begin{aligned}\Delta S&=\Delta S_1+\Delta S_2+\Delta S_3\\&=nC_{p,\mathrm{m}}(\mathrm{l})\ln\frac{T_2}{T_1}+\frac{-n\Delta_{\mathrm{fus}}H_{\mathrm{m}}}{T_2}+nC_{p,\mathrm{m}}(\mathrm{s})\ln\frac{T_1}{T_2}\\&=1\times 126.8\times\ln\frac{278.2}{273.2}+\frac{1\times(-9916)}{278.2}+1\times 122.6\times\ln\frac{273.2}{278.2}=-35.5\ \text{J}\cdot\text{K}^{-1}\end{aligned}$$

计算环境的熵变要用系统实际得失的热量。

$$\begin{aligned}\Delta S_{\text{环境}}&=\frac{-Q_{\text{系统}}}{T_{\text{环境}}}\\&=\frac{9874}{273.2}=36.8\ \text{J}\cdot\text{K}^{-1}\end{aligned}$$

$$\begin{aligned}\Delta S_{\text{孤立}}&=\Delta S_{\text{系统}}+\Delta S_{\text{环境}}\\&=-35.5+36.8=1.3\ \text{J}\cdot\text{K}^{-1}>0\end{aligned}$$

该过程自发进行。

四、熵的物理意义

熵的物理意义　熵是衡量系统混乱度的物理量。

熵增加的过程都是系统混乱度增大的过程。例如，当物质为固体时，分子在晶格上的位置是固定的，呈有序的排列；液体分子之间相对可以移动，但分子间距离相对固定；而气体分子之间相互作用力极小，分子可以处于系统任何一个位置，混乱度最大。因此物质从固体变为液体或从液体变为气体，系统的熵增大，混乱度也增大。又如当系统温度较低时，大多数分子都集中在较低能级上，温度升高后，一部分分子升入较高能级，分子占据的能级范围扩大，混乱度增大，而升高温度也是系统熵增加的过程。

热力学第二定律的本质　一切不可逆过程都是向混乱度增加的方向进行。

热力学第二定律指出：功可以完全转变为热而不引起其它变化，但热不能完全转化为功而不引起其它变化。功是与有一定方向的运动相联系的，是有序运动的结果。而热是与分子的热运动相联系的，是无序运动的结果。功转变为热，是从有序转变为无序，可以自发进行；但是若要把热完全转化为功，是从有序转变为无序，不可能自发进行，如果发生，必然会引起环境的其它变化。

第十节　热力学第三定律

一、热力学第三定律

热力学第三定律(the third law of thermodynamics)　在 0K 时，任何完整晶体的熵等于零。

所谓完整晶体是指晶体中的分子或原子只有一种有序的排列方式。例如氢在低温时的晶体只有一种排列方式，而一氧化碳的晶体中，分子 CO 可以有 CO 和 OC 两种排列方式。因此，理论上氢在低温时可以形成完整晶体，而一氧化碳的晶体则不是完整晶体。

用公式表示热力学第三定律：

$$\text{完整晶体}\ S_{0\mathrm{K}} = 0 \qquad (1-43)$$

二、规定熵值

规定熵(conventional entropy)　以热力学第二定律为基础而求得的物质的熵值。

无论物质处于何种状态，都可以根据 $\mathrm{d}S=\dfrac{C_p\mathrm{d}T}{T}$ 从 0K 至 T 积分，得到

$$S = S_0 + \int_0^T \frac{C_p\mathrm{d}T}{T} \quad (S_0 = 0) \qquad (1-44)$$

这样得到的熵值，称规定熵。

如果物质从 0K 至目前状态要经过相变的话，在计算规定熵时要分段计算，并加上相变熵。

物质 B 在温度 T 时的规定熵

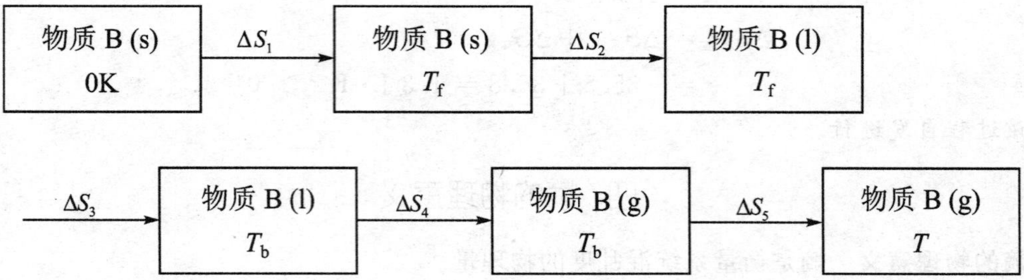

$$
\begin{aligned}
S &= S_0+\Delta S_1+\Delta S_2+\Delta S_3+\Delta S_4+\Delta S_5\\
&= 0+\int_0^{T_f}\frac{C_p(\mathrm{B,s})\mathrm{d}T}{T}+\frac{\Delta_{\mathrm{fus}}H}{T_f}+\\
&\quad \int_{T_f}^{T_b}\frac{C_p(\mathrm{B,l})\mathrm{d}T}{T}+\frac{\Delta_{\mathrm{vap}}H}{T_b}+\int_{T_b}^{T}\frac{C_p(\mathrm{B,g})\mathrm{d}T}{T}
\end{aligned}
\tag{1-45}
$$

化学反应过程的熵变计算

根据热力学第三定律可以计算任意物质在指定温度、压力下的规定熵。物质在 298.15K、标准压力 $p^{\ominus}$ 时的摩尔规定熵 $S_m^{\ominus}$(298.15K)可以在手册中查到。根据这些数据，可以计算化学反应熵变。例如反应

$$aA+dD = gG+hH$$

在 298.15K、$p^{\ominus}$ 时反应的熵变

$$\Delta_r S_m^{\ominus}(298.15\mathrm{K})=gS_m^{\ominus}(\mathrm{G},298.15\mathrm{K})+hS_m^{\ominus}(\mathrm{H},298.15\mathrm{K})-aS_m^{\ominus}(\mathrm{A},298.15\mathrm{K})-dS_m^{\ominus}(\mathrm{D},298.15\mathrm{K})$$

写成通式：

$$\Delta_r S_m^{\ominus}(298.15\mathrm{K}) = \sum_B \nu_B S_m^{\ominus}(\mathrm{B},298.15\mathrm{K})$$

如果反应是在标准压力 $p^{\ominus}$、温度 T 下进行，则反应的熵变

$$\Delta_r S_m^{\ominus}(T) = \Delta_r S_m^{\ominus}(298.15\mathrm{K})+\int_{298.15}^{T}\frac{\nu_B C_{p,m}(\mathrm{B})\mathrm{d}T}{T} \tag{1-46}$$

【例 1-19】 根据物质的规定熵计算化学反应在 298.15K 、$p^{\ominus}$ 下的熵变。

$CO(g)+2H_2(g) = CH_3OH(l)$

$S_m^{\ominus}(\mathrm{CO,g},298.15\mathrm{K})=197.56\ \mathrm{J\cdot K^{-1}\cdot mol^{-1}}$

$S_m^{\ominus}(\mathrm{H_2,g},298.15\mathrm{K})=130.57\ \mathrm{J\cdot K^{-1}\cdot mol^{-1}}$

$S_m^{\ominus}(\mathrm{CH_3OH,g},298.15\mathrm{K})=126.80\ \mathrm{J\cdot K^{-1}\cdot mol^{-1}}$

【解】 根据题给数据

$$
\begin{aligned}
\Delta_r S_m^{\ominus}(298.15\mathrm{K}) &= \sum_B \nu_B S_m^{\ominus}(\mathrm{B},298.15\mathrm{K})\\
&= 1\times126.80-1\times197.56-2\times130.57=-331.9\ \mathrm{J\cdot K^{-1}\cdot mol^{-1}}
\end{aligned}
$$

第十一节　亥姆霍兹能和吉布斯能

有了熵函数，可以判断过程的方向与限度。但是用熵函数判断过程的方向与限度时，除了要考虑系统熵的变化，还要计算环境熵的变化，相对比较麻烦，如果仅需要考虑系统性质的变化就可以对过程的方向及限度做出判断，将会更加方便。基于这个原因，考虑到大多数化学反应都是在等容条件或等压条件下进行的，亥姆霍兹(Helmholtz)和吉布斯(J·W·Gibbs)分别定义了两个新的状态函数。这两个函数不是热力学第二定律的直接结果，是从热力学第二定律及第一定律共同导出的辅助函数，但是它们的存在，使对过程特别是对化学反应的方向、限度的判断变得简单快捷。

一、亥姆霍兹能

根据热力学第一定律

$$\mathrm{d}U=\delta Q+\delta W \quad 或 \quad \Delta U=Q+W$$

根据克劳修斯不等式

$$dS \geqslant \frac{\delta Q}{T} \quad 或 \quad TdS \geqslant \delta Q$$

将这两个公式合并，可得

$$-dU + TdS \geqslant -\delta W \tag{1-47}$$

若系统发生一个等温过程，即 $T_1 = T_2 = T_{环境} = T$

式(1-47)可整理为

$$-d(U - TS) \geqslant -\delta W \tag{1-48}$$

定义

$$F = U - TS \tag{1-49}$$

F 称**亥姆霍兹能**(Helmholtz energy)。由于 U、T、S 都是状态函数，因此 F 也是状态函数。F 具有广度性质，单位为 J。

将式(1-49)代入式(1-48)得

$$-dF \geqslant -\delta W \quad 或 \quad -\Delta F \geqslant -W \tag{1-50}$$

式中等号表示过程可逆，不等号代表不可逆过程。

该式的物理意义是：在等温过程中，一个封闭系统所做的最大功等于系统亥姆霍兹能的减少，即等温可逆过程 $-\Delta F = -W$；而在等温不可逆过程中，系统亥姆霍兹能的减少大于系统所做的功，即 $-\Delta F > -W$。

若封闭系统经历一个等温、等容且不做非体积功的过程，由于等容 $\delta W = -p_e dV = 0$，且 $\delta W' = 0$，即 $\delta W = 0$，可以从式(1-50)得到

$$dF \leqslant 0 \quad 或 \quad \Delta F \leqslant 0 \tag{1-51}$$

式中等号适用于可逆过程，不等号适用于自发过程。

式(1-51)说明：系统在等温、等容和不做非体积功的条件下，如果发生一个自发的不可逆过程，必然会向着减少系统的亥姆霍兹能的方向进行，直到减少到该条件下的最低值，此时系统达到平衡(图 1-4)。系统在此条件下，绝不会发生亥姆霍兹能增大的反应。这就是亥姆霍兹能减少原理。用该原理可以判断在等温、等容、$W' = 0$ 的条件下过程的方向和限度。

二、吉布斯能

将系统所做的功分为体积功 $p_e dV$ 和非体积功 $\delta W'$，式(1-47)可表示为

$$-dU + TdS - p_e dV \geqslant -\delta W' \tag{1-52}$$

在等温、等压条件下，$T_1 = T_2 = T_{环境} = T$，$p_1 = p_2 = p_e = p$

则式(1-52)可整理为

$$-d(U + pV - TS) \geqslant -\delta W'$$

$$-d(H - TS) \geqslant -\delta W' \tag{1-53}$$

定义

$$G = H - TS \tag{1-54}$$

G 称吉布斯能(Gibbs energy)，由于 H、T、S 都是状态函数，因此 G 也是系统的状态函数，是广度性质。吉布斯能的单位为 J。将式(1-54)代入式(1-53)得

$$-dG \geqslant -\delta W' \quad 或 \quad -\Delta G \geqslant -W' \tag{1-55}$$

该式中等号适用于可逆过程，不等号适用于不可逆过程。该式的物理意义是：在等温等压条件下，一个封闭系统所能做的最大非体积功等于系统吉布斯能的减少，即系统等温等压可逆过程所做的非体积功等于系统吉布斯能的减少；而在同样条件下系统经不可逆过程所做的非体积

功小于系统吉布斯能的减少。

如果封闭系统经历一个等温、等压且不做非体积功的过程，根据式(1－55)可得

$$\Delta G \leqslant 0 \qquad 或 \qquad dG \leqslant 0 \qquad (1-56)$$

式中等号适用于可逆过程，不等号适用于自发过程。式(1－56)说明：系统在等温、等压和不做非体积功的条件下，如果发生一个自发的不可逆过程，必然会向着减少系统吉布斯能的方向进行，直到减少到该条件下最低值，此时系统达到平衡(图1－4)。系统在等温、等压、$W'=0$ 的条件下，绝不会发生吉布斯能增大的反应，这被称作吉布斯能减少原理。用该原理可以判断等温、等压、$W'=0$ 条件下过程的方向与限度。

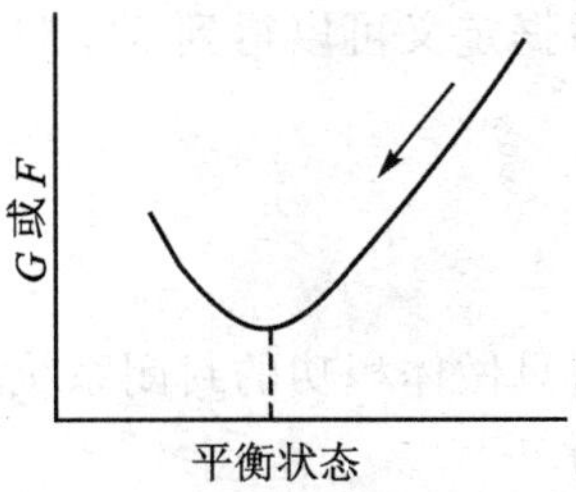

图1－4 亥姆霍兹能减少原理和吉布斯能减少原理

三、变化的方向与平衡的条件

自然界时刻在发生着各种变化，变化的方向和限度是一个根本的问题。热力学第二定律解决了这个问题。热力学第二定律引出的三个状态函数：熵、亥姆霍兹能、吉布斯能，通过它们的变化，就能够判断过程自发进行的方向和进程的限度。因此我们将这三个函数称为热力学判据，现归纳如下：

熵判据 对于隔离系统或绝热系统

$$dS \geqslant 0$$

式中等号表示可逆，不等号代表不可逆。

在隔离系统中，由于系统和环境之间没有能量传递，所发生的不可逆过程必然是自发过程。也就是在隔离系统中，自发过程的方向是向熵增加的方向进行，直至系统的熵值达到最大，系统达到平衡。平衡以后系统所进行的过程必然是可逆过程，此时 $dS=0$。该判据表示为

$$dS_{隔离} \geqslant 0 \qquad 或 \qquad dS \geqslant 0 \qquad (1-57)$$

熵增加原理是热力学第二定律的一种表达形式，利用熵函数的改变值可以直接判断系统自发变化的方向。

但如果不是绝热系统，在使用熵判据时，除了要计算系统熵的变化值以外，还要计算环境熵的改变值。

亥姆霍兹能判据 在等温、等容、不做非体积功的条件下，封闭系统的自发变化总是向着亥姆霍兹能减少的方向进行，直至系统达到平衡。亥姆霍兹能判据用公式表示为

$$(dF)_{T,V,W'=0} \leqslant 0 \qquad (1-58)$$

吉布斯能判据 在等温、等压、不做非体积功的条件下，封闭系统的自发变化总是向着吉布斯能减小的方向进行，直至系统达到平衡。吉布斯能判据用公式表示为

$$(dG)_{T,p,W'=0} \leqslant 0 \qquad (1-59)$$

使用吉布斯能判据和亥姆霍兹能判据都是有条件的。在规定的条件下用这两个判据判断系统自发变化的方向和限度时，只需要考虑系统自身性质的改变，而不需要考虑环境的变化，比较方便。

由于多数化学反应是在等温、等容或等温、等压条件下进行的，在判断化学反应自发进行的方向及限度时，一般都使用这两个判据，特别是吉布斯能判据。

四、热力学函数之间的关系

根据定义可以得到 5 个热力学函数之间的关系式

$$H=U+pV$$
$$F=U-TS$$
$$G=H-TS$$

当只做体积功的封闭系统经过可逆过程，根据热力学第一定律，系统热力学能的改变量可表示为

$$dU=\delta Q+\delta W=\delta Q-p_e dV$$

若过程可逆 $$dU=\delta Q_R-pdV$$

根据热力学第二定律 $$dS=\frac{\delta Q_R}{T}$$

两式合并可得 $$dU=TdS-pdV \tag{1-60}$$

对 H、F 和 G 定义式 $H=U+pV$，$F=U-TS$，$G=H-TS$ 求微分，并代入式(1-60)，可得

$$dH=TdS+Vdp \tag{1-61}$$
$$dF=-SdT-pdV \tag{1-62}$$
$$dG=-SdT+Vdp \tag{1-63}$$

在导出式(1-60)时虽然引入了可逆条件，但公式中的所有物理量 U、T、S、p、V 等都是系统的性质，是状态函数。当系统发生变化时，U、S、V 等的改变量和系统的始、终态有关，和过程无关。该式不仅适用于可逆过程，也适用于不可逆过程。

式(1-60)等四个公式是热力学的基本公式，适用范围为无相变化、无化学变化、只做体积功的封闭系统。

五、ΔG 的计算

ΔG 的计算主要依据两个公式：

根据吉布斯能的定义式 $G=H-TS$，得

$$\Delta G=\Delta H-\Delta(TS) \tag{1-64}$$

根据热力学基本关系式 $dG=-SdT+Vdp$，得

$$\Delta G=-\int_{T_1}^{T_2}SdT+\int_{p_1}^{p_2}Vdp \tag{1-65}$$

式(1-64)和式(1-65)是计算 ΔG 的基本公式。

相变过程 ΔG 的计算

在相变点发生的相变过程是等温等压可逆过程，且没有非体积功，根据式(1-65)

$$\Delta G=-\int_{T_1}^{T_2}SdT+\int_{p_1}^{p_2}Vdp$$

由于 $dT=0$，$dp=0$，因此 $\Delta G=0$。

液体在其沸点下蒸发为气体、固体在其熔点时熔融为液体等过程，系统吉布斯能的变化均为零。

【例 1-20】 在压力为 101.325 kPa 时，甲苯的沸点为 383.2 K。计算 1 kg 甲苯在沸点完全汽化成相同温度、压力下的甲苯蒸气时，过程的 Q、W、ΔU、ΔH、ΔS 和 ΔG。已知甲苯在该条件下的汽化热为 33.30 $kJ\cdot mol^{-1}$，甲苯的气体可以近似看作是理想气体。

【解】 甲苯的摩尔质量 $M(C_6H_5CH_3)=92.0\times10^{-3}\ kg\cdot mol^{-1}$

$$n=\frac{m}{M}=\frac{1}{92.0\times10^{-3}}=10.87\ mol$$

$$Q=33.30\times10.87=362.0\ kJ$$

$$W=-p_e(V_g-V_l)\approx-pV_g=-nRT$$

$$=-10.87\times8.314\times383.2=-3.463\times10^4\ J=-34.63\ kJ$$

$$\Delta U=Q+W=362.0-34.63=327.37\ kJ$$

$$\Delta H=Q_p=362.0\ kJ$$

$$\Delta S=\frac{Q_R}{T}=\frac{362.0\times10^3}{383.2}=944.7\ J\cdot K^{-1}$$

$$\Delta G=0$$

化学反应 ΔG 的计算

在前面已经介绍了化学反应的 $\Delta_r H_m^{\ominus}$、$\Delta_r S_m^{\ominus}$ 等的计算，根据式(1-64)

$$\Delta G=\Delta H-\Delta(TS)$$

对于指定温度下的化学反应，由于温度不变，所以

$$\Delta_r G_m^{\ominus}=\Delta_r H_m^{\ominus}-T\Delta_r S_m^{\ominus} \tag{1-66}$$

例如在计算一个化学反应的 $\Delta_r G_m^{\ominus}(298.15K)$ 时，可以首先从手册上查到反应物和产物的标准生成焓及标准规定熵，用所查到的数据计算反应的 $\Delta_r H_m^{\ominus}(298.15K)$ 和 $\Delta_r S_m^{\ominus}(298.15K)$，再用式(1-66)计算 $\Delta_r G_m^{\ominus}(298.15K)$。

【例 1-21】 计算下列化学反应的 $\Delta_r G_m^{\ominus}(298.15K)$。

$$CO_2(g)+2NH_3(g)=\!=\!=(NH_2)_2CO(s)+H_2O(l)$$

已知参与反应各物质的热力学数据

298.15K	$CO_2(g)$	$NH_3(g)$	$(NH_2)_2CO(s)$	$H_2O(l)$
$\Delta_f H_m^{\ominus}/kJ\cdot mol^{-1}$	−393.5	−46.19	−333.2	−285.8
$S_m^{\ominus}/J\cdot K^{-1}\cdot mol^{-1}$	213.6	192.5	104.6	69.96

【解】 根据题给数据

$$\Delta_r H_m^{\ominus}(298.15K)=\sum_B \nu_B \Delta_f H_m^{\ominus}(B,298.15K)$$

$$=1\times(-285.8)+1\times(-333.2)-1\times(-393.5)-2\times(-46.19)$$

$$=-133.12\ kJ\cdot mol^{-1}$$

$$\Delta_r S_m^{\ominus}(298.15K)=\sum_B \nu_B S_m^{\ominus}(B,298.15K)$$

$$=1\times69.96+1\times104.6-1\times213.6-2\times192.5=-424\ J\cdot K^{-1}\cdot mol^{-1}$$

$$\Delta_r G_m^{\ominus}(298.15K)=\Delta_r H_m^{\ominus}(298.15K)-T\Delta_r S_m^{\ominus}(298.15K)$$

$$=-133.12-298.15\times(-424)\times10^{-3}=-6.717\ kJ\cdot mol^{-1}$$

等温条件下简单 p、V 变化 ΔG 的计算

根据式(1-65)

$$\Delta G=\int_{T_1}^{T_2}SdT+\int_{p_1}^{p_2}Vdp$$

等温变化 $dT=0$，则

$$\Delta G=\int_{p_1}^{p_2}V\mathrm{d}p \tag{1-67}$$

理想气体等温改变 p、V

理想气体　$V=\dfrac{nRT}{p}$,代入式(1-67)

$$\Delta G=\int_{p_1}^{p_2}V\mathrm{d}p=nRT\int_{p_1}^{p_2}\frac{\mathrm{d}p}{p}=nRT\ln\frac{p_2}{p_1}$$

【例 1-22】 在温度为 300 K 时,1mol 理想气体从压力为 100 kPa 等温膨胀至压力为 10 kPa,计算系统吉布斯能的改变。

【解】 根据式(1-67)

$$\Delta G=\int_{p_1}^{p_2}V\mathrm{d}p=nRT\ln\frac{p_2}{p_1}$$

$$=1\times8.314\times300\times\ln\frac{10}{100}=-5743\ \mathrm{J}$$

液体、固体等温改变 p、V

当液体或固体发生一个等温改变压力的过程时,由于液体或固体的体积受压力的影响极小,可以看作是一个常数,因此

$$\Delta G=\int_{p_1}^{p_2}V\mathrm{d}p=V(p_2-p_1)$$

因压力改变引起的固、液相系统的吉布斯能变化很小,当系统中同时存在由其它因素引起的较大的吉布斯能变化时,这部分由于固体、液体压力改变引起的 ΔG 可以忽略。

习　题

1. 已知冰和水的密度分别为 $0.92\times10^3\ \mathrm{kg\cdot m^{-3}}$ 和 $1.0\times10^3\ \mathrm{kg\cdot m^{-3}}$。计算下列过程的功。(提示:将水蒸气看作是理想气体)

(1) 1mol 水在 100℃、101.325 kPa 完全转化为水蒸气。

(2) 1mol 水在 0℃、101.325 kPa 完全转化为冰。

2. 分别计算下列过程的系统热力学能的变化。已知 1 mol 水蒸发吸热 40.67 kJ,1 mol 冰融化吸热 6.048 kJ 。其它相关数据参见第 1 题。(提示:注意单位的统一)

(1) 1kg 水在 0℃、101.325 kPa 完全转化为水蒸气。

(2) 1kg 水在 0℃、101.325 kPa 完全转化为冰。

3. 1mol 理想气体从 400K,$p^\ominus$ 等温膨胀至压力为 $0.5\ p^\ominus$,计算系统经下列过程所做的功(提示:用理想气体状态方程计算气体物质的量)。

(1) 向真空膨胀。

(2) 对抗恒定外压膨胀,$p_e=0.5p^\ominus$。

(3) 可逆膨胀。

4. 苯在 101.325 kPa 时的沸点是 80℃,计算 10 mol 苯在沸点完全蒸发为气体,过程的功、热及系统 ΔU、ΔH。已知苯的蒸发热为 $30.7\ \mathrm{kJ\cdot mol^{-1}}$,苯的气体可以看作是理想气体。(提示:液体的体积和气体的体积相比较小,可忽略)

5. 计算 10mol 甲醇从 290K 升温至 330K 所吸收的热。已知甲醇(l)的热容为

$81.6\ J \cdot K^{-1} \cdot mol^{-1}$。

6. 计算 1mol O_2(g)从 $p^{\ominus}$、400 K 等压升温至 1000 K 所吸收的热。已知在该温度段 O_2 的定压摩尔热容为 $C_{p,m}(O_2)=31.464+3.34\times10^{-3}T\ (J \cdot K^{-1} \cdot mol^{-1})$。

7. $p^{\ominus}$下，将 1 mol 水从 50℃等压升温至 120℃，计算过程的 ΔH。已知水和水蒸气的定压热容分别为 $75.29\ J \cdot K^{-1} \cdot mol^{-1}$ 和 $33.58\ J \cdot K^{-1} \cdot mol^{-1}$，水的蒸发焓为 $40.67\ kJ \cdot mol^{-1}$。

8. 40 g O_2 在 $3p^{\ominus}$ 下从 25℃等压加热至 50℃，求该过程的 ΔU 和 ΔH。

9. 10 mol 单原子理想气体，从 200K、$p^{\ominus}$ 等压升温至 500 K，再等容升温至 1000 K，求系统的 ΔU 和 ΔH。

10. 合成氨反应，在反应进行了 t 时刻后，生成了 4mol NH_3。请计算下述反应方程式的反应进度：

(1) $N_2+3H_2 = 2NH_3$

(2) $\frac{1}{2}N_2+\frac{3}{2}H_2 = NH_3$

11. 某反应体系，起始时含 10mol H_2 和 20mol O_2，在反应进行的 t 时刻，反应进度为 2mol。计算反应若按下述反应方程式进行时，体系中各物质的量。

(1) $H_2+\frac{1}{2}O_2 = H_2O$

(2) $2H_2+O_2 = 2H_2O$

12. 试求下列反应在 298K、101.325kPa 时的恒压热效应。

(1) $2H_2S(g)+SO_2(g) = 2H_2O(l)+3S$(斜方)　　$Q_{V,m}=-223.8\ kJ \cdot mol^{-1}$

(2) 2C(石墨)$+O_2(g) = 2CO(g)$　　$Q_{V,m}=-231.3\ kJ \cdot mol^{-1}$

(3) $H_2(g)+Cl_2(g) = 2HCl(g)$　　$Q_{V,m}=-184\ kJ \cdot mol^{-1}$

13. 已知下列反应在 298 K 时的热效应

(1) $Na(s)+\frac{1}{2}Cl_2(g) = NaCl(s)$　　$\Delta_r H_m=-411\ kJ \cdot mol^{-1}$

(2) $H_2(g)+S(s)+2O_2(g) = H_2SO_4(l)$　　$\Delta_r H_m=-811.3\ kJ \cdot mol^{-1}$

(3) $2Na(s)+S(s)+2O_2(g) = Na_2SO_4(s)$　　$\Delta_r H_m=-1383\ kJ \cdot mol^{-1}$

(4) $\frac{1}{2}H_2(g)+\frac{1}{2}Cl_2(g) = HCl(g)$　　$\Delta_r H_m=-92.3\ kJ \cdot mol^{-1}$

求反应 $2NaCl(s)+H_2SO_4(l) = Na_2SO_4(s)+2HCl(g)$ 在 298 K 时的 $\Delta_r H_m$ 和 $\Delta_r U_m$。

14. 已知下述反应在 298 K 时的热效应

(1) $C_6H_5COOH(l)+7\frac{1}{2}O_2(g) = 7CO_2(g)+3H_2O(l)$　　$\Delta_r H_m=-3230\ kJ \cdot mol^{-1}$

(2) $C(s)+O_2(g) = CO_2(g)$　　$\Delta_r H_m=-394\ kJ \cdot mol^{-1}$

(3) $H_2(g)+\frac{1}{2}O_2(g) = H_2O(l)$　　$\Delta_r H_m=-286\ kJ \cdot mol^{-1}$

求 $C_6H_5COOH(l)$ 的标准生成热 $\Delta_f H_m^{\ominus}$。

15. 试分别由生成焓和燃烧焓计算下列反应：

$$3C_2H_2(g) = C_6H_6(l)$$

在 101.325kPa 和 298.15K 时的 $\Delta_r H_m$ 和 $\Delta_r U_m$。（所需数据从书后附录查）

16. 已知 C(石墨)$=$C(金刚石)在 298K 时的 $\Delta_r H_m^{\ominus}(298K)$ 为 $1.9\ kJ \cdot mol^{-1}$，石墨和

金刚石的热容分别为 8.527 J·K^{-1}·mol^{-1}和 6.113 J·K^{-1}·mol^{-1}，求反应在 800K 时的 $\Delta_r H_m^{\ominus}(800K)$。

*17. 反应$\frac{1}{2}N_2(g)+O_2(g)$ ══ $NO_2(g)$ 在 298K 时的 $\Delta_r H_m^{\ominus}(298K)=33.85$ kJ·mol^{-1}，求此反应在 800 K 时的 $\Delta_r H_m^{\ominus}(800K)$。已知：

$$C_{p,m}(N_2,g)=(26.88+4.28\times10^{-3}T)J\cdot K^{-1}\cdot mol^{-1}$$

$$C_{p,m}(O_2,g)=(31.46+3.39\times10^{-3}T)J\cdot K^{-1}\cdot mol^{-1}$$

$$C_{p,m}(NO_2,g)=(42.93+8.54\times10^{-3}T)J\cdot K^{-1}\cdot mol^{-1}$$

18. 分别计算 1mol $N_2(g)$ 经由下列两个过程从 300 K 升温至 1000 K 时系统的熵变。

(1) 等压过程。

(2) 等容过程。

19. 1kg 50℃的水放置后温度降至室温 20℃。计算：

(1) 该过程水的熵变。

(2) 环境的熵变。

(3) 用熵判据判断过程是否自发。

20. 绝热保温瓶中有 343 K 的热水，由于绝热效果的原因，放置后有 1000 J 热量散失到温度为 298 K 的空气中。计算：

(1) 绝热瓶的熵变。

(2) 环境的熵变。

(3) 总熵变，并判断过程是否自发。

21. 101.325 kPa 下 1 mol 苯在其沸点 383.2 K 时完全蒸发为气体，计算该过程的 ΔS。已知该温度下苯的汽化热为 30.7 kJ·mol^{-1}。

*22. 计算 1 mol 水在 101.325 kPa、−3℃时结冰的熵变。已知水的正常冰点是 0℃，冰在 0℃时的融化热 $\Delta_{fus}H_m=6.003$ kJ·mol^{-1}，冰和水的热容分别为 37.6 J·K^{-1}·mol^{-1}和 75.3 J·K^{-1}·mol^{-1}。

23. 查表计算下列化学反应在 298 K 时的熵变。

(1) $CH_3CO_2H(l)+C_2H_5OH(l)$ ══ $CH_3CO_2C_2H_5(l)+H_2O(l)$

(2) $3C_2H_2(g)$ ══ $C_6H_6(l)$

*24. 已知化学反应 $CO(g)+2H_2(g)$ ══ $CH_3OH(l)$

在 298 K 时 $\Delta_r S_m^{\ominus}(298K)=-221.606$J·$K^{-1}$·$mol^{-1}$。热容数据 $C_{p,m}(CO,g)=29.142$ J·K^{-1}·mol^{-1}，$C_{p,m}(H_2,g)=28.824$ J·K^{-1}·mol^{-1}，$C_{p,m}(CH_3OH,l)=81.60$ J·K^{-1}·mol^{-1}。计算反应在 338K 时的 $\Delta_r S_m^{\ominus}(338K)$。

25. 已知乙醚的正常沸点为 308 K，汽化热 $\Delta_{vap}H_m(308\ K)=25.104$ kJ·mol^{-1}，求 1mol 温度为 308 K、压力为 101.325 kPa 的乙醚完全蒸发为气体的 Q、W、ΔU、ΔH、ΔS 和 ΔG。

26. 已知水的汽化热为 40.67 kJ·mol^{-1}，计算 0.5 kg 水在 101.325 kPa，373.2 K 完全蒸发为水蒸气的 Q、W、ΔU、ΔH、ΔS 和 ΔG。

27. 查表计算下列反应在 298 K 时的 $\Delta_r H_m^{\ominus}$、$\Delta_r S_m^{\ominus}$ 和 $\Delta_r G_m^{\ominus}$。

(1) $CH_3CH_2OH\ (l)$ ══ $CH_2{=}CH_2(g)+H_2O\ (l)$

(2) $CaCO_3(s)$ ══ $CaO\ (s)+CO_2(g)$

28. 化学反应 $SO_2(g)+\frac{1}{2}O_2 = SO_3(g)$

(1) 查表计算反应在 298 K 时的 $\Delta_r H_m^{\ominus}$、$\Delta_r S_m^{\ominus}$ 和 $\Delta_r G_m^{\ominus}$。

(2) 已知热容数据 $C_{p,m}(SO_2,g)=42.50\ J\cdot K^{-1}\cdot mol^{-1}$

$C_{p,m}(O_2,g)=31.32\ J\cdot K^{-1}\cdot mol^{-1}$

$C_{p,m}(SO_3,g)=57.32\ J\cdot K^{-1}\cdot mol^{-1}$

计算 500 K 时该反应的 $\Delta_r H_m^{\ominus}(500K)$、$\Delta_r S_m^{\ominus}(500K)$ 和 $\Delta_r G_m^{\ominus}(500K)$。

习题答案

1. (1) −3102 J (2) −0.16 J
2. (1) 2087 kJ (2) −336 kJ
3. (1) 0 (2) −50.0 kJ (3) −69.3 kJ
4. −29.37 kJ, 307 kJ, 277.65 kJ, 307.0 kJ
5. 32.64 kJ
6. 20.28 kJ
7. 45.11 kJ
8. 650 J, 910 J
9. 99.77 kJ, 166.28 kJ
10. (1) 2 mol (2) 4 mol
11. (1) $n(H_2)=8$ mol, $n(O_2)=19$ mol, $n(H_2O)=2$ mol
    (2) $n(H_2)=6$ mol, $n(O_2)=18$ mol, $n(H_2O)=4$ mol
12. (1) $-231.2\ kJ\cdot mol^{-1}$ (2) $-228.8\ kJ\cdot mol^{-1}$ (3) $-184\ kJ\cdot mol^{-1}$
13. $65.7\ kJ\cdot mol^{-1}$, $60.7\ kJ\cdot mol^{-1}$
14. $-386\ kJ\cdot mol^{-1}$
15. $-631.23\ kJ\cdot mol^{-1}$, $-638.67\ kJ\cdot mol^{-1}$
16. $0.69\ kJ\cdot mol^{-1}$
17. $33.69\ kJ\cdot mol^{-1}$
18. (1) $35.03\ J\cdot K^{-1}$ (2) $25.02\ J\cdot K^{-1}$
19. (1) $-407.9\ J\cdot K^{-1}$ (2) $428.4\ J\cdot K^{-1}$ (3) $20.5\ J\cdot K^{-1}$，自发过程
20. (1) $-2.9\ J\cdot K^{-1}$ (2) $3.4\ J\cdot K^{-1}$ (3) $0.5\ J\cdot K^{-1}$，自发过程
21. $86.92\ J\cdot K^{-1}$
22. $-21.57\ J\cdot K^{-1}$
23. (1) $8.44\ J\cdot K^{-1}\cdot mol^{-1}$ (2) $-430.434\ J\cdot K^{-1}\cdot mol^{-1}$
24. $-222.29\ J\cdot K^{-1}\cdot mol^{-1}$
25. 25.104 kJ, −2.561 kJ, 22.543 kJ, 25.104 kJ, $81.5\ J\cdot K^{-1}$, 0
26. 1130 kJ, −86.15 kJ, 1044 kJ, 1130 kJ, $3.03\ J\cdot K^{-1}$, 0
27. (1) $44.075\ kJ\cdot mol^{-1}$, $126.8\ J\cdot K^{-1}\cdot mol^{-1}$, $5.537\ kJ\cdot mol^{-1}$
    (2) $177.759\ kJ\cdot mol^{-1}$, $160.66\ J\cdot K^{-1}\cdot mol^{-1}$, $130.12\ kJ\cdot mol^{-1}$
28. (1) $-98.28\ kJ\cdot mol^{-1}$, $-197.44\ J\cdot K^{-1}\cdot mol^{-1}$, $-70.03\ kJ\cdot mol^{-1}$
    (2) $-101.613\ kJ\cdot mol^{-1}$, $-205.98\ J\cdot K^{-1}\cdot mol^{-1}$, $1.337\ kJ\cdot mol^{-1}$

第二章　多组分系统的热力学

在第一章中讨论的是单组分系统，所提出的热力学方程只适用于组成不变、非体积功为零的相平衡系统。两种或两种以上的物质组成的系统称多组分系统(multi-component system)。本章讨论的是以分子形式分散的均相系统(homogeneous system)，分散相为离子的电解质溶液在第五章讨论，非均相分散系统在第八章讨论。

第一节　多组分系统组成的表示方法

均相多组分系统中的任一组分，如果能用相同的热力学方法处理时，该多组分系统被称为混合物(mixture)。混合物中各组分的性质符合相同的经验定律。例如低压混合气体中的任意一种气体都符合道尔顿分压定律，理想溶液中的任意组分都符合拉乌尔定律等。在表示均相多分散系统的组成时，用 B 表示系统中任一组分。常用的 B 的浓度表示方法有以下几种：

B 的物质的量分数(amount of substance fraction of B) x_B　也称 B 的**摩尔分数**(mole fraction of B)

$$x_B = \frac{n_B}{\sum n_B} \tag{2-1}$$

式中 n_B 为 B 物质的量，$\sum n_B$ 为混合物的物质的总量。x_B 为量纲一的量。

B 的质量分数(mass fraction of B) w_B

$$w_B = \frac{m(B)}{\sum m(B)} \tag{2-2}$$

式中 $m(B)$ 为 B 物质的质量，$\sum m(B)$ 为混合物的总质量。w_B 为量纲一的量。

B 的物质的量浓度(amount of substance concentration of B) c_B

$$c_B = \frac{n_B}{V} \tag{2-3}$$

式中 V 为混合物的总体积。c_B 的单位为 $mol \cdot m^{-3}$，常用的单位是 $mol \cdot dm^{-3}$ 或 $mol \cdot L^{-1}$。

以上多组分均相系统的组成的表示方法适用于系统中的任一组分。

B 的质量浓度(mass concentration of solute B) ρ_B

$$\rho_B = \frac{m(B)}{V} \tag{2-4}$$

ρ_B 的单位为 $kg \cdot m^{-3}$。

有些液相和固相的多组分均相系统，不同的组分需要用不同的热力学方法处理，各组分的性质遵守不同的经验定律。这种多组分系统称作溶液。一般溶液中含量较多的组分称溶剂(solvent)，含量较少的称溶质(solute)。前述混合物的浓度表示方法对溶液也适用，溶质的浓度还可以用下面的方式表示。

溶质 B 的质量摩尔浓度(molality of solute B) m_B

$$m_B = \frac{n_B}{m(A)} \tag{2-5}$$

式中 $m(A)$ 为溶剂的质量。m_B 的单位为 $mol \cdot kg^{-1}$。

体积 V 是温度的函数，因此物质的量浓度 c_B 也和温度相关。相同组成的系统，温度不同，c_B 就不同，c_B 只在动力学中使用。物质的量 n、质量 m 等物理量和温度无关，因此物质的量分数 x_B、质量分数 w_B、质量摩尔浓度 m_B 等均与温度无关。在处理热力学问题时，使用这些浓度表示方法比较方便。

【例 2-1】 20℃，常压下，4g 苯和 60g 甲苯混合。已知 $M_{苯}=78\ g \cdot mol^{-1}$，$M_{甲苯}=92\ g \cdot mol^{-1}$，$\rho_{苯}=0.8784\ g \cdot cm^{-3}$，$\rho_{甲苯}=0.8660\ g \cdot cm^{-3}$。计算

(1) 溶液中苯的摩尔分数 $x_{苯}$。

(2) 质量分数 $w_{苯}$。

(3) 质量摩尔浓度 $m_{苯}$。

(4) 物质的量浓度 $c_{苯}$。

假设溶液的体积等于混合前苯和甲苯体积的加和。

【解】 首先根据题给条件计算系统中各物质的量和体积

$$n_{苯} = \frac{m(苯)}{M_{苯}} = \frac{4}{78} = 0.051\ mol$$

$$n_{甲苯} = \frac{m(甲苯)}{M_{甲苯}} = \frac{60}{92} = 0.65\ mol$$

$$V_{苯} = \frac{m(苯)}{\rho_{苯}} = \frac{4}{0.8784} = 4.6\ cm^3$$

$$V_{甲苯} = \frac{m(甲苯)}{\rho_{甲苯}} = \frac{60}{0.8660} = 69\ cm^3$$

(1) 溶液中苯的摩尔分数

$$x_{苯} = \frac{n_{苯}}{n_{苯} + n_{甲苯}} = \frac{0.051}{0.051 + 0.65} = 0.073$$

(2) 苯的质量分数

$$w_{苯} = \frac{m(苯)}{m(苯) + m(甲苯)} = \frac{4}{4 + 60} = 0.0625$$

(3) 苯的质量摩尔浓度

$$m_{苯} = \frac{n_{苯}}{m(甲苯)} = \frac{0.051}{60 \times 10^{-3}} = 0.85\ mol \cdot kg^{-1}$$

(4) 苯的物质的量浓度

$$c_{苯} = \frac{n_{苯}}{V_{苯} + V_{甲苯}} = \frac{0.051}{(4.6 + 69) \times 10^{-3}} = 0.69\ mol \cdot dm^{-3}$$

【例 2-2】 计算 25℃时浓度为 $0.01 mol \cdot dm^{-3}$ 的 NaCl 水溶液的质量摩尔浓度。已知该温度下水的密度为 $\rho = 0.99705\ g \cdot cm^{-3}$。

【解】 由于溶液浓度很小，可以认为溶液的密度近似等于水的密度。

$$\rho = 0.99705\ g \cdot cm^{-3} = 0.99705\ kg \cdot dm^{-3}$$

假定 $V = 1\ dm^3$

溶液的质量 $m(溶液) = V \cdot \rho = 1 \times 0.99705 = 0.99705\ kg$

$$n_{NaCl} = c \cdot V = 0.01 \times 1 = 0.01\ mol$$

$$M(\text{NaCl})=58.44\times10^{-3}\ \text{kg}\cdot\text{mol}^{-1}$$

溶质的质量 $m(\text{NaCl})=n_{\text{NaCl}}\cdot M(\text{NaCl})$

$$=0.01\times58.44\times10^{-3}=0.5844\times10^{-3}\ \text{kg}$$

溶剂的质量 $m(H_2O)=m(\text{溶液})-m(\text{NaCl})$

$$=0.99705-0.5844=0.99647\ \text{kg}$$

溶液的质量摩尔浓度

$$m_{\text{NaCl}}=\frac{n_{\text{NaCl}}}{m(H_2O)}$$

$$=\frac{0.01}{0.99647}=0.010035\ \text{mol}\cdot\text{kg}^{-1}$$

从例题的结果可以看出，当溶液的浓度很小时，$m_B\approx c_B$。

第二节 偏摩尔量与化学势

第一章主要讨论了单组分系统或组成不发生改变的多组分系统，确定这类系统的状态只需要两个独立变量，通常选用温度和压力。系统的其他性质均可以表示为这两个独立变量的函数。如体积

$$V=V(T,p)$$

对于多组分系统，如果发生变化时，系统的总组成或系统中各相的组成也发生变化，仅仅用两个独立变量不足以描述系统的状态。此时系统的状态还和系统中各物质的量有关。对于组成可发生变化的多组分系统，确定系统的状态时，除了上述两个独立变量外，还需指定系统中各组分物质的量。因此在热力学函数的表示式中也要包括系统中各组分物质的量。如体积

$$V=V(T,p,n_1,n_2,\cdots)$$

由此，在多组分系统中需要引入两个新的状态函数：偏摩尔量(partial molar quantity)和化学势(chemical potential)。

一、偏摩尔量

纯物质的广度性质具有简单加和性，如 1m^3 的水和 4m^3 的水混合，总体积为 5m^3。而在多组分系统中，情况变得比较复杂。

在任何系统中，物质的量和质量都具有简单加和性。系统总的物质的量等于系统各部分物质的量的加和；系统总的质量等于系统各部分质量的加和。但是除此以外，多组分系统的其它性质一般不具有简单的加和性。例如在 293K 时乙醇的摩尔体积为 58.36cm^3，在一定体积的乙醇中加入 1mol 乙醇，乙醇的体积增加 $58.36\ \text{cm}^3$。而在乙醇的质量分数 $w_{\text{乙醇}}=0.6$ 的无穷大量乙醇水溶液中加入 1mol 乙醇(少量乙醇的加入不会引起溶液组成的改变)，溶液体积的增加不是 $58.36\ \text{cm}^3$，而是 $56.85\ \text{cm}^3$。由此可见，在乙醇水溶液中加入乙醇而引起的体积变化是和系统的组成有关的。在这个系统中，溶液的体积

$$V(\text{溶液})\neq n(\text{乙醇})V_m^*(\text{乙醇})+n(\text{水})V_m^*(\text{水})$$

在多组分系统中，不仅体积相对纯物质发生了变化，其它广度性质也发生了类似的变化。因此必须引入新的概念代替纯物质的摩尔量的概念。

设多组分均相系统由组分 1,2,…,k 组成，系统的任一广度性质 Z(如 V、U、S、G 等)可写

成温度、压力及各组分物质的量的函数

$$Z=Z(T,\ p,\ n_1,\ n_2,\cdots,\ n_k)$$

当系统发生微小变化时，Z 也相应发生微小变化

$$\begin{aligned}\mathrm{d}Z=&\left(\frac{\partial Z}{\partial T}\right)_{p,n_1,n_2,\cdots,n_k}\mathrm{d}T+\left(\frac{\partial Z}{\partial p}\right)_{T,n_1,n_2,\cdots,n_k}\mathrm{d}p+\left(\frac{\partial Z}{\partial n_1}\right)_{T,p,n_2,\cdots,n_k}\mathrm{d}n_1\\&+\cdots+\left(\frac{\partial Z}{\partial n_k}\right)_{T,p,n_1,n_2,\cdots n_{k-1}}\mathrm{d}n_k\\=&\left(\frac{\partial Z}{\partial T}\right)_{p,n_1,n_2,\cdots,n_k}\mathrm{d}T+\left(\frac{\partial Z}{\partial p}\right)_{T,n_1,n_2,\cdots,n_k}\mathrm{d}p+\sum_{\mathrm{B}=1}^{k}\left(\frac{\partial Z}{\partial n_\mathrm{B}}\right)_{T,p,n_i(i\neq \mathrm{B})}\mathrm{d}n_\mathrm{B}\end{aligned}$$

在等温等压条件下

$$\mathrm{d}Z=\sum_{\mathrm{B}=1}^{k}\left(\frac{\partial Z}{\partial n_\mathrm{B}}\right)_{T,p,n_i(i\neq \mathrm{B})}\mathrm{d}n_\mathrm{B} \tag{2-6}$$

定义

$$Z_{\mathrm{B,m}}=\left(\frac{\partial Z}{\partial n_\mathrm{B}}\right)_{T,p,n_i(i\neq \mathrm{B})} \tag{2-7}$$

$Z_{\mathrm{B,m}}$称物质B的某广度性质 Z 的偏摩尔量，或称物质B的偏摩尔性质 Z，如物质B的偏摩尔体积、偏摩尔吉布斯能等。

偏摩尔量 $Z_{\mathrm{B,m}}$ 的物理意义　在等温等压条件下，向浓度一定的无限大量的系统中加入1mol B(B的加入不会改变系统的组成)而引起系统广度性质 Z 的改变量；或者是在浓度一定的有限量的系统中加入 $\mathrm{d}n_\mathrm{B}$ 的B组分(B的加入不会改变系统的组成)，由此引起系统广度性质 Z 随组分B的偏摩尔变化率。

常用的偏摩尔量有偏摩尔体积 $V_{\mathrm{B,m}}$、偏摩尔热力学能 $U_{\mathrm{B,m}}$、偏摩尔焓 $H_{\mathrm{B,m}}$、偏摩尔熵 $S_{\mathrm{B,m}}$、偏摩尔吉布斯能 $G_{\mathrm{B,m}}$。

$$V_{\mathrm{B,m}}=\left(\frac{\partial V}{\partial n_\mathrm{B}}\right)_{T,p,n_i(i\neq \mathrm{B})}$$

$$U_{\mathrm{B,m}}=\left(\frac{\partial U}{\partial n_\mathrm{B}}\right)_{T,p,n_i(i\neq \mathrm{B})}$$

$$S_{\mathrm{B,m}}=\left(\frac{\partial S}{\partial n_\mathrm{B}}\right)_{T,p,n_i(i\neq \mathrm{B})}$$

$$G_{\mathrm{B,m}}=\left(\frac{\partial G}{\partial n_\mathrm{B}}\right)_{T,p,n_i(i\neq \mathrm{B})}$$

注意：只有广度性质才有偏摩尔量，条件是等温、等压、组成不变。

偏摩尔量的加和公式

$$Z=\sum_{\mathrm{B}=1}^{k}n_\mathrm{B}Z_{\mathrm{B,m}} \tag{2-8}$$

式(2-8)表明，在恒温恒压条件下，系统的某一广度性质的数值等于各组分物质的量与其偏摩尔量乘积的加和。

【例2-3】　有4mol A和3mol B组成二组分溶液系统，体积为640cm^3。已知 $V_{\mathrm{A,m}}=112\mathrm{cm^3\cdot mol^{-1}}$，计算 $V_{\mathrm{B,m}}$。

【解】　根据偏摩尔量加和公式

$$V=n_\mathrm{A}V_{\mathrm{A,m}}+n_\mathrm{B}V_{\mathrm{B,m}}$$

则 $640=4\times112+3V_{B,m}$

得 $V_{B,m}=64\ cm^3\cdot mol^{-1}$

二、化学势

在诸多偏摩尔量中，最重要的是偏摩尔吉布斯能，它也被称作化学势，是多组分系统中的一个重要物理量。

多组分系统中物质 B 的化学势定义

$$\mu_B=G_{B,m}=\left(\frac{\partial G}{\partial n_B}\right)_{T,p,n_i(i\neq B)} \tag{2-9}$$

μ_B是系统的强度性质，单位为 $J\cdot mol^{-1}$。化学势也可以用其它热力学函数定义，但由于用吉布斯能定义的化学势恰好是偏摩尔吉布斯能，因此最容易理解，也最常用。

多组分系统中吉布斯能的热力学关系式

$$dG=-SdT+Vdp+\sum_B\mu_B dn_B \tag{2-10}$$

三、化学势判据

化学势判据

在等温等压条件下，式(2-10)可写为

$$dG=\sum_B\mu_B dn_B \tag{2-11}$$

根据热力学第二定律，在等温等压、不做非体积功的条件下，$dG\leqslant0$，即

$$\sum_B\mu_B dn_B\leqslant0 \tag{2-12}$$

式(2-12)即为化学势判据。

化学势在相平衡中的应用

设系统有 α、β 两相，两相均为多组分系统。在等温、等压、非体积功 $W'=0$ 的条件下，有 dn_B mol 的物质 B 从 α 相转移至 β 相(图 2-1)。该变化引起系统吉布斯能的变化

$$dG=\sum\mu_B dn_B=-\mu_B^\alpha dn_B+\mu_B^\beta dn_B=(\mu_B^\beta-\mu_B^\alpha)dn_B$$

若相转移是在平衡条件下进行的，$dG=0$，则

$$dG=(\mu_B^\beta-\mu_B^\alpha)dn_B=0$$

因为 $dn_B\neq0$

所以 $\mu_B^\beta-\mu_B^\alpha=0$

即 $\mu_B^\alpha=\mu_B^\beta$

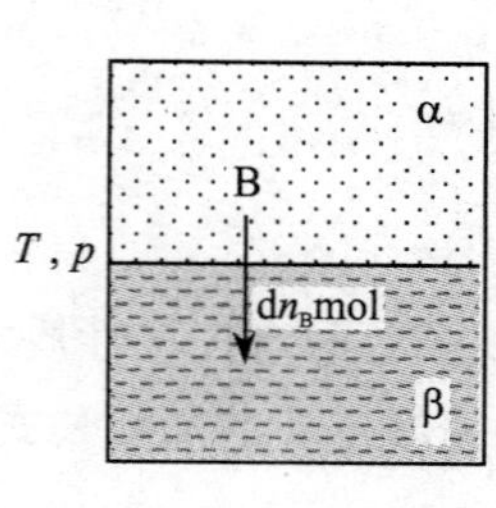

图 2-1　物质 B 的相转移

多相系统相平衡的条件是物质 B 在各相的化学势相等。

若物质 B 是自发从 α 相转移至 β 相，$dG<0$，则

$$dG=(\mu_B^\beta-\mu_B^\alpha)dn_B<0$$

因为 $dn_B>0$

所以 $\mu_B^\beta-\mu_B^\alpha<0$

即 $\mu_B^\alpha>\mu_B^\beta$

多相系统中物质 B 自发进行相转移的方向是从化学势较高的一相自发向化学势较低的一相转移。

第三节　气体的化学势

理想气体的化学势

$$\mu_B = \mu_B^{\ominus}(T,p) + RT\ln\frac{p_B}{p^{\ominus}} \tag{2-13}$$

对于理想气体，不论是单组分还是多组分系统，气体 B 的化学势均用上式表示，式中 $\mu_B^{\ominus}(T,p)$ 是气体 B 在温度 T、标准压力下的化学势，p_B是气体 B 的分压。

实际气体的化学势

$$\mu_B = \mu_B^{\ominus}(T,p) + RT\ln\frac{f_B}{p^{\ominus}} \tag{2-14}$$

式中 f_B为气体 B 的逸度。由于实际气体的性质和理想气体有偏差，加入校正项用逸度 f 代替压力 p，使其化学势的表达式具有和理想气体相似的形式，$f=rp$，r 称逸度系数（fugacity coefficient），用 r 对压力进行校正。

第四节　溶液的化学势

一、拉乌尔定律和亨利定律

在讨论稀溶液时，要用到两个重要的经验定律——拉乌尔定律和亨利定律。

拉乌尔定律（Raoulf's law）　定温下，稀溶液中溶剂的蒸气压等于纯溶剂的蒸气压乘以溶液中溶剂的摩尔分数。

$$p_A = p_A^* x_A \tag{2-15}$$

式中 p_A为溶剂的蒸气压，p_A^* 为纯溶剂的蒸气压，上标“ * ”表示纯物质，x_A为溶液中溶剂的摩尔分数。

【例 2-4】　已知 298 K 时水的蒸气压为 3167 Pa，乙醇的蒸气压为 7968 Pa。

(1) 计算乙醇的摩尔分数为 $x_B=0.01$ 的乙醇水溶液上方水的分压。

(2) 若液面上方乙醇的分压为 7570 Pa，计算溶液中乙醇的含量。

【解】　设溶液的性质符合拉乌尔定律

(1)
$$x_A=1-x_B=1-0.01=0.99$$
$$p_A=p_A^* x_A=3167\times0.99=3135\ \text{Pa}$$

(2)
$$x_A=\frac{p_A}{p_A^*}=\frac{7570}{7968}=0.95$$

亨利定律（Henry's law）　在一定温度和平衡状态下，气体在液体中的溶解度（用摩尔分数表示）和该气体的分压成正比。

$$p_B = k_{x,B} x_B \tag{2-16}$$

式中 p_B是气体 B 的平衡分压，x_B是气体 B 在液体中的溶解度，$k_{x,B}$称亨利系数（Henry's constant），其数值大小和温度、压力及溶剂-溶质系统的性质有关。

该定律是英国科学家亨利在研究气体的溶解度时总结出来的经验规律。如果从溶质的角度，也可以这样表述这个定律：在稀溶液中，挥发性溶质的蒸气压和溶质在溶液中的浓度成正比。

由于 $n_B \ll n_A$，因此 $n_B + n_A \approx n_A$，在稀溶液中，式(2-16)可整理得

$$p_B = k_{x,B}x_B = k_{x,B}\frac{n_B}{n_A + n_B} \approx k_{x,B}\frac{n_B}{n_A} = k_{x,B}M_A\frac{n_B}{m(A)}$$

$$p_B = k_{m,B}m_B \tag{2-17}$$

式中 M_A 为溶剂的摩尔质量，$m(A)$ 为溶剂 A 的质量，m_B 为物质 B 的质量摩尔浓度，$k_{m,B}$ 为以质量摩尔浓度表示浓度时的亨利系数。

在稀溶液中，如果用质量摩尔浓度表示溶质的浓度时，亨利定律仍然成立。

同样，在稀溶液中，亨利定律也可以用物质的量浓度表述

$$p_B = k_{c,B}c_B \tag{2-18}$$

式中 c_B 为物质 B 的量浓度，$k_{c,B}$ 为以量浓度表示浓度时的亨利系数。

使用亨利定律时要注意：

(1) 当溶质的浓度以不同方式表示时，亨利常数是不同的，即 $k_x \neq k_m \neq k_c$。

(2) 亨利定律只适用于稀溶液的溶质。

(3) 使用亨利定律时要求溶质在气相和液相都具有相同的分子状态。

例如，溶于苯中的 HCl 是分子形式，和气相中的 HCl 相同，可以使用亨利定律；而溶于水中的 HCl 是离子形式：H^+ 和 Cl^-，和气相中的 HCl 不同，因此不能使用亨利定律。

【例 2-5】 HCl 在氯苯中的质量摩尔浓度为 0.10 $mol \cdot kg^{-1}$，计算溶液上方 HCl 的分压。已知 HCl 溶于氯苯中的 $k_m(HCl) = 4.44 \times 10^4\ Pa \cdot kg \cdot mol^{-1}$。

【解】 根据亨利定律

$$p_B = k_{m,B}\, m_B$$

$$= 4.44 \times 10^4 \times 0.10 = 4.44 \times 10^3\ Pa = 4.44\ kPa$$

二、理想溶液中各组分的化学势

理想溶液(ideal solution) 溶液中的任一组分在全部浓度范围内都符合拉乌尔定律的溶液。理想溶液各组分分子大小相同，分子间相互作用力大小相等，因此混合时没有热效应，体积具有加和性。

真实情况下理想溶液很少，旋光异构体的混合物、立体异构体的混合物、同位素化合物的混合物以及相邻同系物等可以看作或近似看作理想溶液。如对二甲苯和间二甲苯、甲苯和乙苯等的混合物，均表现出理想溶液的性质。

理想溶液的提出具有理论意义，也具有实用价值。虽然大部分溶液不是理想溶液，但是有许多溶液在一定浓度区间内的性质和理想溶液接近，可以近似按理想溶液处理，这样可以使问题简化。

理想溶液中各组分的化学势

根据相平衡条件，在恒温、恒压下，溶液和溶液表面的蒸气压达到平衡时，溶液中任一组分 B 在气相和液相的化学势相等。将 B 的气相看作是理想气体

$$\mu_B(l) = \mu_B(g) = \mu_B^{\ominus}(T) + RT\ln\frac{p_B}{p^{\ominus}}$$

根据拉乌尔定律 $p_B = p_B^* x_B$，则

$$\mu_B = \mu_B^{\ominus}(T) + RT\ln\frac{p_B^*}{p^{\ominus}} + RT\ln x_B$$

令 $$\mu_B^* = \mu_B^\ominus(T) + RT\ln\frac{p_B^*}{p^\ominus}$$

则 $$\mu_B = \mu_B^*(T,p) + RT\ln x_B \qquad (2-19)$$

式中 $\mu_B^*(T,p)$为纯 B 物质在温度 T、压力 p 时的化学势，μ_B为溶液中 B 物质的化学势。

三、理想稀溶液的化学势

理想稀溶液(ideal dilute solution) 恒温、恒压条件下，在一定浓度范围内，溶剂服从拉乌尔定律，溶质服从亨利定律的稀溶液。

理想稀溶液中溶剂的化学势

$$\mu_A = \mu_A^*(T,\ p) + RT\ln x_A \qquad (2-20)$$

式中 μ_A为稀溶液中溶剂 A 的化学势，$\mu_A^*(T,\ p)$为温度 T，压力 p 条件下纯溶剂 A 的化学势，x_A为溶剂 A 的摩尔分数。

理想稀溶液中溶质 B 的化学势

恒温、恒压条件下，已达到相平衡的溶质 B 在气相和液相化学势相等，因此溶质 B 的化学势

$$\mu_B = \mu_B^\ominus(T) + RT\ln\frac{p_B}{p^\ominus}$$

因为溶质 B 服从亨利定律，$p_B = k_{x,B}\ x_B$，代入上式，得

$$\mu_B = \mu_B^\ominus(T) + RT\ln\frac{k_{x,B}}{p^\ominus} + RT\ln\ x_B$$

令 $\mu_B^* = \mu_B^\ominus(T) + RT\ln\dfrac{k_{x,B}}{p^\ominus}$

得 $$\mu_B = \mu_B^*(T,p) + RT\ln x_B$$

式中 $\mu_B^*(T,\ p)$是在温度 T、压力 p 条件下，纯溶质 B 仍符合亨利定律时的化学势，这是一个假想的标准态。

亨利定律中组成一项还可以选择用物质的量浓度或质量摩尔浓度，相应的溶质 B 的化学势可以表示为

$$\mu_B = \mu_B^*(T,p) + RT\ln c_B \qquad (2-21)$$

$$\mu_B = \mu_B^*(T,p) + RT\ln m_B \qquad (2-22)$$

虽然标准化学势都表示为 $\mu_B^*(T,\ p)$，但只是在式(2-19)和式(2-20)表示 T、p 条件下的纯 B 的化学势，其它各式中均为不同的假想标准态，且数值各不相同。

*四、非理想溶液的化学势

非理想溶液的活度(activity)及活度因子(activity factor)

非理想溶液中的溶剂不遵守拉乌尔定律，溶质不遵守亨利定律。为了在处理非理想溶液时能和理想溶液有相似的表示方式，Lewis 引入了活度这个概念。根据拉乌尔定律 $\dfrac{p_B}{p_B^\ominus} = x_B$，对非理想溶液的浓度进行校正，使

$$\frac{p_B}{p_B^\ominus} = \gamma_{x,B}x_B \qquad (2-23)$$

式中 $\gamma_{x,B}$是溶液中 B 组分以物质的量分数表示的活度因子，也称活度系数，$\gamma_{x,B}$的数值表示了

非理想溶液对理想溶液的偏差，是量纲一的量。同时定义

$$a_{B,x} = \gamma_{x,B} \cdot x_B, \quad \lim_{x_B \to 0} \gamma_B = 1 \tag{2-24}$$

式中 $a_{B,x}$ 是溶液中的组分 B 以物质的量分数表示的活度，是量纲一的量。

活度还可以用其它组成表示方式定义：

用质量摩尔浓度 m_B 定义的活度 $a_{B,m}$

$$a_{B,m} = \frac{\gamma_{m,B} m_B}{m^{\ominus}} \tag{2-25}$$

式中 $a_{B,m}$ 是溶液中的组分 B 以质量摩尔浓度表示的活度，$\gamma_{m,B}$ 是溶液中 B 组分以质量摩尔浓度表示的活度因子，$m^{\ominus}$ 是标准质量摩尔浓度，$m^{\ominus} = 1\ \text{mol} \cdot \text{kg}^{-1}$。

用物质的量浓度 c_B 定义的活度 $a_{B,c}$

$$a_{B,c} = \frac{\gamma_{c,B} c_B}{c^{\ominus}} \tag{2-26}$$

式中 $a_{B,c}$ 是溶液中的组分 B 以物质的量浓度表示的活度，$\gamma_{c,B}$ 是溶液中 B 组分以物质的量浓度表示的活度因子，$c^{\ominus}$ 是标准量浓度，$c^{\ominus} = 1\ \text{mol} \cdot \text{dm}^{-3}$。显然，$a_{B,m}$、$a_{B,c}$、$\gamma_{m,B}$ 和 $\gamma_{c,B}$ 都是量纲一的量。

非理想溶液的溶剂的活度遵守拉乌尔定律：

$$p_A = p_A^* a_{A,x}$$

非理想溶液的溶质的活度遵守亨利定律：

$$p_B = k_B a_{B,x}$$

非理想溶液的溶剂的化学势为

$$\mu_A = \mu_A^*(T, p) + RT \ln a_{A,x} \tag{2-27}$$

非理想溶液的溶质的化学势为

$$\begin{aligned} \mu_B &= \mu_{B,x}^*(T, p) + RT \ln a_{B,x} \\ &= \mu_{B,m}^*(T, p) + RT \ln a_{B,m} \\ &= \mu_{B,c}^*(T, p) + RT \ln a_{B,c} \end{aligned} \tag{2-28}$$

习　题

1. 20℃，常压条件下，2g 甲醇和 98g 乙醇混合，已知甲醇和乙醇的密度分别为 $0.7913\ \text{g} \cdot \text{cm}^{-3}$ 和 $0.7894\ \text{g} \cdot \text{cm}^{-3}$。设混合后的溶液为理想溶液，计算溶液中甲醇的

(1) 物质的量分数 $x_{甲醇}$；

(2) 质量分数 $w_{甲醇}$；

(3) 质量摩尔浓度 $m_{甲醇}$；

(4) 物质的量浓度 $c_{甲醇}$。

2. 质量分数为 0.015 的 NaOH 水溶液，已知溶液在 293 K、标准压力下的密度为 $1.0148 \times 10^3\ \text{kg} \cdot \text{m}^{-3}$，计算该条件下溶质 NaOH 的

(1) 物质的量分数 x_{NaOH}；

(2) 物质的量浓度 c_{NaOH}；

(3) 质量摩尔浓度 m_{NaOH}。

3. 5mol A 和 2mol B 组成溶液的体积为 $0.557 \times 10^{-3}\ \text{m}^3$，已知 $V_{B,m} = 0.112 \times 10^{-3}\ \text{m}^3 \cdot \text{mol}^{-1}$，

求A组分的偏摩尔体积 $V_{A,m}$。

4. 为什么在热力学中经常使用质量摩尔浓度来表示溶质的浓度，而不用物质的量浓度(体积摩尔浓度)？

5. 在一个密闭容器中，乙醇-水溶液和上方的蒸气达到平衡(见右图)。若乙醇(A)和水(B)的化学势分别为 μ_A 和 μ_B，平衡时下面哪个答案是正确的？

a. μ_A(气)$=\mu_B$(气)　　b. μ_A(气)$=\mu_A$(液)

c. μ_A(液)$=\mu_B$(液)　　c. μ_A(气)$=\mu_B$(液)

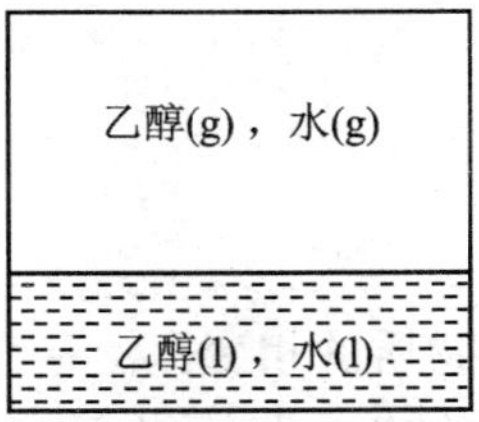

习题5图

6. 比较化学势的大小。

(1) 100℃，101.325 kPa，水和水蒸气的化学势：$\mu_{液}$ 和 $\mu_{气}$；

(2) 101℃，101.325 kPa，水和水蒸气的化学势：$\mu_{液}$ 和 $\mu_{气}$；

7. 氯苯 C_6H_5Cl 和溴苯 C_6H_5Br 组成理想溶液。在 413.15 K 时，纯氯苯和纯溴苯的蒸气压分别为 125.238 kPa 和 66.104 kPa。

(1) 在温度 413.15 K 下，若溶液组成为 $x_{氯苯}=0.2$ 时，计算溶液上方的总蒸气压；

(2) 若溶液在 413.15 K 时沸腾，计算此溶液的组成。(提示：沸腾时，溶液的总蒸气压等于大气压 101.325 kPa)

8. 苯与甲苯形成理想溶液。293 K 时苯与甲苯的饱和蒸气压分别为 9959 Pa 和 2973 Pa。设 293 K 时苯与甲苯形成某一浓度的溶液，与此溶液平衡的总蒸气压为 6133 Pa。计算溶液的组成。

9. 308 K 时丙酮的蒸气压为 4.3×10^4 Pa，测得 $x_{氯仿}=0.3$ 的氯仿-丙酮溶液蒸气中丙酮蒸气的分压为 2.7×10^4 Pa，问此溶液是否是理想溶液？

10. 298 K 时，0.350 g 的 B 溶于 1.50 mol 的不挥发溶剂 A 中，该溶液的气相平衡压力为 0.40 kPa，已知 B 的摩尔质量为 95，求此温度下 B 溶于 A 的亨利系数。

习题答案

1. (1) 0.0285　(2) 0.02　(3) 0.6378　(4) 0.4950
2. (1) 6.806×10^{-3}　(2) 0.03810 mol·L^{-1}　(3) 0.03807 mol·kg^{-1}
3. 69cm^3·mol^{-1}
5. b
6. (1) =　(2) >
7. (1) 77.93 kPa　(2) $x_{氯苯}=0.5956$
8. $x_{苯}=0.4523$
9. 不是
10. 163.2 kPa

第三章 相平衡

物质的相变广泛存在于自然界和日常生活中，如溶解、结晶、蒸发、冷凝等。相变本质上是一种物理变化，是物质在不同相之间转移，不产生新的物质。在指定条件下，各组分在各相中的组成不再发生变化时，该系统即达相平衡，相平衡是热力学的重要平衡之一。由于相变化的复杂性和特殊性，在本章中以相图的形式表示系统所处的状态，并通过相图来分析系统发生变化的规律。当然，除相图外，还需借助其它热力学分析方法，如相律、克-克方程等。

第一节 相 律

一、基本概念

相(phase) 系统内部物理性质与化学性质完全均匀的部分称为相。相与相之间存在明显的界面，在相界面上，系统性质的改变不是连续的，故可通过物理方法将其区分开。

相数 系统中相的数目称为相数，用符号 Φ 表示。

在讨论相数时，通常认为：

(1) 同一系统在不同条件下可以有不同的相和不同的相数，例如，在不同条件下水可以以水蒸气、液态水或固态冰中的任意单相存在，也可以是其中任意两相平衡共存，在特定条件时，也可以三相共存。

(2) 对于气体，无论几种气体混合在一起，只是一相。

(3) 对于液体，若完全互溶则为一相，若彼此有限互溶则有可能是一相，也可能是两相。

(4) 对于不同物种的固体，无论研磨得多细，混合得多均匀，通常有几种固体就有几个固相。若其混合达到分子水平，形成固溶液则是一相。对于同一种固体，若不同晶型同时存在时，有几种晶型就有几相。如石墨和金刚石同是碳的同素异形体，同时存在即为两相。

通常称没有气相的系统为凝聚系统。即使有气相存在，若该气相与研究的系统无关，可不予以考虑。如当讨论固相混合物时，存在的空气可不考虑，因其对系统没有影响。

物种数 系统中所含的化学物质的数目称为物种数，以符号 S 表示。

计算物种数时要注意，一种物质分布在不同相时，只能算一个物种。

组分数 用以确定平衡系统各相组成所需的最少数目称为组分数，以符号 C 表示。

物种数和组分数是不同的概念，对于一个平衡系统，若系统中各种物质之间没有任何化学平衡存在，系统中存在几种物质就是几个组分，即 $S=C$。若系统物质之间存在化学反应，当达到化学平衡时，参与反应的各物质浓度存在一定关系，此时组分数小于物种数。如 Cl_2，PCl_3，PCl_5 三种物质组成的系统，在一定条件下，该系统达到平衡：

$$PCl_5(g) \rightleftharpoons Cl_2(g) + PCl_3(g)$$

该系统物种数为 3。由于存在一化学平衡，若已知系统中任两种物质及它们的量，通过上式，即可知道第三种物质是什么，也可知该物质的量是多少。因此该系统的组分数为 2。将这种存在于系统中的平衡关系称为独立化学平衡数，以 R 表示，因此有 $C=S-R$。当系统包含物质种类较多时，可能存在多个平衡。如有 CO，CO_2，H_2O，H_2 和 O_2 参与的气相反应，系统共有 5 种物质，存在三个反应式：

$$CO(g) + H_2O(g) \xlongequal{\quad} CO_2(g) + H_2(g) \tag{1}$$

$$H_2(g) + \frac{1}{2}O_2(g) \xlongequal{\quad} H_2O(g) \tag{2}$$

$$CO(g) + \frac{1}{2}O_2(g) \xlongequal{\quad} CO_2(g) \tag{3}$$

但反应(3)可通过反应(1)＋反应(2)得到，所以有一个平衡不是独立的。对于该系统，$R=2$，$S=5$，$C=5-2=3$。

系统除存在化学平衡外，可能还会存在其它限制条件，如上面列举的 Cl_2，PCl_3，PCl_5 系统，若反应开始时，只有 PCl_5 一种物质，平衡时，产物 Cl_2，PCl_3 的物质的量之比为 1∶1。系统中这种关系称为独立浓度限制条件，以 R' 表示。因此，该系统在此条件下，其组分数 C 等于物种数 S 减去 1 个独立平衡条件，再减去 1 个独立浓度限制条件。因此，在分析系统组分数时，通常使用此关系式：

$$C = S - R - R'$$

需要指出的是：独立浓度限制条件只适用于同一相中，不同相之间不存在浓度限制条件。如 $CaCO_3(s)$ 分解生成 $CaO(s)$ 和 $CO_2(g)$，尽管产物 $CaO(s)$ 和 $CO_2(g)$ 存在比例关系，但其中一种产物在固相，另一种产物在气相，不存在独立浓度限制条件。该系统的 $C=2$。

【例 3-1】 试分析 25℃ 时氯化钠水溶液系统的组分数。

【解】 该系统存在 6 个物种，即 Na^+，Cl^-，$NaCl$，H^+，OH^- 和 H_2O，有两个电离平衡：

$$NaCl \xlongequal{\quad} Na^+ + Cl^-$$

$$H_2O \xlongequal{\quad} H^+ + OH^-$$

$$R = 2$$

有两个独立浓度限制条件：H^+ 与 OH^-，Na^+ 与 Cl^- 的浓度分别相等，所以

$$C=6-2-2=2$$

如果认为 H_2O 的电离可忽略，则 $S=4$，但也分别少了一个独立平衡条件和一个独立浓度限制条件，C 仍然为 2。

由上例可看出，一个系统的物种数，可以从不同的角度分析，得出不同的结论，但其组分数不会改变。这使后面问题的讨论简单化。

自由度 在不引起相变的前提下，系统可以在一定范围内变化的强度性质（如浓度、压力、温度等）数被称为系统的自由度，以符号 f 表示。

例如对于只有一相的液态水，在一定范围内，可以改变系统的温度和压力，系统仍保持单相液态水。该系统的自由度 $f=2$。当水沸腾时，系统为气液两相平衡系统。这样的系统，当压力变化时，沸点随之改变；反之，当指定系统的温度时，系统的压力随之而定。系统只有一个独立变量，自由度 $f=1$。当冰、水和水蒸气三相平衡共存时，系统的温度为 273.16 K、压力为 611 Pa，温度和压力均不能改变，此时系统的自由度 $f=0$。

二、相　律

在研究多相平衡系统时，系统的温度、压力、组分数、相数和自由度之间存在一定的内在联系。1876 年吉布斯根据热力学基本原理，研究其内在规律得到相律(phase rule)。它是热力

学在多相平衡系统的具体应用。

对于一个组分数为 C，有 Φ 个相共存的系统，吉布斯推导出如下关系：

$$f = C - \Phi + 2 \tag{3-1}$$

其中，"2"代表系统温度和压力两个强度性质。式(3-1)即为相律表达式，给出了系统自由度与系统的组分数、共存的相数及温度、压力的关系。当温度、压力一定时，系统组分数增加，自由度随之增加；系统相数增加，自由度将相应减少。

在推导式(3-1)过程中，应用了平衡条件，所以相律只适用于平衡系统。

已知相律表示式中，数字"2"代表系统的温度和压力，若其中之一已指定，或系统为一凝聚系统，压力变化对其影响可忽略不计，这时相律可表示为：

$$f^{*} = C - \Phi + 1 \tag{3-2}$$

f^{*} 称为条件自由度。若系统除温度和压力，还受其它因素的影响，如电场、磁场等，相律则写成：

$$f^{**} = C - \Phi + n \tag{3-3}$$

n 为能够影响系统平衡的外界因素数目 。

【例 3-2】 加热固体氨基甲酸铵 NH_2COONH_4，分解产物为 NH_3 和 CO_2 气体，当系统达到平衡时，试分析系统下述情况时的自由度。(1) 开始加热前将容器抽成真空；(2) 开始加热前容器中已有任意量的 NH_3 和 CO_2。

【解】 $NH_2COONH_4(s) \xlongequal{\quad} 2NH_3(g) + CO_2(g)$

(1) 此系统含有 3 种物质，$S=3$；存在一个化学平衡，$R=1$；存在一个浓度限制条件，$n_{NH_3} : n_{CO_2} = 2:1, R'=1$

组分数 $C=S-R-R'=3-1-1=1$

相数 $\Phi=2$

根据相律，系统的自由度 $f=1-2+2=1$

(2) 此系统物种数 S 仍为 3，$R=1$，但 $R'=0$

$$C=2$$

$$f=2-2+2=2$$

第二节 单组分系统

$C=1$ 的系统称为单组分系统，相律的表达式为：

$$f=1-\Phi+2=3-\Phi$$

当系统的自由度 $f=0$ 时，可能存在的最多相数 $\Phi=3$；当系统三相共存时，系统没有变量，系统的温度和压力均为定值，不能改变。这种系统称为无变量系统。当系统只存在一相时，$\Phi=1$，系统的自由度最大，$f=2$，系统的温度和压力在单相区内可以任意变化。这种系统称为双变量系统。当系统两相平衡共存时，$\Phi=2$，此时系统的自由度 $f=1$，温度和压力两变量中，只有其中一个可以任意变化，另一个随之而变，即两变量间存在一定的函数关系。这种系统称为单变量系统。

一、克劳修斯-克拉贝龙方程

克劳修斯-克拉贝龙方程 描述两相平衡时温度 T 和压力 p 之间的定量关系式，是热力学基本原理应用在相平衡的典型例子。

设在一定温度和压力下，某纯物质在 α、β 两相平衡共存，根据相平衡条件，有：

$$\mu^{\alpha}(T,p)=\mu^{\beta}(T,p)$$

当温度改变 dT、压力改变 dp 后，系统达到新的平衡，即：

$$\mu^{\alpha}(T,p)+d\mu^{\alpha}=\mu^{\beta}(T,p)+d\mu^{\beta}$$

则

$$d\mu^{\alpha}=d\mu^{\beta}$$

对于纯物质，$d\mu=dG_m$，且 $dG_m=-S_m dT+V_m dp$，则

$$-S_m^{\alpha}dT+V_m^{\alpha}dp=-S_m^{\alpha}dT+V_m^{\alpha}dp$$

移项整理后得：

$$\frac{dp}{dT}=\frac{S_m^{\beta}-S_m^{\alpha}}{V_m^{\beta}-V_m^{\alpha}}=\frac{\Delta S_m}{\Delta V_m}$$

其中 ΔS_m 和 ΔV_m 分别为定温定压下，可逆相变过程摩尔熵和摩尔体积的改变值，过程的可逆相变热 $\Delta H_m=T\Delta S_m$，将 $\Delta S_m=\frac{\Delta H_m}{T}$ 代入上式得：

$$\frac{dp}{dT}=\frac{\Delta H_m}{T\Delta V_m} \tag{3-4}$$

式(3-4)称为克拉贝龙方程。当系统达到两相平衡时，该式表明系统的压力变化与温度变化之间的关系。推导过程没有具体规定 α、β 是哪两相，因此，此方程式适用于任意两相平衡系统。

固-液两相平衡系统

式(3-4)中，ΔH_m 为该纯物质的摩尔熔化热，$\Delta V_m=V_m(l)-V_m(s)$ 为液相和固相的摩尔体积差。如考虑外压变化对熔点的影响，式(3-4)改写为：

$$\frac{dT}{dp}=\frac{T\Delta V_m}{\Delta H_m} \tag{3-5}$$

当系统压力变化不大或作近似计算时，ΔH_m 和 ΔV_m 可视为常数，将式(3-5)进行定积分得：

$$\ln\frac{T_2}{T_1}=\frac{\Delta V_m}{\Delta H_m}(p_2-p_1) \tag{3-6}$$

固-气和液-气平衡系统

固相和液相的摩尔体积与气相的摩尔体积相比，前两者可以忽略不计，式(3-4)可简化为：

$$\frac{dp}{dT}=\frac{\Delta H_m}{TV_m(g)} \tag{3-7}$$

当系统压力值在较低范围变化时，气相可以当作理想气体处理，$V_m(g)=\frac{RT}{p}$，上式改写为：

$$\frac{dp}{dT}=\frac{\Delta H_m}{T\left(\frac{RT}{p}\right)}$$

整理后得：

$$\frac{d\ln p}{dT}=\frac{\Delta H_m}{RT^2} \tag{3-8}$$

式中 ΔH_m为系统的摩尔升华热或摩尔汽化热。式(3-8)称为克劳修斯-克拉贝龙方程(Clausius-Clapeyron equation)。若温度变化范围不大,ΔH_m可视为常数,上式积分得:

$$\ln p = -\frac{\Delta H_m}{R} \cdot \frac{1}{T} + C' \tag{3-9}$$

C'为积分常数。式(3-9)也可写作:

$$\ln p = -\frac{B}{T} + C \tag{3-10}$$

式(3-10)曾是一个经验公式,是在许多实验基础上归纳总结的,现用热力学方法证明是正确的。

若将 ΔH_m视为常数,对式(3-8)在 $T_1 \sim T_2$和 $p_1 \sim p_2$范围内求定积分,则得:

$$\ln\frac{p_2}{p_1} = -\frac{\Delta H_m}{R}\left(\frac{1}{T_2} - \frac{1}{T_1}\right) \tag{3-11}$$

根据式(3-9),以 $\ln p$ 对$\frac{1}{T}$作图,应得一直线,从直线的斜率可求得 ΔH_m,再结合式(3-11),可求得任意温度时,单组分系统的饱和蒸气压。

【例 3-3】 已知水在 100℃时饱和蒸气压为 1.01×10^5 Pa,汽化热为 $40.68\text{kJ}\cdot\text{mol}^{-1}$,试计算:

(1) 高温消毒达 121℃时水的饱和蒸气压;

(2) 在高原地区大气压为 8.08×10^4 Pa 时,水的沸点。

【解】 (1) $T_1 = 373\text{K}$ $p_1 = 1.01\times10^5\text{Pa}$ $T_2 = 394\text{K}$

$$\ln\frac{p_2}{p_1} = -\frac{\Delta H_m}{R}\left(\frac{1}{T_2} - \frac{1}{T_1}\right)$$

$$\ln\frac{p_2}{1.01\times10^5} = -\frac{40.38\times10^3}{8.314}\times\left(\frac{1}{394} - \frac{1}{373}\right)$$

$$p_2 = 2.02\times10^5 \text{ Pa}$$

(2) $T_1 = 373\text{ K}$ $p_1 = 1.01\times10^5\text{Pa}$ $p_2 = 8.08\times10^4\text{Pa}$

$$\ln\frac{8.08\times10^4}{1.01\times10^5} = -\frac{40.38\times10^3}{8.314}\times\left(\frac{1}{T_2} - \frac{1}{373}\right)$$

$$T_2 = 367\text{ K}(94\ ℃)$$

二、水的相图

所谓相图即根据实验所得数据,将系统的状态与温度、压力、浓度等因素的关系用图形表示出来。依组分数不同,可分为单组分、二组分和三组分相图。依组分间相互溶解情况,可分为液态完全互溶、部分互溶、完全不互溶和固态完全互溶、部分互溶、完全不互溶等相图。依照系统性质与组成的关系,还可分为压力-组成相图、温度-组成相图、熔点-组成相图和溶解度相图等。

在本节中以水为例,讨论单组分系统相图。实验测得水以各种状态及两相和三相平衡共存的数据如表 3-1 所示。

根据表 3-1 的实验数据描绘在 $p-T$ 平面图上,得到水的相图(图 3-1)。图中显示三条线 OA、OB、OC 汇于 O 点,将平面分割为三个相区。

表 3-1　水的不同物相平衡实验数据

温度/K	系统的水蒸气压力/kPa		平衡压力/kPa
	水～蒸气	冰～蒸气	冰～水
253.16	—	0.103	199.6×10^3
258.16	0.191	0.1651	161.1×10^3
263.16	0.285	0.2594	114.5×10^3
268.16	0.421	0.401	61.8×10^3
273.16	0.6106	0.6106	0.6106
293.16	2.388	—	—
373.16	101.325	—	—
647.16	22.038×10^3	—	—

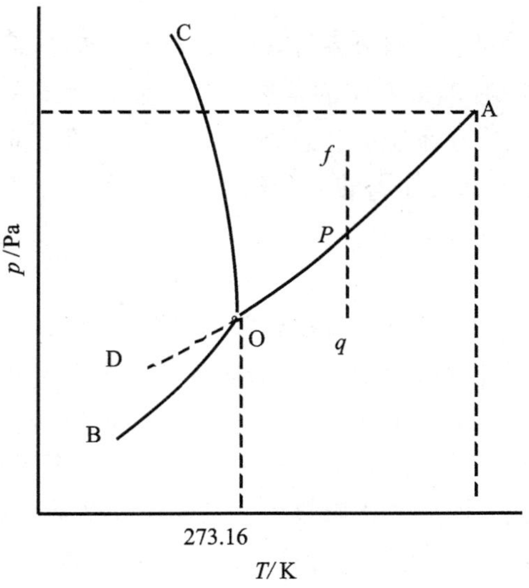

图 3-1　水的相图

(1) **相区**　AOB、AOC 和 BOC 分别是水蒸气、液态水和冰单独存在的单相区，在这三个单相区内，$\Phi=1$，根据相律，组分数 $C=1$ 时 $f=2$，表明温度和压力在这些区内可以单独变化，不会引起系统相的改变。但如想在这些相区内确定系统的状态，必须同时指定系统的温度和压力。

(2) **线**　两相的交界线表示两相平衡共存，$\Phi=2$，$f=1$。说明在两相平衡共存时，系统的温度和压力，只有一个可以独立变化，另一个随之而变。

图中 OA 线是水与水蒸气两相平衡共存线，它表示水在不同温度时的饱和蒸气压或水在不同压力下的沸点，OA 线向上不能无限延伸，只能截止到 A 点，A 点的 $T=647.16\text{K}$，$p=2.20\times10^7\,\text{Pa}$，为水的临界点，在该点之上液态水与蒸气的相界面消失，意味着在此温度之上，向系统施加再大的压力，系统也不会液化。OD 线是 OA 线的反向延长线，系统冷却至 273.16K 以下时仍无冰析出，称为过冷水，此线表示过冷水与水蒸气平衡共存，OD 线在 OA 线之上，说明过冷水的蒸气压比同温度下处于稳定状态的冰的蒸气压大，所以过冷水被称为亚稳态，系统一经干扰，立刻就会结冰。

OB 线表示冰与水蒸气两相平衡共存，为冰的饱和蒸气压曲线，也是冰的升华线。OB 线的温度理论上可延伸至 0K 附近，但向上不会超过 O 点，因此不会有过热冰存在。

OC 线表示水与冰两相平衡共存，或称为冰的熔点曲线。OC 线也不能无限向上延伸，只能到 $2.03\times10^8\,\text{Pa}$、253.16K 左右。OC 线不可向下延伸，到 O 点为止。

前面述及的克拉贝龙方程 $\dfrac{\mathrm{d}p}{\mathrm{d}T}=\dfrac{\Delta H_\mathrm{m}}{T\Delta V_\mathrm{m}}$，可用于定量分析 OA、OB 和 OC 线。OA 线为水的汽化线，该过程 $\Delta V_\mathrm{m}>0$，蒸发过程系统吸热，$\Delta H_\mathrm{m}>0$，则 $\dfrac{\mathrm{d}p}{\mathrm{d}T}>0$，因此 OA 线的斜率为正值。

OB线为冰的升华线，同样，该过程 $\Delta V_m>0$，$\Delta H_m>0$，则 $\frac{dp}{dT}>0$，因此 OB 线的斜率也为正值。从图中可看到 OC 线的斜率是负的，这是因为 0℃时液态水的体积小于同质量冰的体积，冰的熔化过程实际是系统体积减小的过程，即 $\Delta V_m<0$，但熔化过程系统仍是吸热过程，$\Delta H_m>0$，这样使 $\frac{dp}{dT}<0$，因此 OC 线的斜率为负值，增大压力，冰的熔点降低。

（3）**点**　O 点是 OA、OB 和 OC 三线的交点，表明水、水蒸气和冰三相共存，$\Phi=3$，称为**三相点**（triple point），根据相律，$f=0$，因此，该点的温度和压力都是固定值，不能随意变化。水的三相点，$T=273.16\text{K}$，$p=610.62\text{Pa}$，此压力是该温度下水的饱和蒸气压，也是冰的饱和蒸气压。三相点与通常所说的冰点是不同的，通常所指的冰点温度为 0℃，压力为 101325Pa。而三相点的温度与冰点约差 0.01℃。

第三节　二组分完全互溶双液系统

对于二组分系统，$C=2$，$f=4-\Phi$，当系统以最少相数 $\Phi=1$ 存在时，系统的自由度最多可以达到 3，即系统的状态由三个独立性质来确定。这三个性质通常是温度、压力和组成，如用相图描述系统的状态，应该是一个三维的立体图形。为了讨论问题方便，通常固定其中一个性质，得到立体图的某一截面图，包括 $p-x$ 图、$T-x$ 图、$T-p$ 图。在本书中常使用前两种。

一、理想完全互溶双液系统

若系统的两种液相组分可按任意比例互溶，则称为完全互溶双液系统。若此两组分在全部浓度范围内，蒸气压与组成的关系都遵守拉乌尔定律，则形成理想液态混合物，或称理想溶液。从宏观上观察，理想溶液混合前后的体积差为零，即 $\Delta V_{mix}=0$。同时在混合过程中，既不放热也不吸热，$\Delta H_{mix}=0$。事实上，理想溶液与理想气体一样，是为了研究溶液的性质和规律而假想的一种极限概念。实际研究中常将化学结构和性质相似的纯组分混合液作为理想溶液处理。如光学异构体的混合物：d-樟脑和 l-樟脑；结构异构体的混合物：邻二甲苯和对二甲苯；紧邻同系物的混合物：苯和甲苯、正己烷和正庚烷等。

恒定温度时的 $p-x$ 图

如组分 A、B 可形成理想溶液，其组成和蒸气压的关系必定遵守拉乌尔定律：

$$p_A = p_A^* x_A$$

$$p_B = p_B^* x_B = p_B^* (1-x_A)$$

式中 p_A^*、p_B^* 分别为与溶液同温度时纯 A 和纯 B 的饱和蒸气压，x_A、x_B 分别为组分 A、B 在溶液中的摩尔分数。该系统的总蒸气压为：

$$\begin{aligned} p &= p_A + p_B = p_A^* x_A + p_B^* x_B \\ &= p_A^* x_A + p_B^* (1-x_A) \\ &= p_B^* + (p_A^* - p_B^*) x_A \end{aligned}$$

根据此式，在定温下以 x_A 为横坐标，以饱和蒸气压 p 为纵坐标作图将得到一直线，同时将 p_A 与 x_A，p_B 与 x_B 的线性关系表示在同一图上，得到的就是此理想二组分系统的 $p-x$ 图，如图 3-2 所示。由于 A、B 二组分的饱和蒸气压不同，其易挥发程度就不同，所以当气-液两相平衡时，气、液两相的组成也不同，这与纯组分系统的概念不一样。显然，蒸气压较大的组分，由于易挥发，其在气相的分布比在液相中多。如用 y 表示气相组成，根据道尔顿分压定律：

$$y_A = \frac{p_A}{p} = \frac{p_A^* x_A}{p_B^* + (p_A^* - p_B^*) x_A}$$

$$y_B = \frac{p_B}{p} = \frac{p_B^* x_B}{p_B^* + (p_A^* - p_B^*) x_A}$$

可求出平衡时组分 A、B 在气相中的组成 y_A、y_B。因为

$$\frac{y_A}{y_B} = \frac{p_A^*}{p_B^*} \cdot \frac{x_A}{x_B}$$

如组分 B 是易挥发成分，即 $p_B^* > p_A^*$，则

$$\frac{y_A}{y_B} < \frac{x_A}{x_B}$$

由于 $x_A + x_B = 1$，$y_A + y_B = 1$，由此可推出：

$$y_B > x_B$$

表明易挥发组分在气相中的组成大于其在液相中的组成。同理可得：

$$y_A < x_A$$

与易挥发组分相反，不易挥发的组分在液相中的组成大于其在气相中的组成。图 3－3 将蒸气压 p 与气相组成 y、液相组成 x 的关系表示在同一张图上，称为 $p-x-y$ 图，直线为 $p-x$ 液相线，曲线为 $p-y$ 气相线，此图完整地描述了某一温度下的气、液两相平衡的关系。在 $p-x$ 图上，气相线永远在液相线之下。在液相线之上的区域为液态单相区，气相线之下为气态单相区。在单相区，系统的自由度 $f=2$。中间的梭形区域为气、液两相平衡共存区。在此区域，系统的自由度 $f=1$。

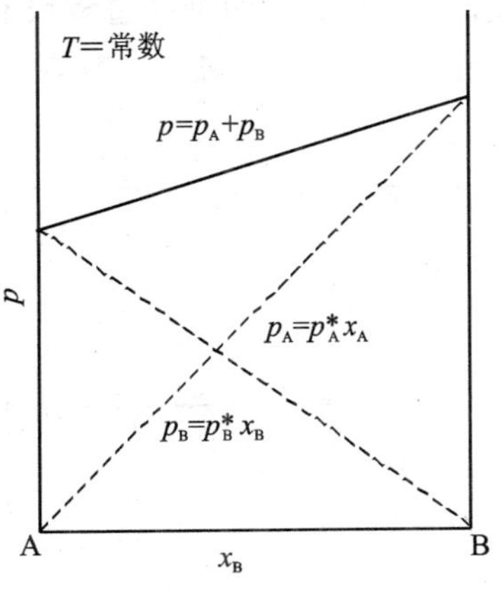

图 3－2　理想溶液的 $p-x$ 图

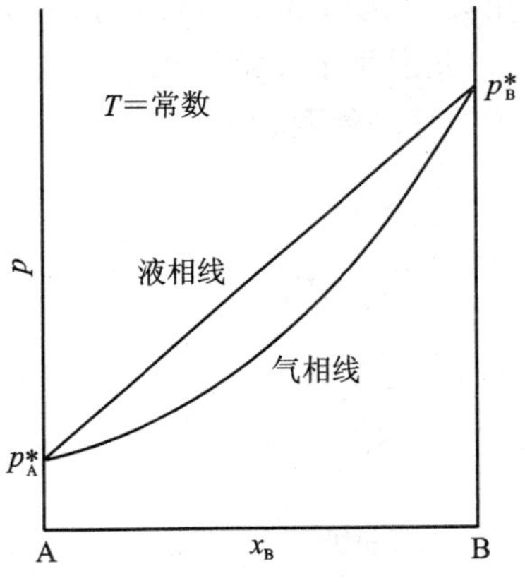

图 3－3　理想溶液的 $p-x-y$ 图

恒定压力时的 $T-x$ 图

实际上 $T-x$ 图即 $T-x-y$ 图比 $p-x$ 更具实用性，大多数情况是恒定压力下，讨论沸点与组成的关系。溶液的沸点是溶液的饱和蒸气压达到外压时的温度。显然蒸气压越高，组分越易挥发，沸点越低；蒸气压越低，越不易挥发，沸点就越高。$T-x$ 图的绘制与 $p-x$ 图相似，可通过测定不同组成溶液的沸点和相应的气、液两相组成，根据所得实验数据直接绘制，如图 3－4 所示。在 $T-x$ 图中气相线在上，气相线之上为单一气相区，液相线以下为单一液相区，在这两个单相区内，$\Phi=1$，根据相律，组分数 $C=1$ 时，$f=2$，温度与组成可以独立变化。中间梭形区域为两相平衡共存区，在此区域内，$\Phi=2$，组分数 $C=1$ 时，$f=1$，即温度与组成只有一

个独立变化。

物系点与相点

物系点为系统总的组成状态点。相点为系统在各相的状态和组成点。如系统处于单相区，物系点即为相点，如图 3－5 中的 S 点与 M 点。但当系统处于 T_2 温度状态时，物系点为 C，C 点处在两相平衡区，此时气、液两相平衡共存，过 C 点作一条平行于横坐标轴的水平线，分别交液相线和气相线于 D 和 E 点，DE 线称为连接线，D、E 两点称为相点。D 点为代表系统液相组成的液相点；E 点则是表示系统气相组成的气相点。当物系点状态为 C 点时，系统实际存在的是组成为 D 的液相和组成为 E 的气相。

杠杆规则(lever rule)

通过相点和物系点，我们可以知道系统所处的状态和组成，如图 3－5 所示，系统的物系点 C 的组成为 x_A，液相点的组成为 x_l，气相点的组成为 x_g。通过杠杆规则可计算两相的物质的量，若系统的总物质的量为 $n_{总}$，液相和气相的物质的量分别为 n_l 和 n_g，系统 A 组分在两相中满足如下关系：

$$n_{总}x_B = n_l x_B(l) + n_g x_B(g)$$

$n_{总}x_B$ 为系统中 B 物质的总量，$n_l x_B(l)$ 和 $n_g x_B(g)$ 分别为液相中和气相中 B 物质的量。

因为

$$n_{总} = n_l + n_g$$

$$(n_l + n_g)x_B = n_l x_B(l) + n_g x_B(g)$$

$$n_l[x_B - x_B(l)] = n_g[x_B - x_B(g)]$$

即为

$$n_l\,\overline{CD} = n_g\,\overline{CE} \tag{3-12}$$

可将连接线 DE 看作以 C 点为支点的杠杆，因此，称式(3－12)为杠杆规则。如 C 点和 E 点重合，CE 距离为 0，气相的物质的量为 0，系统只有液相存在。杠杆规则的推导过程没有任何附加条件，因此适用于任意两相平衡物质的量的计算。当相图的坐标为质量分数时，用杠杆规则计算得到的是平衡两相的质量。

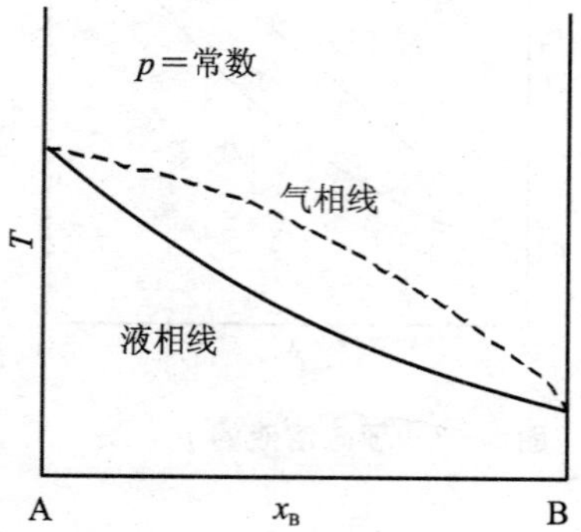

图 3－4　T－x 图

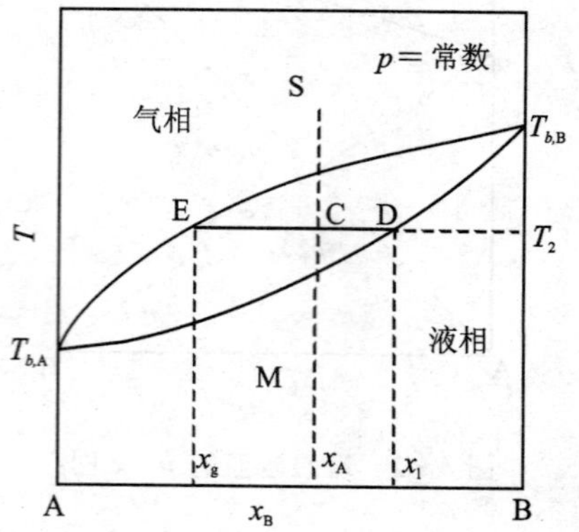

图 3－5　杠杆规则的应用

二、非理想完全互溶双液系统

实际工作中经常遇到的完全互溶双液系统大多数是非理想溶液。它们不能在全浓度范围都遵守拉乌尔定律，会发生一定的偏差，对于双液系统，在大多数情况下，如组分 A 发生正偏差，另一组分 B 也产生正偏差，反之亦然。这类系统被称为非理想完全互溶双液系。根据产生偏差的正负及大小的不同可分为以下几种。

正偏差和负偏差都不很大的系统

将液体 A 与液体 B 混合，若 A 与 A 或 B 与 B 的分子间作用力大于 A 与 B 之间的作用力，溶液产生正偏差。如图 3－6 所示，这类系统在相图上气、液相线都不是直线，溶液的蒸气总压仍在两纯组分蒸气压之间，溶液的沸点也仍在两纯组分的沸点之间。这类系统有甲醇-水、苯-丙酮、氯仿-乙醚等。图 3－6a 虚线（直线）是符合拉乌尔定律的情况，实线则是实际情况。图 3－6b 是这类系统的 $p-x-y$ 图，在图 3－6a、b 中液相线都不是直线。图 3－6c 则是相应的 $T-x$ 相图。

若 A 与 B 的作用力大于 A 与 A 或 B 与 B 的作用力时，溶液产生负偏差。对于产生负偏差的系统，其情况与产生正偏差相似，表示这类系统的相图如图 3－7 所示。实际常遇到的系统是发生正偏差的系统。

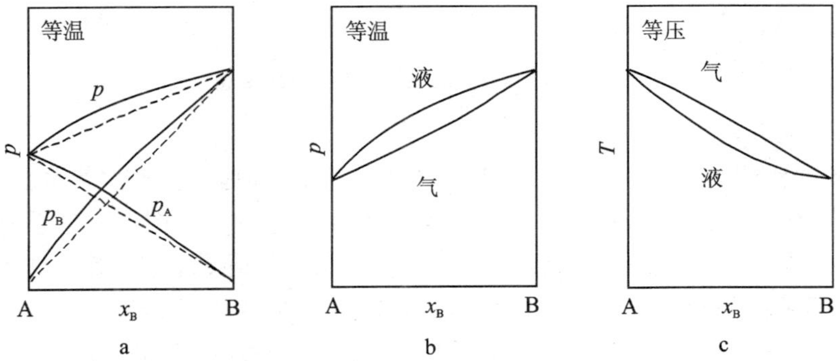

图 3－6　非理想正偏差双液体系

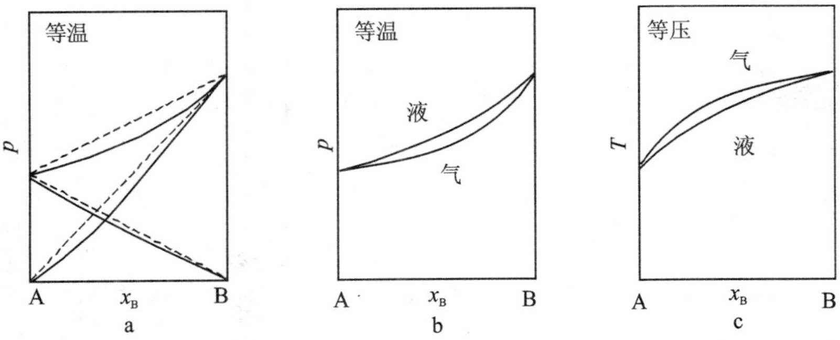

图 3－7　非理想负偏差双液体系

最大正偏差的双液系统

当 A 与 A 或 B 与 B 的作用力远大于 A 与 B 的作用力时，溶液产生最大正偏差。属于这类的系统有：乙醇-水、甲醇-苯等。其相图如图 3－8 所示。图 3－8a 为这类系统的 $p-x$ 图，虚线代表符合拉乌尔定律的理想情况，实线表示实验实测数据。由于 p_A、p_B 偏离拉乌尔定律很远，因而混合溶液的蒸气压在图 3－8a 上产生最高点，产生的高点高于两组分中任一组分的纯态蒸气压。图 3－8b、c 分别是这类系统的 $p-x-y$ 图和 $T-x$ 图，图 3－8b 上的最高点，说明系统具有高蒸气压。蒸气压高，沸点就低，因而在 $T-x$ 图上产生最低点。与理想二组分 $T-x$ 相图不同，其气相线以低点为界分为两部分，可分别视为两个简单双液系相图，图 3－8c 即为两简单相图组合而成。图中最低点称为**最低恒沸点**（minimum azeotropic point），在最低恒

沸点时组成为 x 的混合物称为**最低恒沸混合物**(minimum azeotrope)。最低恒沸点随外压的改变而改变,最低恒沸混合物的组成也随之而变。因此,恒沸混合物不是化合物,化合物的沸点可随外压变化,但组成不变。

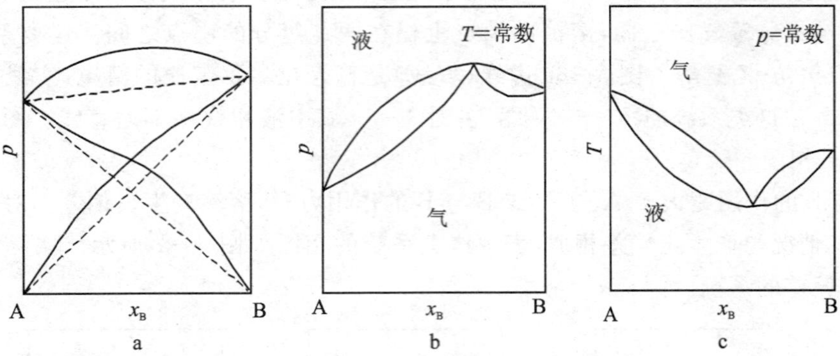

图 3-8 具有最大正偏差系统的相图

最大负偏差的双液系统

当 A 与 B 的作用力远大于 A 与 A 或 B 与 B 的作用力时,溶液产生最大负偏差。属于这类的系统有:硝酸-水、盐酸-水等。它们的相图如图 3-9 所示,在图 3-9a 上有最低点,最低点的蒸气压低于任一纯组分的蒸气压。在图 3-9c 上相应出现最高点,此点称为最高恒沸点,相应的组成称为最高恒沸混合物。如盐酸-水系统,在标准压力下最高恒沸点为 108.5℃,最高恒沸混合物中含 HCl 20.24%。此恒沸混合物可以作为定量分析的标准溶液。

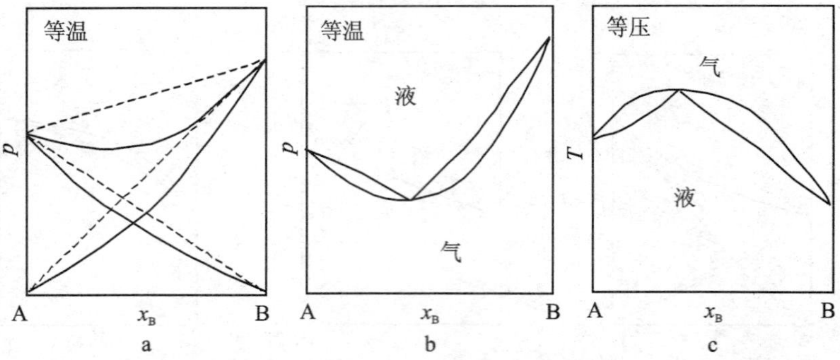

图 3-9 具有最大负偏差系统的相图

*三、蒸馏和精馏原理

在实验室等实际工作中常采用蒸馏或精馏的方法分离、提纯完全互溶的液相混合物。因是在恒压下进行的,所以在 $T-x$ 图上讨论其原理。

如图 3-10 所示,若原始溶液的组成为 x_1,加热至 T_1 开始沸腾,与之成平衡的气相组成为 y_1,由于混合物中低沸点成分 B 相对易挥发,一旦有气相产生,液相的组成就要沿 OA 线向左移动,液相中不易挥发的 A 组分相应增加,沸点也要升高。当温度升到 T_2 时,与之平衡的气相组成为 y_2。将气相部分的组分冷凝,便可收集到 $T_1 \sim T_2$ 间的馏出物,馏出物的组成在 $y_1 \sim y_2$ 之间,其中组分 B 较原始溶液含量提高。而留在蒸馏瓶中的溶液含沸点较高的组分 A 比原始溶液多。这种提纯溶液的方法叫蒸馏。可根据不同要求收集不同沸程的馏出物,纯度也不同。很显然，这种简单蒸馏只能将互溶的双液系统粗略地分开，但分得不好。要想将混合液彻底分离，需要采用精馏的方法。精馏实际是多次简单蒸馏的组合，如图 3－11 所示，设待分离混合物总组成为 x_B，当系统的温度上升到 T_3时，物系点为 O，此时混合物部分汽化，两相平衡共存，气相组成为 y_3，液相组成为 x_3。这是一次简单蒸馏，在气相中易挥发成分 B 有所增加。把组成为 y_3的气相降温至 T_2，将有部分组分冷凝，两相平衡的组成分别是液相 x_2和气相 y_2。再将组成为 y_2的气相冷却至 T_1，成平衡的两相组成分别是 x_1和 y_1。反复进行上述操作，每经过一次操作，气相中易挥发组分 B 都会比上一次有所增加，即 $y_1>y_2>y_3$，最终将得到组成接近于纯 B 的气相冷凝液。

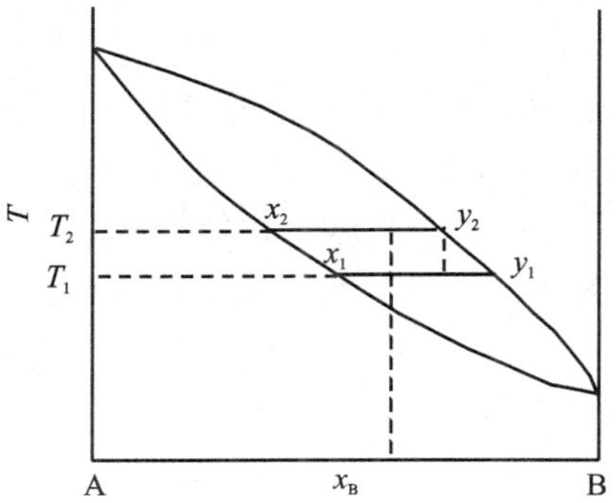

图 3－10　简单蒸馏的 $T-x$ 图

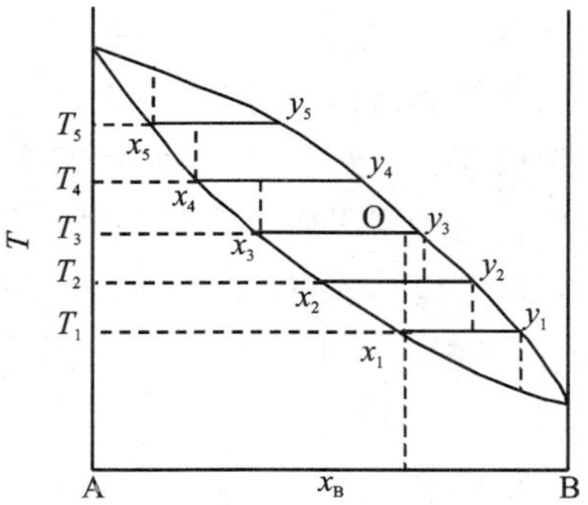

图 3－11　精馏过程的 $T-x$ 示意图

将液相组成为 x_3的组分加热升温至 T_4，系统成新的平衡两相，液相组成为 x_4，气相组成为 y_4，组成为 x_4的液相中不易挥发成分 A 的含量较 x_3有所增加。再将组成为 x_4的液相升温到 T_5，与之对应的平衡两相组成分别是 x_5和 y_5，显然，每进行一次操作，液相中 A 成分都较上一次有所增加，即 $x_5>x_4>x_3$，液相组成沿液相线上升，逐渐靠近纵轴，最终将得到接近于纯 A 的液相组分。

这种经过反复部分蒸发和部分冷凝，使气相组成沿气相线下降，得到纯组分 B，液相组成沿液相线上升，得到纯组分 A 的过程，称为精馏。精馏的实际过程是在精馏塔中进行的，塔中有很多塔板，每个塔板的温度不同，从下到上依次降低，气相成分逐渐上升，每经过一个塔板，即经过一次冷却平衡，气相中高沸点组分 A 被液化分离掉一些，低沸点的 B 组分含量得到一次提高。气相组分在塔中不断上升，不断提纯，最终在塔顶得到纯 B。而液相部分则下降到下一塔板，由于下一塔板的温度较上一塔板的温度高，液相中部分成分在此塔板汽化成新的两相平衡，平衡后的液相中高沸点组分 A 较上一塔板将有所提高，液相部分从上到下，每经一塔板，组成中 A 成分提高一次，最终在塔底流出高沸点的纯 A 组分。具有 n 个塔板的精馏塔就发生了 n 次部分汽化和部分冷凝过程，相当于 n 次简单蒸馏。n 称为塔板数，根据分离的成分不同和每个塔板的效率不同，不同精馏塔中的 n 不同。

具有最大偏差的液体混合物通过精馏不可能同时得到两个纯组分，只能得到一个纯的组分和恒沸混合物。如混合物的原始浓度在恒沸点左侧，通过 $T-x$ 图（图 3－8c）分析，只能得到纯 A；如混合溶液的原始浓度在恒沸点右侧，则只能得到纯 B。以乙醇-水系统为例，在标准压力 $p^{\ominus}$下，最低恒沸点为 78.2℃，恒沸混合物的组成含乙醇 95.6%。如原始混合液含乙醇 50%，通过精馏得不到纯乙醇。

第四节　部分互溶和完全不互溶的双液系统

一、部分互溶双液系统

当两组分的性质相差很大，在某些温度下两组分的互溶度都很小，只有当其中一组分浓度很小时，两组分才能形成均匀的一相，此类系统称为部分互溶双液系统，其 $T-x$ 图分为以下几种。

具有最高会溶温度的双液系统

在常温下，苯酚和水形成的系统即是一例。如将少量苯酚加入水中，完全溶解，形成苯酚在水中的不饱和溶液，此时系统为一相。继续加入苯酚，超过苯酚在水中的溶解度时，系统会出现两个液层：一层为苯酚在水中的饱和溶液，称为水层；另一层为水在苯酚中的饱和溶液，称为苯酚层。这两层平衡共存成为共轭层(conjugate layers)。两液层的组成就是该温度下两组分的相互溶解度。若继续加入苯酚，系统又将为单相，形成水在苯酚中的不饱和溶液。测定不同温度时，苯酚和水形成的系统，数据如表 3-2 所示。根据表中所列的数据，可绘制温度与组成关系图(图 3-12)。

表 3-2　水和苯酚在 $p^{\ominus}$ 下的相互溶解度

温度/℃	水层/$w_{苯酚}$	苯酚层/$w_{苯酚}$
275.8	6.9	75.6
279.1	7.5	71.2
302.8	7.8	70.7
338.7	8.0	69.0
312.0	8.8	66.6
318.9	9.7	64.6
323.7	11.5	62.0
328.7	12.0	60.0
333.0	13.6	57.7
333.7	14.0	55.5
335.0	15.0	54.0
338.7	18.5	50.0

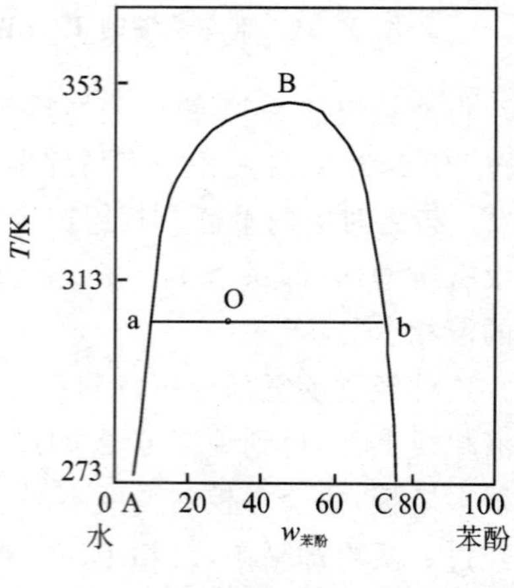

图 3-12　部分互溶体系溶解度图

图中 AB 段是苯酚在水中溶解度随温度的变化曲线，BC 段表示水在苯酚中溶解度随温度的变化关系。曲线 ABC 形成一帽形区，在帽形区以外，系统是一相，系统的自由度 $f=2-1+1=2$，在此区域内温度和组成可以在一定范围内变化。在帽形区内，系统为两相平衡共存区，$f=2-2+1=1$，系统只有温度或组成可变化。当系统的物系点落在此区域内时，过物系点作水平线(为连接线)，与曲线 ABC 相交所得的两点为共轭两液相的相点。如系统的温度为 303.2K，物系点为 O 点，则相点分别是 a 和 b，两点对应的横坐标即为两相的组成，两相的物质的量可通过杠杆规则计算得到。

同一温度下，物系点平移，相点不变，相的组成不变，但两相的物质的量变化了。这也可说明在帽形区内系统的自由度为 1，温度设定，组成即定。帽形区随温度升高而收窄，说明随温度升高，两组分互溶度增大。到一定温度时，两溶解度线交于 B 点，在此点两相会溶形成一相，此温度称为最高临界溶解温度，也称为会溶温度(consolute temperature)。会溶温度的高低反映了两组分间互溶能力的大小。显然，会溶温度越低，两液体间的互溶性越好。可利用会溶温度的数值作为萃取剂的选取标准。

类似的系统还有苯胺-水、异丁醇-水等。

具有最低会溶温度的双液系统

有少数两组分组成的部分互溶系统，当系统温度升高时，相互溶解度不升反降，例如，三乙胺-水系统，其相图如图 3-13 所示。在 290K 以下，两组分能以任意比例互溶，该温度即为此系统的最低会溶温度，在此温度之上，随温度升高，溶解度下降，两组分部分互溶形成共轭溶液。

同时具有最高和最低会溶温度的双液系统

烟碱和水组成的系统，其温度与溶解度的关系如图 3-14 所示：为一封闭的曲线，表明此两组分组成的系统，在较高或较低温度时均可以任意互溶，只在某一温度范围部分互溶。

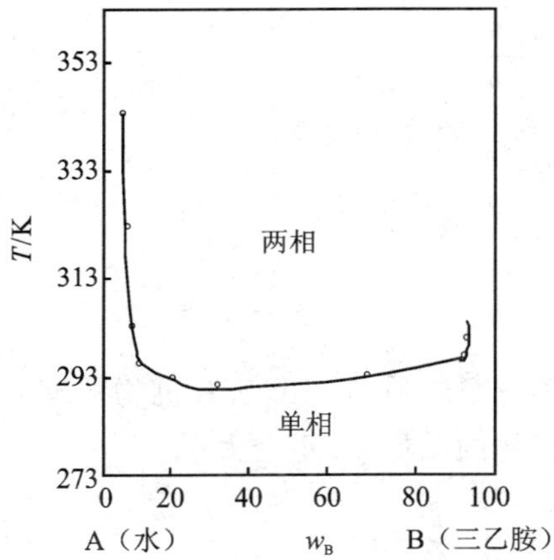

图 3-13　三乙胺-水体系相图

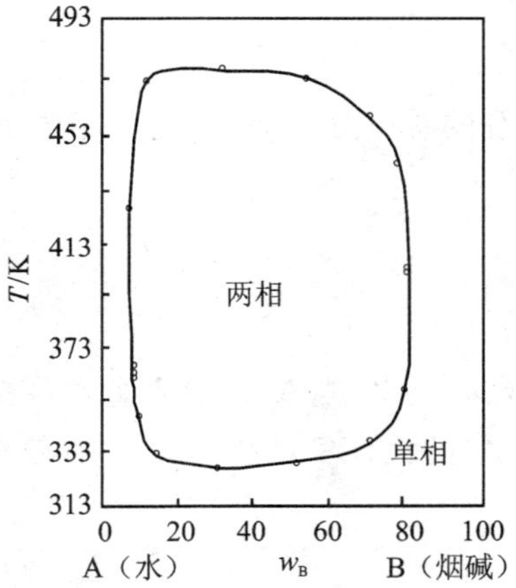

图 3-14　烟碱-水体系相图

二、完全不互溶双液系统

两种液体的相互溶解度非常小，以至可以忽略不计，这样的系统称为完全不互溶双液系统。如溴苯和水组成的系统。这类系统的特点是两组分共存时，各组分的蒸气压与单独存在时一样，系统的总蒸气压是两纯组分蒸气压之和。总压高于任一组分的分压。当系统的压力等于外压时，系统沸腾。因此，系统的沸点低于任一组分的沸点。图 3-15a、b 分别是溴苯-水系统的 $p-x$ 和 $T-p$ 图。从图 3-15a 可以看出，系统的组成改变时，系统的总压和各组分的分压均不变，而且 $p=p_A^*+p_B^*$。图 3-15b 中 QM 线为溴苯的蒸气压随温度的变化曲线，QN 线为水的蒸气压曲线，QO 线则是系统的总压随温度变化的曲线。QO 线的压力值实际是 QM 和 QN 线压力值的加和。当系统的压力 $p=p_{atm}$ 时，交 QO 线于 O 点，O 点对应的温度 368.15 K 即为此系统的沸点。这时溴苯和水同时馏出，混合系统的沸点既低于水的沸点 373.15K，也低于溴苯的沸点 429K。由于溴苯和水两者不互溶，当它们冷凝后，很容易将它们分开。

馏出物中溴苯(A)和水(B)的物质的量的关系可通过计算得出：

$$p_A^* = px_A^g = p\frac{n_A}{n_A+n_B}$$

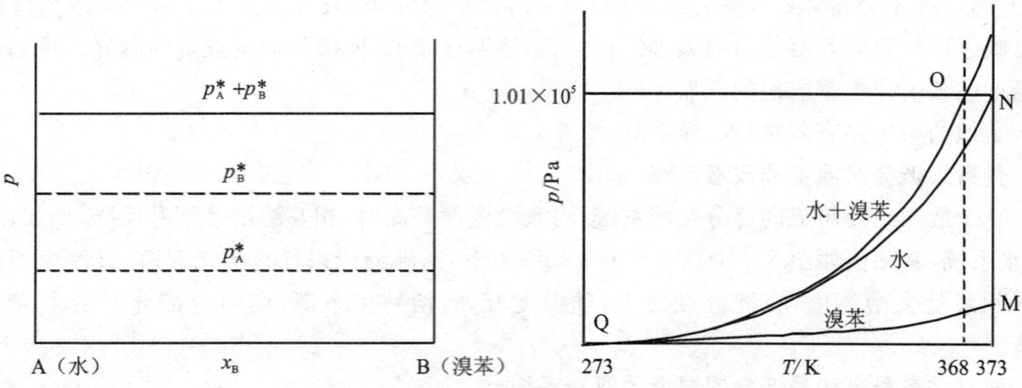

a.溴苯–水体系p–x图　　b.溴苯–水体系T–p图

图 3–15　溴苯-水体系相图

$$p_B^* = p x_B^g = p \frac{n_B}{n_A + n_B}$$

p 是系统的总压力，n_A 和 n_B 为气相中 A 和 B 的物质的量。两式相除得：

$$\frac{p_B^*}{p_A^*} = \frac{n_B}{n_A} = \frac{M_A}{m_A} \cdot \frac{m_B}{M_B}$$

$$\frac{m_B}{m_A} = \frac{p_B^* M_B}{p_A^* M_A}$$

m_A、m_B 分别是 A、B 的质量，M_A、M_B 分别是 A、B 的摩尔质量。由于有机物的摩尔质量 M_A 要比水的大许多，所以，p_A^* 尽管较小，馏出物中有机物的质量 m_A 不会太小。

第五节　二组分固液系统

二组分固液系统又称二组分凝聚系统。此系统在低温时是固态，较高温度时熔化呈液态，系统中没有组成该系统组分的气相存在，即使少量存在，也可忽略。所以压力变化对这类系统平衡的影响可不计。因此，研究这类系统时常固定压力于 p^*，相律可表示为 $f^* = C - \Phi + 1$。

根据二组分互溶度的不同，系统可分为：固态完全不互溶的简单低共熔系统、固态生成化合物的系统、固态完全互溶系统和固态部分互溶系统。根据相图绘制方法不同，可分为：热分析法和溶解度法。

一、简单低共熔系统

热分析法

热分析法是绘制相图的基本方法之一，用于处理固态物质与其熔融态平衡共存系统。首先配制一系列组成递变的样品，加热至熔化，让系统缓慢且均匀地冷却，记录系统温度随时间的变化，绘制温度-时间曲线，这种曲线称为步冷曲线(cooling curve)。当系统没有相变发生时，温度随时间几乎(因为温差在变，降温速度有微小差异)呈线性变化。当系统的温度降低到某一点，某一组分开始凝固，有固相产生时，由于相变潜热的释放可部分弥补系统向环境放热，步冷曲线斜率变小，出现折点。随系统的温度继续降低，另一组分也随之凝固，会出现第二个折点，步冷曲线呈一平台。当凝固过程全部完成，系统成为单相后，温度才会下降。图 3－16

为邻硝基氯苯和对硝基氯苯系统的步冷曲线和相图。

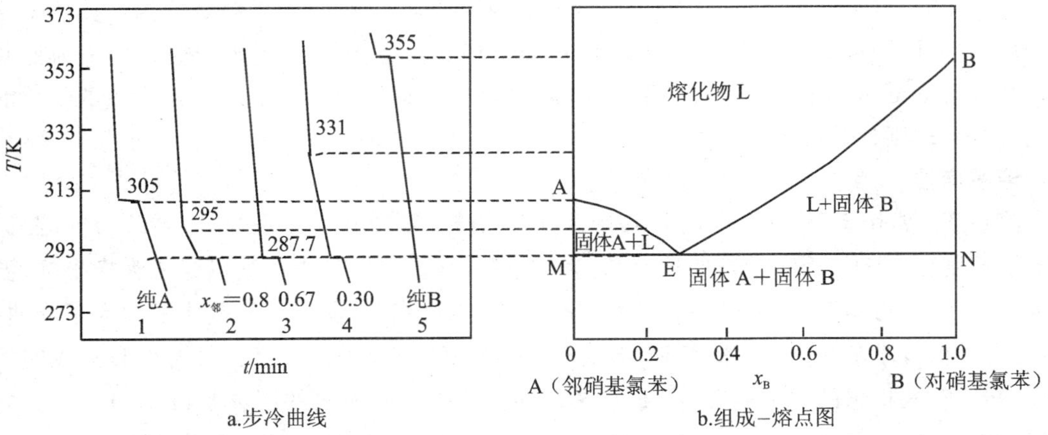

图 3-16　邻硝基氯苯(A)和对硝基氯苯(B)体系相图

样品1为纯邻硝基氯苯，图3-16a中线1为该样品的步冷曲线，305K以上是纯邻硝基苯熔化物的冷却过程，在这段系统是单组分单相，自由度 $f^*=1-1+1=1$，系统只有温度这一性质可以变化。当冷却到305K时，开始有固态邻硝基氯苯从熔化物中析出。此时系统两相平衡，$f^*=1-2+1=0$，在系统压力恒定条件下，结晶过程系统的温度不变化。结晶过程有凝固热放出，可抵消系统散热的损失，因而这段步冷曲线是一平台。待邻硝基氯苯全部凝固后，系统又成为单相，$f^*=1$，温度才继续下降。纯对硝基氯苯的步冷曲线如图3-16a中线5所示，与线1相似，其结晶过程的平台在355K。

线2是对硝基氯苯 $x_{邻}=0.8$ 的样品的步冷曲线，在295K以上为熔化物单相区，系统冷却时，温度下降为一斜率几乎不变的平滑直线。当冷却至295K时，由于系统含邻硝基氯苯较多，熔化物中邻硝基氯苯达到饱和，首先开始结晶，因为有凝固热放出，系统温度下降变慢，步冷曲线斜率的绝对值变小，在此出现一折点。这时系统是两组分两相，自由度 $f^*=2-2+1=1$，系统的温度可以变化。当温度下降到287.7K时，邻硝基氯苯也开始凝固，两个组分同时析出。这时系统为两组分三相(一个液相，两个固相)，系统的自由度 $f^*=2-3+1=0$。经分析，此时系统的组成为 $x_{邻}=0.67$，液相的组成固定，两组分按一定组成比例同时析出，温度不变，步冷曲线上为一平台。待系统全部凝固完毕，$f^*=2-2+1=1$，温度才开始继续下降。线4为 $x_{邻}=0.3$ 的样品的步冷曲线，与线2相似，只是该样品中含对硝基氯苯较多，对硝基氯苯首先从熔化物中析出，开始结晶的温度为331K，出现一折点。平台也出现在287.7K，经分析，此时液相组成也为 $x_{邻}=0.67$。

线3是组成为 $x_{邻}=0.67$ 的样品的步冷曲线，其形态与纯组分的相似，当温度冷却到287.7K时出现平台，两组分按比例析出。此时系统的自由度 $f^*=0$。

将上述5条步冷曲线中，温度下降过程出现的折点及对应的组成绘在另一坐标系中，将所有出现两相平衡的开始点连接，三相平衡点画一水平直线，即得图3-16b组成-熔点图，也称为二组分简单低共熔相图。在曲线AEB之上，为液态熔化物单相区，系统的自由度 $f^*=2$。AEM和BEN两区域为两相平衡区，$f^*=1$，AEM区为固态邻硝基氯苯和熔化物两相平衡共存区，BEN区为固态对硝基氯苯与液态熔化物两相平衡共存区。直线MEN以下为固态两组分混合物共存区。由于两组分仅是微晶的物理混合，没有形成化合物，因此该区域是两相区，

$f^*=1$。线 AE 和线 BE 分别为开始析出固态邻硝基氯苯和对硝基氯苯的两相平衡线，$f^*=1$。E 点为液态熔化物和两组分的固相三相平衡共存点，$f^*=0$。由于该点的温度比两个纯组分的熔点都低，因此又称该点为低共熔点(eutectic point)。在该点析出的混合物称为低共熔混合物(eutectic mixture)。在两相平衡区，通过物系点水平连线得两相点，两相点的物质的量可通过杠杆规则计算得出。

溶解度法

溶解度法常用于处理盐与其水溶液平衡共存系统。以$(NH_4)_2SO_4$-H_2O系统为例，表 3-3 为不同温度时$(NH_4)_2SO_4$溶液的冰点和饱和浓度数据。根据表中数据以组成为横坐标，温度为纵坐标作图，得图 3-17。图中 EN 是$(NH_4)_2SO_4$的溶解度曲线，LE 是水的冰点下降曲线，E 点为三相点，即在 E 点时，冰、溶液和固态$(NH_4)_2SO_4$三相平衡共存。组成在 E 点以左的溶液冷却时，首先析出的固体是冰；在 E 点右侧的溶液冷却时析出的固体是$(NH_4)_2SO_4$。当溶液组成刚好是 E，温度下降至 E 点时，冰和$(NH_4)_2SO_4$形成低共熔混合物同时析出。

表 3-3　$(NH_4)_2SO_4$-H_2O 系统固液平衡系统数据

温度/K	$(NH_4)_2SO_4$%(m/m)	固　相
267.7	16.7	冰
262.2	28.6	冰
244.2	37.5	冰
225.1	38.4	冰+$(NH_4)_2SO_4$(s)
273.2	41.4	$(NH_4)_2SO_4$(s)
283.2	42.2	$(NH_4)_2SO_4$(s)
293.2	43.0	$(NH_4)_2SO_4$(s)
303.2	43.8	$(NH_4)_2SO_4$(s)
313.2	44.8	$(NH_4)_2SO_4$(s)
323.2	45.8	$(NH_4)_2SO_4$(s)
333.2	46.8	$(NH_4)_2SO_4$(s)
343.2	47.8	$(NH_4)_2SO_4$(s)
353.2	48.8	$(NH_4)_2SO_4$(s)
363.2	49.8	$(NH_4)_2SO_4$(s)
373.2	50.8	$(NH_4)_2SO_4$(s)
382.1	51.8	$(NH_4)_2SO_4$(s)

还有一些水盐系统，如 NaCl-H_2O 系统，低共熔点温度为 252K，组成为含 NaCl 23.3%；$CaCl_2$-H_2O 系统，低共熔点温度为 218K，组成为含 $CaCl_2$ 29.9%。冬天雪后，在公路路面上撒盐，其原理是将盐与雪混合形成盐溶液后冰点降低，使雪融化。此外，工业上常以 $CaCl_2$ 水溶液作为冷冻循环液，在很低温度，也不会因凝固而不流动。

盐的提纯过程可按下述步骤进行：首先，配制盐溶液，使其浓度位于相图中 E 点的右侧，加热溶解，过滤掉不溶的杂质，冷却析盐。为了提高提纯的效率，可将物系点选在含盐 47.5% 左右，加热至 343K(相图中 S 点)，过滤除去杂质，冷却至 Q 点时开始析出固体盐，继续冷却至

R 点，平衡的液相组成为 y 点，根据杠杆规则：

$$\frac{\text{液相的量}}{\text{固相的量}}=\frac{Rz}{Ry}$$

析出固体的量与原系统总量的比为：

$$\frac{\text{固相的量}}{\text{原系统的总量}}=\frac{Ry}{yz}$$

将 y 组成的液相加热至 343K 至 O 点，投入粗盐使物系点回到 S 点，重复进行上面操作。可见在用结晶法提纯盐时，相图对工艺具有指导意义，如将物系点选在 E 点左侧，冷却时首先析出的不是盐而是冰。

在药学领域，低共熔原理的应用有许多实例。如药物的熔点测定，可作为药物纯度的标准之一。也可将待测样品与标准品混合后测定熔点，以初步确定两者是否是同一种物质。又如在制作配方药时，要考虑多种药混合在一起时，在常温下是固态还是液态。

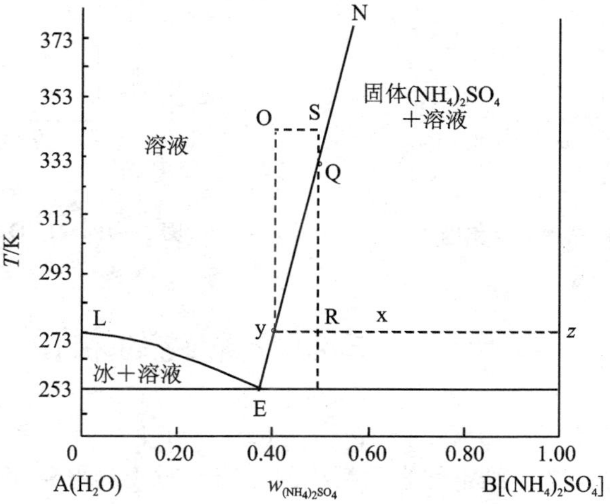

图 3-17　$(NH_4)_2SO_4-H_2O$ 体系相图

二、形成稳定化合物的系统

根据所形成化合物的性质，可分为两种类型讨论。首先要明确，尽管系统有化合物生成，但有一平衡关系存在，系统的 $C=3-1=2$，仍为二组分系统。

如苯胺(B)与苯酚(A)组成的系统，存在如下反应：

$$C_6H_5NH_2+C_6H_5OH \xlongequal{} C_6H_5NH_2\cdot C_6H_5OH$$

反应生成的固态化合物 $C_6H_5NH_2\cdot C_6H_5OH$(C)熔化时与熔融液的组成相同，因此称该化合物为稳定化合物，生成的化合物有稳定的熔点，该熔点称为“相合熔点”。此系统的相图如图 3-18 所示。可将此相图看作两简单低共熔相图组合而成，左边一半是 C_6H_5OH 与 $C_6H_5NH_2\cdot C_6H_5OH$ 所构成，E_1 是 C_6H_5OH 与 $C_6H_5NH_2\cdot C_6H_5OH$ 混合物的低共熔点。右边一半由 $C_6H_5NH_2$ 与 $C_6H_5NH_2\cdot C_6H_5OH$ 构成，E_2 是 $C_6H_5NH_2$ 与 $C_6H_5NH_2\cdot C_6H_5OH$ 混合物的低共熔点。化合物 $C_6H_5NH_2\cdot C_6H_5OH$ 的步冷曲线与纯物质一样，其它情况的分析与简单低共熔相图相同。

类似的情况还常出现在无机物与水组成的二组分系统，如 $H_2SO_4-H_2O$ 系统，其相图如图 3-19 所示。从图中看到 H_2SO_4 与 H_2O 可形成三种稳定化合物：$H_2SO_4\cdot H_2O$、$H_2SO_4\cdot$

$2H_2O$ 和 $H_2SO_4 \cdot 4H_2O$。三种化合物分别有自己的稳定的熔点，整体相图由四个简单相图组合而成，存在四个低共熔点。从图中可看出 98%的硫酸结晶温度约为 273K，给冬天的运输带来一定麻烦，因此冬天常以 93%硫酸作为产品，它的凝固点约为 238K，这样在运输中不会造成装卸困难。

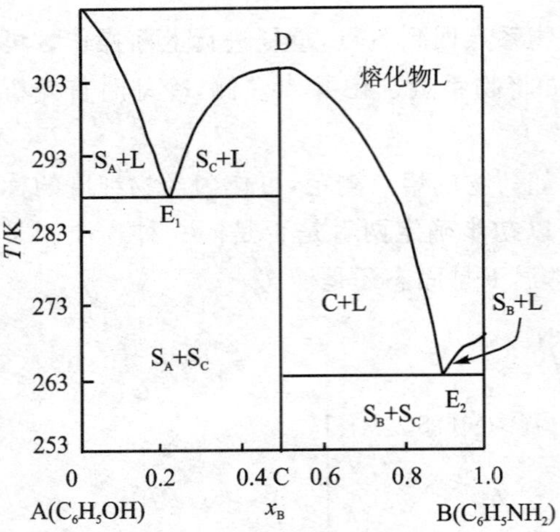

图 3-18　苯酚-苯胺体系相图

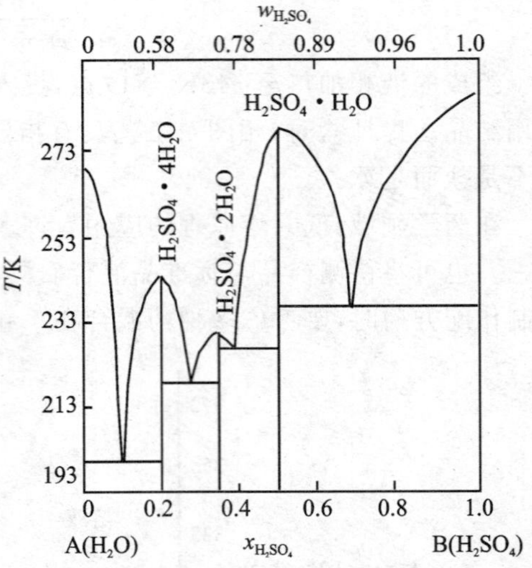

图 3-19　H_2SO_4-H_2O 体系相图

*第六节　三组分系统的相图

三组分系统的相律表示式为 $f=3-\Phi+2=5-\Phi$，当 $\Phi=1$ 时，系统有 4 个自由度，即温度、压力和两个浓度，需一个 4 维空间表示系统的相图。对于凝聚系统，压力对平衡的影响不大，系统的压力恒定时，$f^*=3$，可用立体模型表示，若系统的温度也恒定，$f^{**}=2$，则可用以平面图表示。通常以等边三角形表示之。

一、三角形相图的绘制

等边三角形法则

三角形的三个顶点分别代表纯组分 A、B、C，AB、BC 和 AC 三条线分别代表三个二组分系统，三角形内任一点都代表三组分系统的一个物系点。三角形法则可用图 3-20 表示，如物系点为 O，它的组成可通过向三条边引平行线确定，三条线的长度分别为 a、b、c，可以证明 $a+b+c=AB=BC=AC=1$，从图中还可看出 $a=a'$，$b=b'$，$c=c'$，因此 O 点的组成也可用 a′、b′和 c′表示。三条边的浓度可用摩尔分数表示，也可用百分浓度表示，总之要求它们的加和为 1。

用等边三角形表示组成的几个特点

(1) 如 BC 边上有一点 H，由 H 点向顶点 A 连线，如图 3-21 所示，AH 线上每一点均为不同的物系点，这些点的组成中 B 组分和 C 组分的比例相等，仅 A 组分的含量不同。H 点时 A 组分含量为零，越靠近顶点 A，A 组分含量越高。也就是当系统的物系点为 H 时，向系统中加入 A 组分，物系点沿 HA 线变化。

(2) 平行于任意一条边的直线上的各点，其对应顶点所代表组分的含量相同。如图 3-22 中 MN 线上的点，A 组分含量相等。

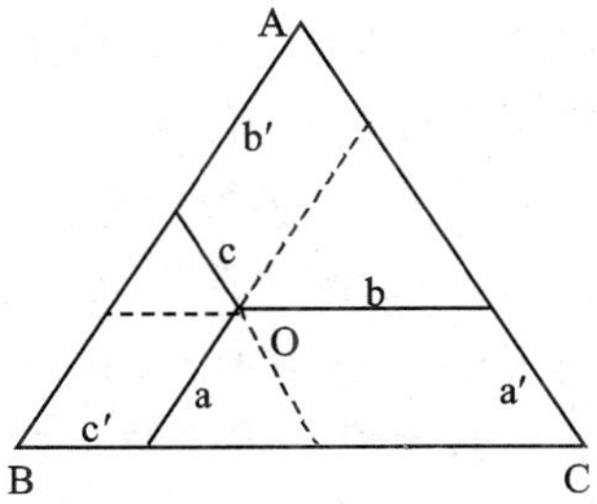

图 3-20　三组分系统组成表示法

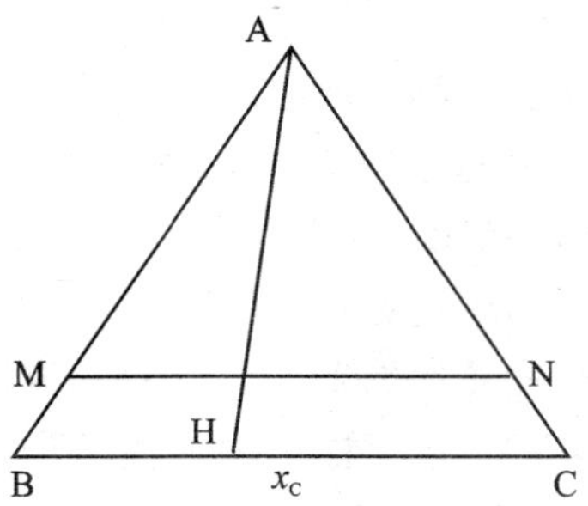

图 3-21　三组分系统相图分析

(3) 组分相同、组成不同的两个三组分系统，物系点分别为 F 和 G，混合构成一新的三组分系统，物系点为 H，H 点一定在 FG 的连线上。具体位置可根据 F、G 两系统的物质的量，利用杠杆规则计算得到(图 3-22)。

(4) 组分相同、组成不同的三个三组分系统，物系点分别为 E、F 和 G，当此三个系统混合时，物系点必落在 EFG 组成的三角形的重心上，如图 3-23 所示，先求得某两点(如 E、F)混合而成的物系点 H，再求 H 与 G 两点混合而成的物系点 I，I 即为新系统的物系点。

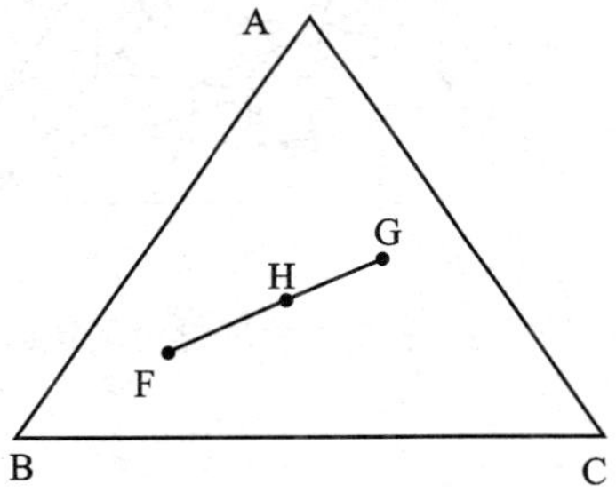

图 3-22　三组分系统的杠杆规则

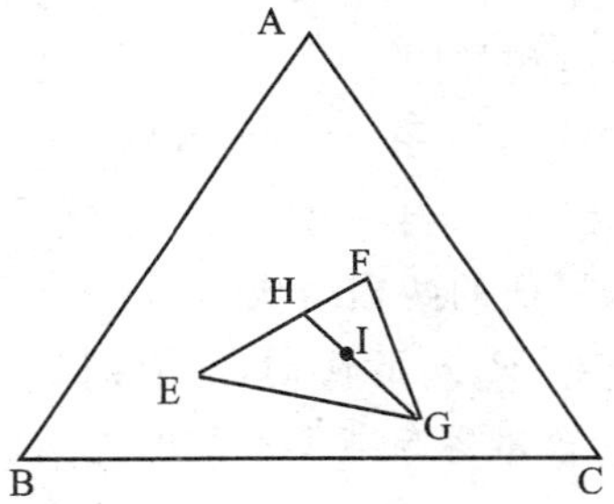

图 3-23　三组分系统的重心规则

二、部分互溶的三液系统

部分互溶的三液系统，三对液体间可以是一对部分互溶，也可以是两对部分互溶或三对部分互溶。

一对部分互溶的系统

若三种液体为醋酸(A)、苯(B)和水(C)，常温下，A 与 B、A 与 C 均能以任意比例互溶，但苯与水之间只能部分互溶。系统的相图如图 3-24 所示，底边相当于苯与水的二组分系统，b 点为被苯饱和的水溶液，b 点以左的系统是水溶液单相；a 点为被水饱和的苯溶液，此点以右是苯溶液单相。当系统超出它们的互溶度时，如图中的 M 点，两相溶液平衡共存，称为共轭溶液。如在此系统中逐渐加入少许醋酸，由于醋酸在苯与水中的溶解度不同，因此代表两相的相点依次为

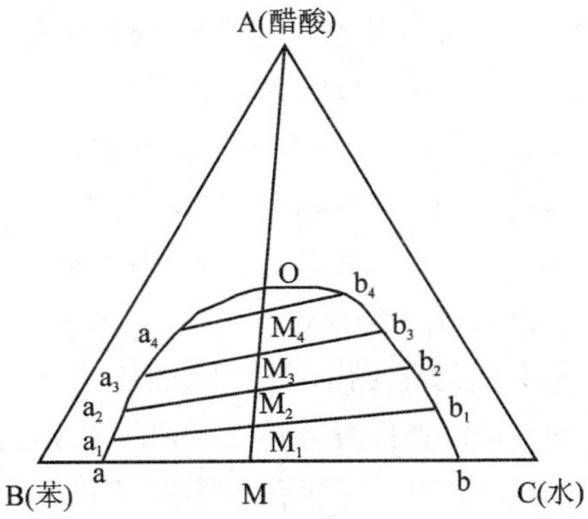

图 3-24　三液体系一对部分互溶的相图

a_1b_1，a_2b_2…等，将其成对连接，得连接线，连接线并不一定平行于底边。系统的物系点可由相点通过连接线找到，反之亦然。通过杠杆规则可计算各相的物质的量。显然，由于醋酸的加入，使苯与水的互溶度加大，如起始物系点 M，加入醋酸使物系点移到 M_1，对应的相点为 a_1 和 b_1；继续加入醋酸，物系点沿 AM 线上升至 M_2，对应的相点为 a_2 和 b_2，再加入醋酸，产生相应的相点，从图中可见这些相点的连接线自下而上依次变短，两相的组成逐渐靠近，最终两相的组成相同，连接线缩短为一点 O，证明苯与水的互溶度由于醋酸加入逐渐加大，最终完全互溶。将所有相点连接起来，形成一帽形区，在帽形区外，系统为一相，帽形区内系统为两相平衡共存。O 点称为等温会溶点或褶点(plait point)。

一般情况，随系统温度升高水与苯的互溶度增大，帽形区面积变小。相图属于这一类的还有乙醇-苯-水、氯仿-醋酸-水系统等。

萃取的原理

组分 A 与 B，组成为 F 的混合物，用溶剂 S 从混合物中萃取组分 B，溶剂 S 的选择标准为：

(1) S 与 A 只能微溶。

(2) B 在 S 中的溶解度应大于在 A 中的溶解度。(当然，小于也行，只是萃取的效率很低)

萃取过程如图 3－25 所示，在组成为 F 的系统中加入溶剂 S 至物系点为 M_1，两相平衡的组成为 R_1、E_1，将两相分离；再在组成为 R_1 的系统中加入溶剂 S 至 M_2 点，平衡的两相组成为 R_2 和 E_2，依次进行多遍，结果 R_1、R_2、R_3 向下移动，经溶剂 S 多次萃取，B 物质在 A 中的含量逐渐减少。此即为萃取的基本原理。

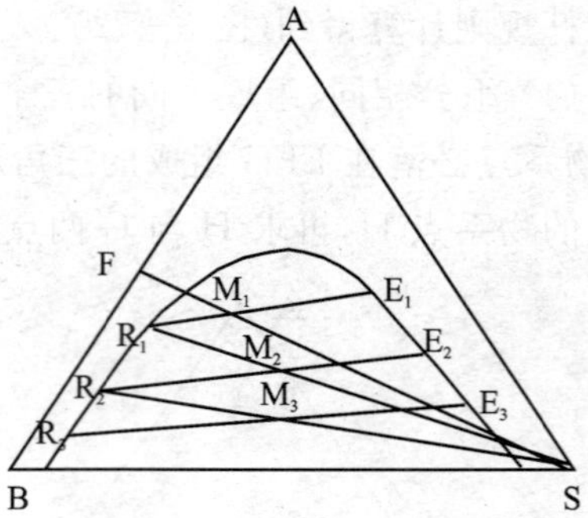

图 3－25　萃取过程示意图

三、水盐系统三组分相图

图 3－26 是 NaCl－KCl－H_2O 系统的相图，A 为水，B、C 分别代表纯 NaCl 和纯 KCl 固体，D 和 E 点为定温下纯 B 和纯 C 在水中的溶解度。若在已饱和了 NaCl 的水溶液中加入 KCl，系统的物系点沿 DF 线变化。同样，在已饱和了 KCl 的水溶液中加入 NaCl，系统的物系点沿 EF 线变化。所以，DF 线是 NaCl 在不同浓度 KCl 水溶液中的溶解度曲线，EF 线则是 KCl 在不同浓度 NaCl 水溶液中的溶解度曲线。ADFE 区是 KCl、NaCl 均不饱和的水溶液单相区。F 点是三相点，溶液中同时饱和了 KCl、NaCl。BDF 区是固态 NaCl 与其饱和水溶液两相平衡区，如系统的物系点为 G，作 BG 连线交 DF 于 G_1，该点即为饱和水溶液相的组成。CEF 区内固态 KCl 与其饱和水溶液两相平衡共存。BFC 区内固体 KCl、NaCl 与组成为 F 的饱和水溶液三相平衡共存。在此区域内系统的自由度为 0。属于这一类的系统还有 KNO_3－$NaNO_3$－H_2O，NH_4Cl－NH_4NO_3－H_2O 等。

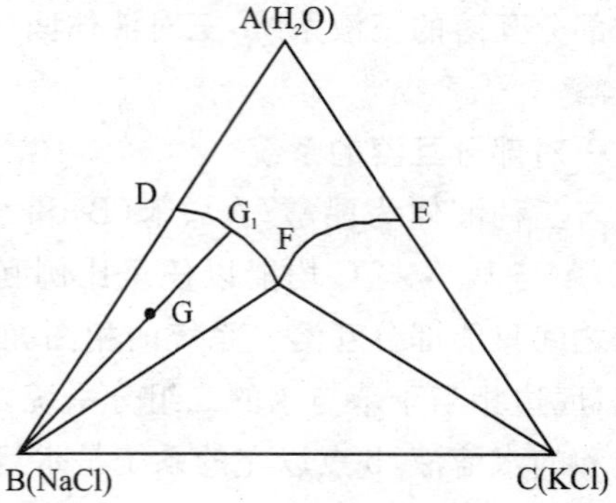

图 3－26　NaCl－KCl－H_2O 体系相图

习　题

1. 在石灰窑中，反应 $CaCO_3(s) \xrightleftharpoons{K^{\ominus}} CaO(s) + CO_2(g)$达到平衡，$K^{\ominus}$为平衡常数。物种数 S 和组分数 C 各是多少？

2. $NH_4HS(s)$和任意量的 $NH_3(g)$及 $H_2S(g)$达平衡时，求其组分数及自由度。

3. 若在水中溶解 KCl 和 NaBr 两种盐，形成不饱和溶液，则该系统的组分数为多少？

4. 硫酸与水可形成 $H_2SO_4 \cdot H_2O(s)$、$H_2SO_4 \cdot 2H_2O(s)$、$H_2SO_4 \cdot 4H_2O(s)$三种水合物，问在 101325Pa 的压力下，能与硫酸水溶液及冰平衡共存的硫酸水合物最多可有多少种？

5. 已知 CO_2的临界温度为 304.3 K，临界压力为 7.3×10^6 Pa，三相点为 216.6K，5.1×10^5 Pa。画出 CO_2的相图(示意图)。并请说明：

(1) 室温常压下迅速从钢瓶中放出 CO_2，出来的 CO_2是什么状态？

(2) 估计在什么温度和压力范围内，CO_2能以液态出现？

6. 100℃时水的汽化热为 40.6 $kJ \cdot mol^{-1}$，求水的蒸气压随温度的变化率。

7. 已知固体苯的蒸气压在 273.2K 时为 3.27×10^3 Pa，293.2K 时为 12.303×10^3 Pa，液体苯的蒸气压在 293.2K 时为 10.021×10^3 Pa，液体苯的摩尔蒸发热为 34.17×10^3 $J \cdot mol^{-1}$。求：

(1) 在 303.2K 时液体苯的蒸气压；

(2) 苯的摩尔升华热；

(3) 苯的摩尔熔化热。

8. 在 373.2K 时，己烷的蒸气压是 2.42×10^5 Pa，辛烷的蒸气压是 4.67×10^4 Pa，这两种液体的某一混合物在 373.2 K，1×10^5 Pa 时沸腾，假定该混合物是理想溶液，求己烷在液相及气相中的摩尔分数。

9. 完全互溶的二组分溶液，在 $x_B = 0.6$ 处，平衡蒸气压有最高值，那么组成 $x_B = 0.4$ 的溶液在气-液平衡时，x_g、x_l、$x_{总}$ 的大小顺序如何？将 $x_B = 0.4$ 的溶液进行精馏，塔顶将得到何物？

10. 已知各温度下，纯组分 A 和 B 的蒸气压如下：

T/K	353.2	356.2	359.2	362.2	365.2
p_A^*/Pa	73920	80520	87780	95700	104280
p_B^*/Pa	52800	57420	62700	68640	75240

(1) 设溶液服从拉乌尔定律，试据上列数据绘制压力-组成图。

(2) 从所得的图上，找出各温度下，在 $p_{总} = 75240$ Pa 时沸腾的液相组成以及与之平衡的气相组成。并求当 $p_A = 75240$ Pa 时纯 A 的沸点。

(3) 根据(2)中的数据，绘制 7524 Pa 时的 $T-x$ 图，并指出各相区的相态。

11. 293.2K 时纯苯蒸气压为 9900 Pa，纯甲苯蒸气压为 2900 Pa，试计算苯的摩尔分数分别为 0.20，0.40，0.60，0.80 时的蒸气分压、总蒸气压及气相组成，并画出 $p-x$ 图。

12. 对某有机物进行水蒸气蒸馏，在 1×10^5 Pa 下，沸点是 90℃，此时 H_2O 的蒸气压为 69400 Pa，馏出物中水的质量百分数为 24%。试求算该有机物的摩尔质量。

13. 组成 A 的正常熔点为 279K，B 为 338K。两种纯固态物不互溶。低共熔点 E 为 272K，低共熔物中含 B 为 0.2(摩尔分数)。

(1) 根据以上数据画出 A、B 二组分系统 $T-x$ 相图。

(2) 写出各相区组成。

14. 298K 时 H_2O-乙醇-苯所组成的三组分系统，在一定范围内，部分互溶分为两层。共轭层的组成(w_B)如下：

第一层		第二层
w(苯)/%	w(乙醇)/%	$w(H_2O)$/%
1.30	38.70	
9.20	50.80	
20.0	52.3	3.2
30.0	49.5	5.0
40.0	44.8	6.5
60.0	33.9	13.5
80.0	17.7	34.0
95.0	4.8	65.5

请画出相图和连接线。

习题答案

1. $S=3, C=1$
2. $C=2, \Phi=2, f=2$
3. $C=3$
4. 1 种
5. (1) 固态 (2) 气态
6. $\frac{dp}{dT}=3551\ Pa \cdot K^{-1}$
7. (1) $p(303.2K)=15911Pa$ (2) $\Delta_{升华}H_m=44122\ J \cdot mol^{-1}$
   (3) $\Delta_{熔化}H_m=9952\ J \cdot mol^{-1}$
8. $x_1=0.274, y_1=0.662$
9. $x_B(g)>x_B(总)>x_B(l)$，得到纯 A
10. (2) $T_b=353.9\ K$
11. 4300 Pa, 5700 Pa, 7100 Pa, 8500 Pa
12. $M=128\times10^{-3}\ kg \cdot mol^{-1}$

第四章 化学平衡

实践证明，几乎所有的化学反应既可以正向进行，又可以逆向进行。在一定的条件下，当正逆反应的速率相等，系统中物质的种类和数量不随时间发生变化时，这种状态叫做化学平衡态。只要外界条件不变，这个状态就不随时间而变，外界条件一旦改变，平衡状态就要发生变化。从宏观上看，化学平衡表现为静态，而实际上是一种动态平衡，它是化学反应进行的限度。

在化学工业和药物生产中，大家都希望把原料尽可能转化为产品，但在给定条件下，某化学反应是否能够进行，反应的极限产率有多大，以及在什么条件下可以得到最大的产率，这些都是化学平衡所要解决的问题。掌握这些问题，对于寻找新产品的合成路线、了解提高产率的潜力等都有着重大的意义。

第一节 化学反应的方向及平衡条件

设任意封闭系统中有一化学反应

$$aA + dD \longrightarrow gG + hH$$

在等温等压条件下，当其发生微小变化时，有

$$\Delta_r G_m = \left(\frac{\partial G}{\partial \xi}\right)_{T,p} = \sum \nu_B \mu_B \qquad (4-1)$$

式中 $\Delta_r G_m$ 表示在等温等压下，在无限大量的系统中发生一个单位反应（μ_B 可以看作不变）时系统的吉布斯能变；或者说，在等温等压条件下，在有限量的系统中发生极微小的反应（μ_B 可以看作不变）时系统的吉布斯能变。$\Delta_r G_m$ 的单位为 $J \cdot mol^{-1}$。

根据吉布斯能判据，系统不做非体积功时

$$\Delta_r G_m = \left(\frac{\partial G}{\partial \xi}\right)_{T,p} < 0 \quad 即 \quad \sum \nu_B \mu_B < 0 \qquad (4-2)$$

则反应向右自发进行。

$$\Delta_r G_m = \left(\frac{\partial G}{\partial \xi}\right)_{T,p} > 0 \quad 即 \quad \sum \nu_B \mu_B > 0 \qquad (4-3)$$

则向右进行的反应不能自发进行。

$$\Delta_r G_m = \left(\frac{\partial G}{\partial \xi}\right)_{T,p} = 0 \quad 即 \quad \sum \nu_B \mu_B = 0 \qquad (4-4)$$

则反应达到平衡。上述几种情况可用图 4－1 表示。

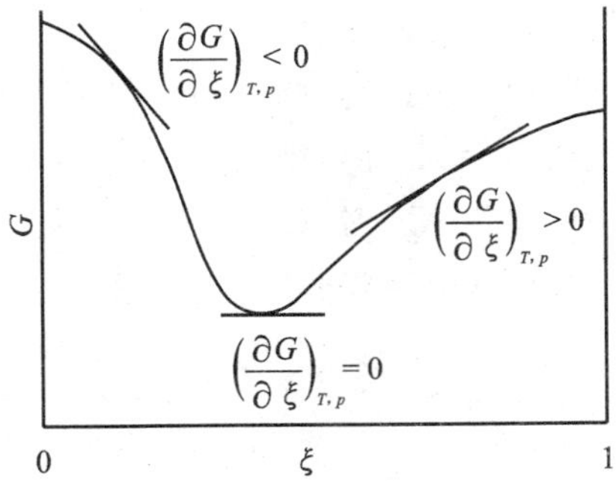

图 4－1 化学反应系统的吉布斯能和 ξ 的关系

由式(4－2)可知，当反应物化学势总和大于产物化学势总和时，反应自发地向右进行。反之，则不可能自发向右进行，即化学反应总是自发地从化学势高的一方向化学势低的一方进行。由式(4－4)可知，反应的限度即平衡的条件是反应物的化学势总和等于

产物的化学势总和，即 $\Delta_r G_m = 0$。

第二节　化学反应的等温方程式和平衡常数

一、化学反应的等温方程式

在等温等压条件下，任意化学反应

$$aA + dD \rightleftharpoons gG + hH$$

系统中各物质的化学势可表示为 $\mu_B = \mu_B^{\ominus} + RT\ln a_B$

此反应的吉布斯能变

$$\Delta_r G_m = \sum \nu_B \mu_B = \sum \nu_B \mu_B^{\ominus} + RT\ln \frac{a_G^g a_H^h}{a_A^a a_D^d}$$

令 $\Delta_r G_m^{\ominus} = \sum \nu_B \mu_B^{\ominus}$，$Q_a = RT\ln \frac{a_G^g a_H^h}{a_A^a a_D^d}$，则

$$\Delta_r G_m = \Delta_r G_m^{\ominus} + RT\ln Q_a \qquad (4-5)$$

式中 $\Delta_r G_m^{\ominus}$ 是反应的标准吉布斯能变，其值与压力、浓度无关，对于指定的某化学反应，$\Delta_r G_m^{\ominus}$ 仅是温度的函数；Q_a 是指任意状态下的活度商。

当系统达到平衡时，$\Delta_r G_m^{\ominus} = 0$，则

$$\Delta_r G_m^{\ominus} + RT\ \ln(Q_a)_{eq} = 0 \qquad (4-6)$$

下标"eq"表示平衡，式中 $(Q_a)_{eq}$ 表示平衡时的活度商。将平衡时的活度商定义为热力学平衡常数 $K_a^{\ominus}$

$$K_a^{\ominus} = (Q_a)_{平衡} = \left(\frac{a_G^g \cdot a_H^h}{a_A^a \cdot a_D^d}\right)_{eq}$$

代入式(4－6)得

$$\Delta_r G_m^{\ominus} = -RT\ln K_a^{\ominus} \qquad (4-7)$$

将式(4－7)代入式(4－5)得

$$\Delta_r G_m^{\ominus} = -RT\ln K_a^{\ominus} + RT\ln Q_a \qquad (4-8)$$

式(4－7)和式(4－8)都称为**化学反应等温方程式**(reaction isotherm)，是热力学理论用于化学平衡的重要公式。根据此式可以计算化学反应系统在指定状态下的 $\Delta_r G_m$，并判断反应的方向与限度，也可根据 Q_a 和 $K_a^{\ominus}$ 的数值直接判断化学反应进行的方向和限度。在等温等压、只做体积功的反应系统中：

当 $Q_a < K_a^{\ominus}$ 时，则 $\Delta_r G_m^{\ominus} < 0$，反应自发正向进行；

当 $Q_a = K_a^{\ominus}$ 时，则 $\Delta_r G_m^{\ominus} = 0$，反应达到平衡；

当 $Q_a > K_a^{\ominus}$ 时，则 $\Delta_r G_m^{\ominus} > 0$，反应不能自发正向进行。

若是理想气体的反应，等温方程式可写为：

$$\Delta_r G_m^{\ominus} = -RT\ln K_p^{\ominus} + RT\ln Q_p \qquad (4-9)$$

Q_p 称为压力商

$$Q_p = \frac{\left(\frac{p_G}{p^{\ominus}}\right)^g \left(\frac{p_H}{p^{\ominus}}\right)^h}{\left(\frac{p_A}{p^{\ominus}}\right)^a \left(\frac{p_D}{p^{\ominus}}\right)^d}$$

【例 4-1】 反应 $2H_2(g)+O_2(g) \rightleftharpoons 2H_2O(g)$，在 2000K 时，$K_p^{\ominus}=1.6\times10^7$。当 H_2、O_2 各为 10^4 Pa 与 10^5 Pa 的气体 H_2O 混合时，反应能否自发进行？

【解】 根据化学反应等温式

$$Q_p=\frac{\left(\frac{p_{H_2O}}{p^{\ominus}}\right)^2}{\left(\frac{p_{H_2}}{p^{\ominus}}\right)^2\left(\frac{p_{O_2}}{p^{\ominus}}\right)}=\frac{1^2}{0.1^2\times0.1}=10^3<K_p^{\ominus}$$

所以正向反应能自发进行。

二、平衡常数的表示式

(一) 气相反应的平衡常数

$$K_p^{\ominus}=\frac{\left(\frac{p_G}{p^{\ominus}}\right)^g\left(\frac{p_H}{p^{\ominus}}\right)^h}{\left(\frac{p_A}{p^{\ominus}}\right)^a\left(\frac{p_D}{p^{\ominus}}\right)^d} \tag{4-10}$$

$K_p^{\ominus}$ 是气相反应的热力学平衡常数，对于指定的反应来说，它只是温度的函数，与压力和组成无关，是量纲一的量。$K_p^{\ominus}$ 越大，反应进行就越完全。注意，平衡常数的数值与反应式的写法有关，如合成氨的反应：

$$N_2(g)+3H_2(g) \rightleftharpoons 2NH_3(g)$$

$$K_p^{\ominus}=\frac{\left(\frac{p_{NH_3}}{p^{\ominus}}\right)^2}{\left(\frac{p_{N_2}}{p^{\ominus}}\right)\left(\frac{p_{H_2}}{p^{\ominus}}\right)^3}$$

若将反应式写作 $\frac{1}{2}N_2(g)+\frac{3}{2}H_2(g) \rightleftharpoons NH_3(g)$，则

$$K_{p_2}^{\ominus}=\frac{\frac{p_{NH_3}}{p^{\ominus}}}{\left(\frac{p_{N_2}}{p^{\ominus}}\right)^{1/2}\left(\frac{p_{H_2}}{p^{\ominus}}\right)^{3/2}}$$

两个平衡常数的关系为 $K_p^{\ominus}=(K_{p_2}^{\ominus})^2$。可见同一化学反应，若反应式的写法不同，则其平衡常数也不相同。

气相反应的经验平衡常数有下列几种表示法：

用压力表示的平衡常数 K_p

$$K_p=\frac{p_G^g\cdot p_H^h}{p_A^a\cdot p_D^d}=K_p^{\ominus}(p^{\ominus})^{\sum\nu_B} \tag{4-11}$$

式中 ν_B 是化学反应式中的计量系数，对反应物为负，对产物为正；$\sum\nu_B$ 是反应前后计量系数的代数和。K_p 一般有量纲，只有当 $\sum\nu_B=0$ 时，才是量纲一的量。压力不很高时，K_p 也只与温度有关。

用摩尔分数表示的平衡常数 K_x

$$K_x=\frac{x_G^g\cdot x_H^h}{x_A^a\cdot x_D^d}=K_p^{\ominus}\left(\frac{p}{p^{\ominus}}\right)^{-\sum\nu_B} \tag{4-12}$$

或 $$K_x = K_p \cdot p^{-\sum \nu_B} \tag{4-13}$$

K_x是量纲一的量，一般与温度、压力有关。

【例 4-2】 在 1000K 和 10^6 Pa 时，下面的气体反应达到平衡后，测得 SO_2、O_2、SO_3 的摩尔分数分别为 0.39、0.25 和 0.36。求此反应的热力学平衡常数。

$$2SO_2(g) + O_2(g) \rightleftharpoons 2SO_3(g)$$

【解】 $$K_x = \frac{x_{SO_3}^2}{x_{SO_2}^2 \cdot x_{O_2}} = \frac{0.36^2}{0.39^2 \times 0.25} = 3.41$$

根据式(4-12)得

$$K_p^{\ominus} = K_x \left(\frac{p}{p^{\ominus}}\right)^{\sum \nu_B} = 3.41 \times \left(\frac{10^6}{10^5}\right)^{-1} = 0.341$$

(二) 液相反应的平衡常数

理想溶液的热力学平衡常数

$$K_x^{\ominus} = \frac{x_G^g \cdot x_H^h}{x_A^a \cdot x_D^d} \tag{4-14}$$

非理想溶液的标准平衡常数

$$K_a^{\ominus} = \frac{a_G^g \cdot a_H^h}{a_A^a \cdot a_D^d} \tag{4-15}$$

其中 $a=\gamma x$，代入上式得

$$K_a^{\ominus} = K_\gamma \cdot K_x^{\ominus} \tag{4-16}$$

K_γ 表示活度系数商。$K_a^{\ominus}$、$K_x^{\ominus}$ 均只是温度的函数，且是量纲一的量，当溶液极稀时，$\gamma \to 1$，则 $K_a^{\ominus} \approx K_x^{\ominus}$。液相反应的平衡常数也可以用浓度表示：

$$K_c^{\ominus} = \frac{\left(\frac{c_G}{c^{\ominus}}\right)^g \left(\frac{c_H}{c^{\ominus}}\right)^h}{\left(\frac{c_A}{c^{\ominus}}\right)^a \left(\frac{c_D}{c^{\ominus}}\right)^d} \tag{4-17}$$

液相中的化学反应由于受压力影响极小，稀溶液反应的经验平衡常数(如 K_x、K_c等)在数值上与热力学平衡常数相同。

【例 4-3】 在室温下，将 1mol 醋酸与 1mol 乙醇混合，待反应达到平衡后，测得生成 0.667mol 的醋酸乙酯。若将 1mol 醋酸、1mol 乙醇和 1mol 水混合，反应达平衡后，将生成多少醋酸乙酯？

【解】 先求反应的平衡常数，根据反应

	CH_3COOH +	C_2H_5OH $\rightleftharpoons$	$CH_3COOC_2H_5$ +	H_2O	
n_0/mol	1	1	0	0	
n_{eq}/mol	1−0.667	1−0.667	0.667	0.667	$\sum n_B = 2$mol

$$K_x^{\ominus} = \frac{x_{酯} \cdot x_{水}}{x_{酸} \cdot x_{醇}} = \frac{(0.667/2)^2}{(0.333/2)^2} = 4$$

设醋酸、乙醇和水各 1mol 混合后生成 y mol 的醋酸乙酯，则

$$K_x^{\ominus} = \frac{y(1+y)}{(1-y)(1-y)} = 4$$

解得 $$y=0.543\ \text{mol}$$

(三) 多相反应的平衡常数

在多相(如固-气或液-气)中进行的反应叫多相反应。一般化学反应在纯态($x_B=1$)凝聚相(固体或液体)与气体之间进行时,其平衡常数只与气体的压力有关,不会出现凝聚相的浓度项。

【例 4-4】 298K 时,将固体 $NH_4HS(s)$ 放入抽空的密闭容器中,发生如下反应

$$NH_4HS(s) \rightleftharpoons NH_3(g)+H_2S(g)$$

平衡时测得系统的总压力为 66660Pa,求此反应的热力学平衡常数。

【解】 平衡时总压 $$p_{总}=p_{NH_3}+p_{H_2S}=6.666\times10^4\ \text{Pa}$$

即 $$p_{NH_3}=p_{H_2S}=3.333\times10^4\ \text{Pa}$$

所以 $$K_p^{\ominus}=\left(\frac{p_{NH_3}}{p^{\ominus}}\right)\left(\frac{p_{H_2S}}{p^{\ominus}}\right)=\left(\frac{3.333\times10^4}{10^5}\right)^2=0.111$$

第三节 平衡常数的测定及化学平衡的有关计算

一、平衡常数的测定

当一个化学反应达平衡时,各物质的浓度或分压不再随时间变化。可用测定平衡时各物质浓度或压力的方法确定反应的平衡常数。一般可以分为物理分析法或化学分析法测定浓度或压力。

物理分析法 利用系统中物质的物理性质间接测定浓度或分压,如通过测物质的吸光度、折射率、电导率、pH 值及压力和体积等。这种方法快速、简捷、不干扰化学平衡。

化学分析法 在不破坏平衡的条件下,用化学分析的方法测定各物质的浓度。测定前常须采用一些措施使反应停止。由于很多化学反应很难达到化学平衡,或测定平衡组分的浓度或压力较为困难,所以通过实验测定平衡常数的局限性很大,故化学分析法应用较少。

【例 4-5】 在 900℃及 10^5 Pa,使 CO 和水蒸气以等摩尔比通过催化剂进行下列反应

$$CO+H_2O \rightleftharpoons CO_2+H_2$$

反应达到平衡后,迅速冷却至室温,进行分析,测得各气体的分压为

$$p_{CO_2}=21703.8\text{Pa} \qquad p_{CO}=26891.7\text{Pa}$$
$$p_{H_2}=25827.7\text{Pa} \qquad p_{H_2O}=26891.7\text{Pa}$$

在相同温度下重复此反应,测得平衡混合气体含有 22.72mol 的 CO,22.72mol 的 H_2O 及 48.50mol 的 CO_2,求系统中 H_2 物质的量。

【解】 $$K_p=\frac{p_{CO_2}\cdot p_{H_2}}{p_{CO}\cdot p_{H_2O}}=\frac{21703.8\times25827.7}{26891.7^2}=0.775$$

设另一平衡系统 H_2 的物质的量为 n_x,每种气体的分压为 p_B,$p_B=n_B\dfrac{RT}{V}$,其中 V 是混合气体总体积

$$K_p=\frac{\left(48.50\times\dfrac{RT}{V}\right)\cdot\left(n_x\cdot\dfrac{RT}{V}\right)}{\left(22.72\times\dfrac{RT}{V}\right)^2}=0.775$$

解得 $n_x = 8.25$ mol

即混合气体中 H_2 物质的量为 8.25mol。

二、化学平衡的有关计算

(一) 平衡常数的计算

平衡常数是化学反应的重要参数，但有时直接测定有一定的困难，甚至有时无法直接测定。根据公式 $\Delta_r G_m^\ominus = -RT\ln K^\ominus$，平衡常数 $K^\ominus$ 与 $\Delta_r G_m^\ominus$ 直接相关，所以可用化学反应的标准吉布斯能变 $\Delta_r G_m^\ominus$ 来计算平衡常数。

利用反应的 $\Delta_r H_m^\ominus$ 及 $\Delta_r S_m^\ominus$ 计算平衡常数

$\Delta_r H_m^\ominus$ 是化学反应的标准摩尔焓变，可由反应中产物和反应物的标准摩尔生成焓或标准摩尔燃烧焓求得。$\Delta_r S_m^\ominus$ 是化学反应的标准摩尔熵变，根据热力学第三定律，由产物和反应物的规定熵求出。然后根据 $\Delta_r G_m^\ominus = \Delta_r H_m^\ominus - T\Delta_r S_m^\ominus$ 求出化学反应的标准吉布斯能变，继而求出平衡常数。要注意的是采用的生成焓、燃烧焓、规定熵是什么温度下的数据，求出的 $K^\ominus$ 就是什么温度下的平衡常数。

【例 4-6】 已知 298.15K 时有如下数据：

	$CO_2(g)$	$NH_3(g)$	$H_2O(g)$	$CO(NH_2)_2(s)$
$\Delta_f H_m^\ominus/kJ \cdot mol^{-1}$	−393.51	−46.19	−241.83	−333.19
$S_m^\ominus/J \cdot K \cdot mol^{-1}$	213.64	192.51	188.72	104.60

求 298.15K 时反应 $CO_2(g) + 2NH_3(g) \rightleftharpoons H_2O(g) + CO(NH_2)_2(s)$ 的热力学平衡常数 $K_p^\ominus$。

【解】 $\Delta_r H_m^\ominus = \sum \nu_B \Delta_f H_{m,B}^\ominus$

$$= -241.83 - 333.19 + 393.51 + 2 \times 46.19 = -89.13 \text{ kJ}$$

$$\Delta_r S_m^\ominus = \sum \nu_B S_{m,B}^\ominus$$

$$= 188.72 + 104.60 - 213.64 - 2 \times 192.51 = -305.34 \text{ J} \cdot \text{K}^{-1}$$

$$\Delta_r G_m^\ominus = \Delta_r H_m^\ominus - T\Delta_r S_m^\ominus$$

$$= -89130 + 298.15 \times 305.34 = 1.907 \times 10^3 \text{ J}$$

$$\ln K_p^\ominus = -\frac{\Delta_r G_m^\ominus}{RT} = -\frac{1.907 \times 10^3}{8.314 \times 298.15} = -0.769$$

得 $K_p^\ominus = 0.463$

利用标准生成吉布斯能计算平衡常数

由反应物和产物的标准生成吉布斯能计算反应的标准吉布斯能变，再求出平衡常数。

【例 4-7】 已知 298.15K 时，下列化合物的标准生成吉布斯能如下：

	$C_6H_6(l)$	$NH_3(g)$	$C_6H_5NH_2(l)$	$H_2(g)$
$\Delta_f G_m^\ominus/kJ \cdot mol^{-1}$	124.14	−16.64	153.22	0

求反应 $C_6H_6(l) + NH_3(g) \rightleftharpoons C_6H_5NH_2(l) + H_2(g)$ 的 $\Delta_r G_m^\ominus$ 及 $K^\ominus$。

【解】 $\Delta_r G_m^\ominus = \sum \nu_B \Delta_f G_m^\ominus$

$$= 153.22 - 124.14 + 16.64 = 45.72 \text{ kJ}$$

$$\ln K^{\ominus}=-\frac{\Delta_r G_m^{\ominus}}{RT}=-\frac{45.72\times10^3}{8.314\times298.15}=-18.44$$

$$K^{\ominus}=9.81\times10^{-9}$$

（二）平衡转化率的计算

根据平衡常数，可计算反应平衡时各物质的浓度，进而可以求出在该条件下的最大产率。企图获得更高的产率而超越平衡常数的限制是不可能的，然而，可以在尊重自然规律的条件下设法改变反应条件，以谋取最大产率。

平衡转化率也称理论转化率或最高转化率，其定义为：

$$\text{平衡转化率}=\frac{\text{平衡时某反应物消耗掉的量}}{\text{该反应物的原始量}}\times100\%$$

若有副反应发生，反应物的一部分变为产品，另一部分变为副产品。工业上又常用"产率"这一概念：

$$\text{平衡产率}=\frac{\text{平衡时转化为指定产物的某反应物的量}}{\text{该反应物的原始量}}\times100\%$$

转化率是以原料的消耗来衡量反应的限度，而产率则是以产品数量来衡量反应的限度，本质上两者是一致的。

【例 4-8】 在 800K，101325Pa 下，1mol 的正戊烷异构化为异戊烷和新戊烷（副产物），反应如下：

（1）正-C_5H_{12} $\rightleftharpoons$ 异-C_5H_{12}　　$K_{x(1)}=1.795$

（2）正-C_5H_{12} $\rightleftharpoons$ 新-C_5H_{12}　　$K_{x(2)}=0.137$

计算平衡时正戊烷的总转化率和生成异戊烷的产率。

【解】 这是一个简单的平行反应，设平衡时生成 x mol 异戊烷和 y mol 新戊烷，则平衡时正戊烷的量为$(1-x-y)$mol。

根据反应(1)
$$\frac{x}{1-x-y}=1.795$$

根据反应(2)
$$\frac{y}{1-x-y}=0.137$$

联合解得　　$x=0.612\text{ mol}\quad y=0.0467\text{ mol}$

所以

$$\text{正戊烷的总转化率}=\frac{0.612+0.0467}{1}\times100\%=65.87\%$$

$$\text{异戊烷的产率}=\frac{0.612}{1}\times100\%=61.2\%$$

这个例子说明，有副反应时，产率总是低于转化率。

（三）化学反应方向的判断及计算

根据 $\Delta G=\Delta H-T\Delta S$，使 ΔG 降低的因素有两个：一个是焓因素 ΔH，另一个是熵因素 $-T\Delta S$，因此可以通过改变温度来改变 ΔG，从而改变反应方向。

【例 4-9】 已知 298.15K 时的下列数据：

	$CH_3OH(g)$	$HCHO(g)$	$H_2(g)$
$\Delta_f H_m^{\ominus}/kJ\cdot mol^{-1}$	−201.17	−115.9	0
$S_m^{\ominus}/J\cdot K^{-1}\cdot mol^{-1}$	237.8	220.1	130.59

(1) 估计在 298.15K 时，反应 $CH_3OH(g,p^{\ominus}) \rightleftharpoons HCHO(g,p^{\ominus}) + H_2(g,p^{\ominus})$ 能否自发进行？

(2) 试估算使上述反应自发进行的最低温度。

【解】 (1) $\Delta_r H_m^{\ominus} = \Delta_f H_{m,HCHO}^{\ominus} + \Delta_f H_{m,H_2}^{\ominus} - \Delta_f H_{m,CH_3}^{\ominus}$

$= -115.9 + 0 - (-201.17) = 85.27\ \mathrm{kJ \cdot mol^{-1}}$

$\Delta_r S_m^{\ominus} = S_{m,HCHO}^{\ominus} + S_{m,H_2}^{\ominus} - S_{m,CH_3OH}^{\ominus}$

$= 220.1 + 130.59 - 237.8 = 112.99\ \mathrm{J \cdot K^{-1} \cdot mol^{-1}}$

$\Delta_r G_m^{\ominus} = \Delta_r H_m^{\ominus} - T\Delta_r S_m^{\ominus}$

$= 85.27 \times 10^3 - 298.15 \times 112.99 = 5.16 \times 10^4\ \mathrm{J \cdot mol^{-1}}$

$\Delta_r G_m^{\ominus}$ 是一个较大的值。经验表明，当 $|\Delta_r G_m^{\ominus}| > 40\ \mathrm{kJ \cdot mol^{-1}}$ 时，已不能通过改变产物和反应物的相对活度(Q_a)使反应改变方向。该反应 $\Delta_r G_m^{\ominus} > 40\ \mathrm{kJ \cdot mol^{-1}}$，可以估计，在该温度下反应不能自发向右进行。

(2) 设要使反应能自发进行，需使 $\Delta_r G_m < 0$，可以用 $\Delta_r G_m \approx \Delta_r G_m^{\ominus} < 0$，即使 $\Delta_r H_m^{\ominus} - T\Delta_r S_m^{\ominus} < 0$ 估计反应温度，则

$$T > \frac{\Delta_r H_m^{\ominus}}{\Delta_r S_m^{\ominus}} = \frac{85.27 \times 10^3}{112.99} = 755\mathrm{K}$$

结果表明，要使甲醇脱氢反应进行，最低必须达到 755K(482℃)。目前实际生产温度是 600℃，以电解银为催化剂。

第四节　温度对平衡常数的影响

一、化学反应等压方程式

运用热力学数据计算的平衡常数一般是 298.15K 时的平衡常数，而化学反应通常在各种温度下进行，温度改变，平衡常数也将发生变化，这就需要研究温度对平衡常数的影响。

根据吉布斯-亥姆霍兹公式及化学反应等温方程式得

$$\left(\frac{\mathrm{d}\ln K_a}{\mathrm{d}T}\right)_p = \frac{\Delta_r H_m^{\ominus}}{RT^2} \tag{4-18}$$

式(4-18)称为化学反应等压方程式，说明了温度对平衡常数的影响。由上式可以看出，对吸热反应，$\Delta_r H_m^{\ominus} > 0$，$\frac{\mathrm{d}\ln K_a}{\mathrm{d}T} > 0$，$K_a$ 随温度的上升而增大，升高温度对正向反应有利；对于放热反应，$\Delta_r H_m^{\ominus} < 0$，$\frac{\mathrm{d}\ln K_a}{\mathrm{d}T} < 0$，$K_a$ 随温度的上升而减小，升高温度对正向反应不利。

二、不同温度下平衡常数的计算

应用式(4-18)计算不同温度下的平衡常数时，根据 $\Delta_r H_m^{\ominus}$ 是否与温度有关可分为两种情况：① 温度变化范围较大时，不能忽略温度对 $\Delta_r H_m^{\ominus}$ 的影响，这时应先确定 $\Delta_r H_m^{\ominus}$ 与 T 的函数关系，再进行积分。② 温度变化范围不大时，则 $\Delta_r H_m^{\ominus}$ 可看作常数。第一种情况计算比较烦琐，这里仅介绍第二种情况。

$\Delta_r H_m^{\ominus}$ 为常数时，可将式(4-18)进行定积分得

$$\ln \frac{K_2^\ominus}{K_1^\ominus} = -\frac{\Delta_r H_m^\ominus}{R}\left(\frac{1}{T_2} - \frac{1}{T_1}\right) \tag{4-19}$$

可见，已知 T_1（如 298K）时的 $K_1^\ominus$，就可计算 T_2时的 $K_2^\ominus$。

若将式(4-18)进行不定积分，则得

$$\ln K^\ominus = -\frac{\Delta_r H_m^\ominus}{RT} + C \tag{4-20}$$

式中 C 为积分常数，以 $\ln K^\ominus$ 对 $1/T$ 作图，可得一条直线，其斜率等于 $-\Delta_r H_m^\ominus/R$，截距为 C，故由斜率可求得反应热 $\Delta_r H_m^\ominus$。

【例 4-10】 对于合成甲醇的反应 $CO(g) + 2H_2(g) \rightleftharpoons CH_3OH(g)$，已知 298K 时 $K_{p_1}^\ominus = 2.16\times10^4$，$\Delta_r H_m^\ominus = -90.73\ \text{kJ}\cdot\text{mol}^{-1}$（设与温度无关），求 773K 时的平衡常数 $K_{p_2}^\ominus$。

【解】 因 $\Delta_r H_m^\ominus$ 与温度无关，根据式(4-19)

$$\ln \frac{K_{p_2}^\ominus}{K_{p_1}^\ominus} = -\frac{\Delta_r H_m^\ominus}{R}\left(\frac{1}{T_2} - \frac{1}{T_1}\right)$$

$$= -\frac{-90.73\times10^3}{8.314}\left(\frac{1}{773} - \frac{1}{298}\right) = -22.5$$

则
$$\frac{K_{p_2}^\ominus}{K_{p_1}^\ominus} = 1.69\times10^{-10}$$

得
$$K_{p_2}^\ominus = 3.64\times10^{-6}$$

第五节　其它因素对平衡的影响

一、压力对平衡的影响

这里所说的压力是指反应系统的总压，某个参与反应的物质压力改变对平衡的影响已包括在浓度对化学平衡的影响里。

对于气相反应，$K_p^\ominus$、K_p 仅是温度的函数，与压力无关，但 K_x 与压力有关，所以压力的改变会引起化学平衡的移动。由式(4-13)

$$K_x = K_p \cdot p^{-\sum \nu_B}$$

可知：① 当 $\sum \nu_B > 0$ 时，即产物系数和大于反应物系数和，若 p 增大，则 K_x 减小，对正反应不利，即增大压力对体积增大的反应不利；② 当 $\sum \nu_B < 0$ 时，即产物系数和小于反应物系数和，若 p 增大，则 K_x 增大，对正反应有利，即增大压力对体积减小的反应有利；③ 当 $\sum \nu_B = 0$ 时，即产物系数和等于反应物系数和，若 p 增大，则 K_x 不变，即压力对体积不变的化学反应无影响。总之，增大压力，平衡向气体物质的量减少（体积减小）的方向移动；减小压力，平衡向气体物质的量增多（体积增大）的方向移动；反应前后，气体系数和不变的化学反应，平衡不受压力的影响。

对于凝聚相反应，由于固体、液体体积受压力的影响很小，所以压力对平衡的影响不大，一般可以认为凝聚相反应的化学平衡不受压力的影响。但当压力改变很大时，压力对平衡常数的影响也会明显起来，通常压力增大不利于体积变大的反应，而有利于体积变小的反应，反应前后体积不变的平衡系统不受压力的影响。例如，常温常压下，不能由石墨（密度 2.260kg·

dm^{-3})制备金刚石(密度 3.515 kg·dm^{-3}),但将压力增大至 1.5 万大气压时,石墨可以转化为金刚石。

二、惰性气体对平衡的影响

这里所说的惰性气体,是指不参加反应的气体物质。如合成氨中的甲烷气体、乙苯脱氢中的水蒸气以及接触法制硫酸中的氮气等,都是惰性气体。惰性气体的存在不影响平衡常数,但却能使气相反应的平衡移动。

在恒温条件下向达到平衡的系统引入惰性气体时,情况分为两种:① 若体积不变,系统的总压力增加,但各反应物和产物的分压不变,$Q_p = K_p^{\ominus}$,平衡不移动。② 若保持总压不变,由于惰性气体的存在,则系统的体积一定增大,系统内各气体物质的分压就降低了,这种效果,与减小压力是一样的,它对各气体物质分压的影响是不同的,因而在已达到平衡的反应系统中增加惰性气体,平衡将产生移动。

当 $\sum \nu_B > 0$ 时,即产物系数和大于反应物系数和,加入惰性气体,对正反应有利;当 $\sum \nu_B < 0$ 时,即产物系数和小于反应物系数和,加入惰性气体,对正反应不利;当 $\sum \nu_B = 0$ 时,即产物系数和等于反应物系数和,加入惰性气体,反应物和产物的分压受同等程度的影响,平衡不发生移动。总之,增加惰性气体,相当于减小参加反应的气体的分压,平衡向气体物质的量增加的方向移动。

习　题

1. 已知反应:$N_2O_4 \rightleftharpoons 2NO_2$ 在 25℃时的 $K_p^{\ominus} = 0.154$,若初态 N_2O_4 分别为 25×10^5、50×10^5、20×10^5 Pa,求终态 NO_2 相对于分别为 5×10^5、10×10^5、10^5 Pa 下反应进行的方向。

2. 现有理想气体反应 A(g)+B(g)$\rightleftharpoons$C(g)+D(g),开始时,A 与 B 均为 1mol,25℃下,反应达到平衡时,A 与 B 的物质的量各为 1/3mol。(1) 求此反应的 $K^{\ominus}$;(2) 开始时,A 为 1mol,B 为 2mol;(3) 开始时,A 为 1mol,B 为 1mol,C 为 0.5mol;(4) 开始时,C 为 1mol,D 为 1mol。分别求反应达平衡时 C 的物质的量。

3. 若能有乙炔(g)和水(g)直接合成丙酮,在化学工业上将具有重大意义,反应为

$$2C_2H_2(g) + 3H_2O(g) \rightleftharpoons CH_3COCH_3(g) + CO_2(g) + 2H_2(g)$$

从标准摩尔生成焓和规定熵数据,判断该反应是否自发进行?并计算在 298K 时的 $K_p^{\ominus}$。

4. 试求 25℃时,下列反应的 $K_a^{\ominus}$

$$CH_3COOH(l) + C_2H_5OH(l) = CH_3COOC_2H_5(l) + H_2O(l)$$

已知各物质的标准生成自由能如下:

	$CH_3COOH(l)$	$C_2H_5OH(l)$	$CH_3COOC_2H_5(l)$	$H_2O(l)$
$\Delta_r G_m^{\ominus}/kJ\cdot mol^{-1}$	−395.8	−175.1	−341.1	−236.6

5. 在 400K 时,将 0.0163mol 的 PCl_5 置于 1.0L 容器中,当按下列反应

$$PCl_5(g) \rightleftharpoons PCl_3(g) + Cl_2(g)$$

达到平衡后(设为理想气体),测得压力 $p = 10^5$ Pa。计算反应的平衡常数 $K_p^{\ominus}$ 及 PCl_5 的转化率 α。

6. 已知反应：

$$C_2H_6(g) \rightleftharpoons C_2H_4(g) + H_2(g)$$

在 1000K，10^5 Pa 下，平衡时 1mol 的乙烷有 48.5%转化为乙烯，计算该条件下的平衡常数 $K_p^{\ominus}$（按理想气体考虑）。

7. $AgNO_3$(s)若按下式进行分解

$$AgNO_3(s) \rightleftharpoons Ag(s) + NO_2(g) + \frac{1}{2}O_2(g)$$

试求其分解温度。已知下列数据：

	$AgNO_3$(s)	Ag(s)	NO_2(g)	O_2(g)
$\Delta_r G_m^{\ominus}$/kJ·mol^{-1}	−123.14	0	33.85	0
$S_m^{\ominus}$/J·K^{-1}·mol^{-1}	140.92	42.7	240.45	205.3

8. 判断下列说法是否正确，为什么？

(1) 根据公式 $\Delta_r G_m^{\ominus} = -RT\ln K_a^{\ominus}$，所以说 $\Delta_r G_m^{\ominus}$ 是在平衡状态时吉布斯自由能的变化值。

(2) 在一定温度压力下，某反应的 $\Delta_r G_m^{\ominus} > 0$，故要寻找合适的催化剂才能使反应正向进行。

(3) 某一反应的 $\Delta_r G_m^{\ominus} = -150$J·mol^{-1}，所以该反应一定能正向进行。

(4) 平衡常数值改变了，平衡一定会移动。反之，平衡移动了，平衡常数值也一定会改变。

9. 反应：$2SO_2(g) + O_2(g) \rightleftharpoons 2SO_3(g)$在 727℃时的 $K_p^{\ominus} = 3.4$，计算 827℃时的 $K_p^{\ominus}$，已知该反应的 $\Delta_r H_m^{\ominus} = -189$ kJ，并设在此温度范围内 $\Delta_r H_m^{\ominus}$ 为常数。

10. 某反应在不同温度时的平衡常数如下：

温度/℃	10	25	30	35
$K_p^{\ominus}$	1.76	5.8	8.0	11.3

求该反应的反应热及 20℃时的 $K_p^{\ominus}$。

11. 在 873K 时，下列反应的 $\Delta_r G_m^{\ominus} = -88.0$ kJ·mol^{-1}（设与温度无关）。

$$C(石墨,s) + 2H_2(g) \rightleftharpoons CH_4(g)$$

(1) 若 873K 时 $K_p^{\ominus} = 0.386$，试求 1073K 时的平衡常数。

(2) 为了获得 CH_4的高产率，温度和压力是高一些好还是低一些好？

12. 乙苯脱氢生产苯乙烯的反应为

$$C_6H_5C_2H_5(g) \rightleftharpoons C_6H_5C_2H_3(g) + H_2(g)$$

900K 时，$K_p^{\ominus} = 2.7$。若开始时只有反应物乙苯 1mol，试求平衡时

(1) 在 101325Pa 下生成苯乙烯的物质的量；

(2) 在 10132.5Pa 下生成苯乙烯的物质的量。

13. 在总压和温度不变时，往下列已达平衡的反应系统中加入惰性气体，能使平衡向右移动的是哪几个？

① $NH_4HCO_3(s) \rightleftharpoons NH_3(g) + H_2O(g) + CO_2(g)$

② $H_2(g) + 1/2O_2 \rightleftharpoons H_2O(g)$

③ $CO(g) + H_2O(g) \rightleftharpoons CO_2(g) + H_2(g)$

④ $PCl_5(g) \rightleftharpoons PCl_3(g) + Cl_2(g)$

习题答案

2. (1) 4　(2) 0.845mol　(3) 1.096mol　(4) 0.543mol

3. $\Delta_r G_m^{\ominus} = -281.63$ kJ，自发；$K_p^{\ominus} = 2.32 \times 10^{49}$

4. $K_a^{\ominus} = 15.56$

5. $K_p^{\ominus} = 3.11$；$\alpha = 0.87$

6. $K_p^{\ominus} = 0.308$

7. 642K

9. $K_p^{\ominus} = 7.75 \times 10^2$

10. $\Delta_r H_m^{\ominus} = 5.5 \times 10^4\ J \cdot mol^{-1}$，$K_p^{\ominus} = 3.90$

11. (1) 4.03×10^{-2}　(2) 降温和升压有利

12. (1) 0.85mol　(2) 0.98mol

13. ①　④

第五章 电化学

电化学是研究电能和化学能相互转换及转换过程所遵循规律的科学。它不仅与化学学科相关而且还渗透到环境科学、能源科学和生物学等领域。现在又出现了新的研究领域，如催化电化学、生物电化学、光电化学等。

随着科学的发展，当代电化学研究的体系不断扩展，处理方法和理论模型已经进入到分子水平，使实验技术也迅速提高和改进。

电化学应用范围很广，在国民经济中发挥着巨大的作用。化学电源在日常生活及科技、国防等方面得到了广泛应用。电化学分析手段在工农业、环境保护和医药卫生等方面发挥了重要作用。

第一节 电解质溶液的导电性质

一、电解质溶液的导电机理

我们认识的导体有两类。第一类导体是电子导体，如金属、石墨等，这类导体依靠自由电子定向运动来导电，特点是当电流通过时，导体本身不发生任何变化；第二类导体是离子导体，如电解质溶液、熔融电解质等，靠离子定向迁移导电，这类导体在导电的同时必然伴随电子得失反应。将化学能转换为电能的装置为原电池(primary cell)，电能转换为化学能的装置是电解池(electrolytic cell)。无论电解池还是原电池，均是实现电解质溶液导电的电化学装置(图 5-1)。

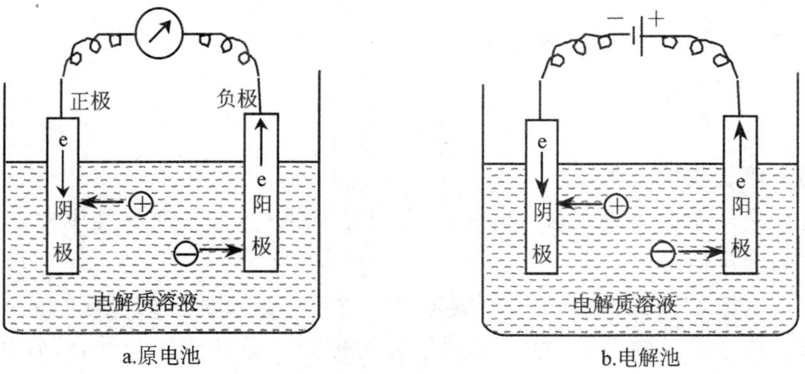

图 5-1 电化学装置示意图

电化学中的反应主要是氧化还原反应，发生氧化反应的电极称为阳极(anode)，发生还原反应的电极称为阴极(cathode)；同时又把电化学装置中电势较高的电极称为正极，电势较低的电极称为负极。习惯上原电池用正、负极来命名，电解池用阴、阳极来命名。

当电流通过电解池或原电池时，电解质溶液中的离子在电场作用下作定向迁移，阴离子在阳极上失去电子发生氧化反应，失去的电子经外线路流向阴极；阳离子在阴极上得到电子发生还原反应，完成导电过程。在回路中的任一截面，无论是金属导线、电解质溶液，还是电极与溶液之间的界面，在相同时间内，必然有相同的电量通过。

电化学中把电极上进行的有电子得失的化学反应称为电极反应，两个电极反应的总和为电池反应。

以电解 HCl 溶液为例

电极反应　　阴极反应　　$2H^{+}(aq) + 2e \longrightarrow H_2(g)$

　　　　　　阳极反应　　$2Cl^{-}(aq) \longrightarrow Cl_2(g) + 2e$

电池反应　　　　　　　　$2H^{+}(aq) + 2Cl^{-}(aq) \longrightarrow H_2(g) + Cl_2(g)$

由此可见，电解质溶液的导电机理为：

(1) 正、负离子通过定向迁移共同承担电流在溶液内部的传导。

(2) 电极上分别发生氧化还原反应，导致电子得失，从而使电极与溶液界面处的电流得以连续。

二、法拉第定律

1833 年法拉第(Faraday M)在大量实验基础上，归纳出了电解产物的量与通过电极的电量之间的关系，即著名的法拉第定律(Faraday's law)：

(1) 电解时，在任一电极上发生反应的物质的量与通过的电量成正比。

(2) 通入相同的电量时，任何电极上发生反应的物质的量 n 相同，析出物质的量与 M/z 成正比，M 为物质的摩尔质量，z 为离子电荷数。

电化学中，以含有单位元电荷 e 的物质作为物质的量的基本单元，例如 H^{+}，$\frac{1}{2}Cu^{2+}$，$\frac{1}{3}PO_4^{3-}$ 等，所以当 1 mol 电子的电量通过电极时，电极上得失电子的物质的量也为 1 mol 。

1 摩尔电子所带电量的绝对值称为法拉第常数，以符号 F 表示：

$$F = Le = 6.0221\times10^{23}\times1.6022\times10^{-19} = 96486.09\ C\cdot mol^{-1} \approx 96500\ C\cdot mol^{-1}$$

式中 e 为电子所带电荷，L 为阿伏伽德罗常数。

电解时通过的电量为 Q

$$Q = nzF \tag{5-1}$$

上式为法拉第定律的数学表达式。

法拉第定律是从大量实践中总结出来的，没有限制条件，在任何温度压力下都能适用，是自然界中最准确的定律之一。

依据法拉第定律，人们往往通过分析测定电解过程中电极反应的反应物或产物物质的量的变化来计算电路中通过的电量，相应的测量装置称为电量计或库仑计，最常用的有银电量计、铜电量计。

三、离子的迁移数

离子的电迁移　离子在电场作用下而引起的定向运动。电解质溶液在直流电场作用下，溶液中离子将作定向迁移，正离子向阴极移动，负离子向阳极移动，同时在两电极上发生氧化还原反应，完成导电过程。

电解质溶液内部电量的输送是由正、负离子通过电迁移共同完成的。但是，由于离子大小、水化程度和荷电数量的不同，离子迁移速率也不尽相同，使得迁移的电量有差异，并造成电解质在两极附近的溶液中浓度的变化。

通过溶液的总电量 Q 等于正离子迁移的电量 Q_+ 和负离子迁移的电量 Q_- 之和：

$$Q = Q_+ + Q_-$$

离子迁移数(transport number) 电解质溶液中某种离子迁移的电量与通过溶液的总电量之比，用 t 表示。阳离子和阴离子的迁移数分别用 t_+、t_- 表示。

$$t_+ = \frac{Q_+}{Q} = \frac{Q_+}{Q_+ + Q_-} \qquad t_- = \frac{Q_-}{Q} = \frac{Q_-}{Q_+ + Q_-} \tag{5-2}$$

显然 $t_+ + t_- = 1$。

第二节　电解质溶液的电导

一、电解质溶液的电导

电导(conductance) 用来描述导体导电能力大小的物理量，用导体的电阻的倒数来表示：

$$L = \frac{1}{R} \tag{5-3}$$

式中 L 为电导，单位是 S(Siemens，西门子)或 Ω^{-1}(欧姆$^{-1}$)；R 为导体的电阻，电化学中所指导体是电解质溶液。

电导率(conductivity) 电阻率的倒数，又称比电导(specific conductance)，以 κ 表示。κ 的单位为 $S \cdot m^{-1}$。

$$\kappa = \frac{1}{\rho} \tag{5-4}$$

式中 ρ 是电阻率。

由于 $$R = \rho \frac{l}{A}$$

根据电导的定义式有

$$L = \frac{1}{R} = \kappa \frac{A}{l}$$

显然导体的电导率为单位截面积、单位长度时的电导。换一句话说，κ 的物理意义是两截面积为 $1m^2$ 的平行电极，相距 1m 时电解质溶液的电导(图 5-2)。l/A 对于一个固定的电导池是一常数，称为电池常数，单位为 m^{-1}。

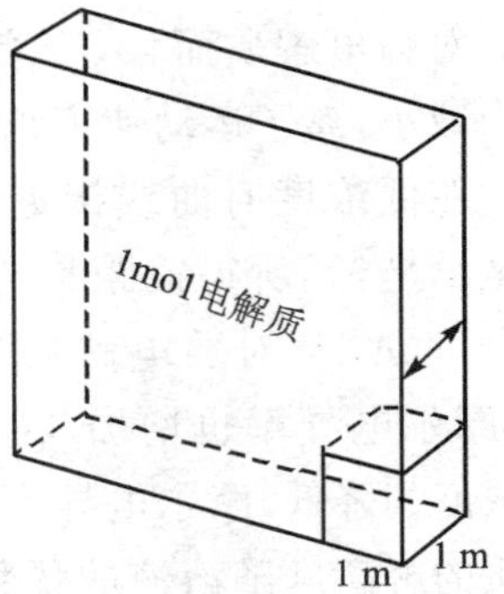

图 5-2　Λ_m 与 κ 的关系

摩尔电导率(molar conductivity) 相距 1m 的两平行电极间放置含有 1mol 电解质的溶液所具有的电导，用 Λ_m 表示。由于规定了电解质的量，所以溶液的体积随浓度而改变。c 为物质的量浓度，单位为 $mol \cdot m^{-3}$，故 $V_m = 1/c$

$$\Lambda_m = \kappa V_m = \frac{\kappa}{c} \tag{5-5}$$

Λ_m 的单位为 $S \cdot m^2 \cdot mol^{-1}$。

利用摩尔电导率可以方便地对不同类型电解质溶液的导电能力进行比较，因为此时溶液中都具有 1mol 的电解质。但是电解质溶液的电导还与正、负离子所带的电荷有关，当使用摩尔电导率比较不同电解质的导电能力时，采用荷电量相同的基本单元表示，如 $\Lambda_m(KCl)$，$\Lambda_m(1/2MgCl_2)$，$\Lambda_m(1/3H_3PO_4)$。

【例 5-1】 已知25℃时 $0.005\ mol \cdot dm^{-3}$ KCl溶液的电导率为 $0.2768\ S \cdot m^{-1}$。一电导池中充以此溶液，25℃时测知其电阻为453Ω。在同一电导池中装入同样体积的浓度为 $0.005mol \cdot dm^{-3}$ 的 $CaCl_2$ 溶液，测得电阻为1050Ω。计算：(1) 电池常数；(2) $CaCl_2$ 溶液的电导率；(3) $CaCl_2$ 溶液的摩尔电导。

【解】 (1) 根据公式 $\kappa=1/\rho=1/R \cdot l/A$

计算电池常数 $l/A=\kappa \cdot R=0.2768\times453=125.4\ m^{-1}$

(2) $CaCl_2$ 溶液的电导率

$$\kappa=\frac{1}{\rho}=\frac{1}{R}\cdot\frac{l}{A}=\frac{1}{1050}\times125.4=0.1194\ S\cdot m^{-1}$$

(3) $CaCl_2$ 溶液的浓度 $c=0.005\ mol\cdot dm^{-3}=0.005\times10^3 mol\cdot m^{-3}$

$CaCl_2$ 溶液的摩尔电导率 $\Lambda_m=\frac{\kappa}{c}=\frac{0.1194}{0.005\times10^3}=0.02388\ S\cdot m^2\cdot mol^{-1}$

二、摩尔电导率与浓度的关系

摩尔电导率与浓度的关系 科尔劳许(Kohlrausch)等人根据实验得出摩尔电导率与浓度的关系为

$$\Lambda_m=\Lambda_m^\infty-A\sqrt{c}$$

式中 Λ_m^∞ 为溶液无限稀释时的摩尔电导率，A 为常数。从该式可以看出，无论是强电解质或弱电解质，其摩尔电导率均随溶液的稀释而增大(图 5-3)。

对强电解质而言，溶液浓度降低时，离子间引力减小，离子运动速度增加，故摩尔电导率增大。在低浓度时曲线接近一条直线，将直线外推至纵坐标，所得截距称为无限稀释时的摩尔电导率 Λ_m^∞。对弱电解质来说，溶液浓度降低时，摩尔电导率也增加，在溶液极稀时，随着溶液浓度的降低，摩尔电导率急剧增加，因为弱电解质的解离度随溶液的稀释而增加。弱电解质无限稀释时的摩尔电导率 Λ_m^∞ 无法用外推法求得。需要用科尔劳许的离子独立运动定律来解决。

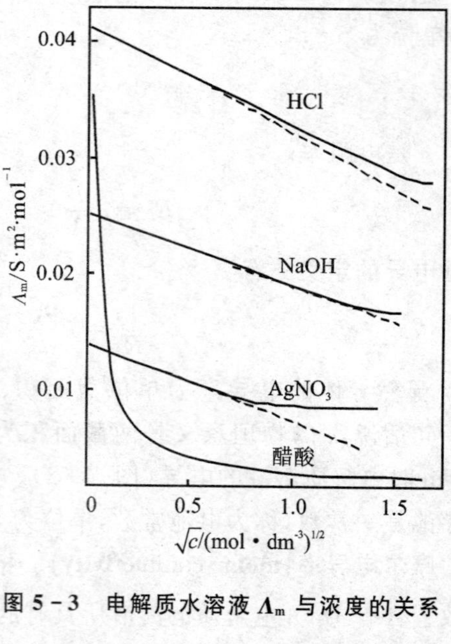

图 5-3 电解质水溶液 Λ_m 与浓度的关系

离子独立运动定律 在无限稀释的溶液中，所有电解质全部电离，离子彼此独立运动，每一种离子对电解质溶液的导电都有恒定的贡献。无限稀释摩尔电导率反映的是离子间没有相互作用力时电解质所具有的导电能力。

离子独立运动定律是科尔劳许研究了大量的实验结果后提出的。例如25℃时，一些电解质在无限稀释时的摩尔电导率数据如下：

$\Lambda_m^\infty(KCl)=0.01499\ S\cdot m^2\cdot mol^{-1}$ $\Lambda_m^\infty(LiCl)=0.01150\ S\cdot m^2\cdot mol^{-1}$

$\Lambda_m^\infty(KNO_3)=0.01450\ S\cdot m^2\cdot mol^{-1}$ $\Lambda_m^\infty(LiNO_3)=0.01101\ S\cdot m^2\cdot mol^{-1}$

从以上数据可以看出：

(1) 具有相同阴离子的钾盐和锂盐的 Λ_m^∞ 之差为一常数，与阴离子无关。

(2) 具有相同阳离子的氯化物和硝酸盐的 Λ_m^∞ 之差为一常数，与阳离子无关。

(3) 其它电解质也有相同的规律。

根据这些事实，科尔劳许认为，在无限稀释溶液中，离子彼此独立运动，互不影响，无限稀释电解质的摩尔电导率等于无限稀释时阴、阳离子的摩尔电导率之和，这就是科尔劳许离子独立运动定律。

$$\Lambda_m^\infty = \nu_+ \Lambda_{m,+}^\infty + \nu_- \Lambda_{m,-}^\infty \qquad (5-6)$$

式中 Λ_m^∞、$\Lambda_{m,+}^\infty$、$\Lambda_{m,-}^\infty$ 分别表示无限稀释时电解质、阳离子、阴离子的摩尔电导率，1mol 电解质溶液产生 ν_+ mol 阳离子和 ν_- mol 阴离子。离子摩尔电导率通常用带有单位电荷的粒子作为基本单元，如镁离子的基本单元是 $1/2Mg^{2+}$，而不是 Mg^{2+}。

【例 5-2】 298.15K 时，已知苯巴比妥钠的 $\Lambda_m^\infty(NaP)$ 为 $73.5\times10^{-4}S\cdot m^2\cdot mol^{-1}$，盐酸的 $\Lambda_m^\infty(HCl)$ 为 $426.2\times10^{-4}S\cdot m^2\cdot mol^{-1}$，氯化钠的 $\Lambda_m^\infty(NaCl)$ 为 $126.5\times10^{-4}S\cdot m^2\cdot mol^{-1}$，求苯巴比妥溶液的无限稀释摩尔电导率 $\Lambda_m^\infty(HP)$。

【解】 根据 $\Lambda_m^\infty = \nu_+ \Lambda_{m,+}^\infty + \nu_- \Lambda_{m,-}^\infty$

$$\Lambda_m^\infty(HP) = \Lambda_m^\infty(H^+) + \Lambda_m^\infty(P^-) = \Lambda_m^\infty(HCl) + \Lambda_m^\infty(NaP) - \Lambda_m^\infty(NaCl)$$
$$= 373.2\times10^{-4}S\cdot m^2\cdot mol^{-1}$$

无限稀释水溶液中常见离子的摩尔电导率见表 5-1。

表 5-1　298.15K 时无限稀释水溶液中常见离子的摩尔电导率

正离子	$\Lambda_{m,+}^\infty/S\cdot m^2\cdot mol^{-1}$	负离子	$\Lambda_{m,-}^\infty/S\cdot m^2\cdot mol^{-1}$
H^+	349.82×10^{-4}	OH^-	198.0×10^{-4}
Li^+	38.69×10^{-4}	F^-	55.4×10^{-4}
Na^+	50.11×10^{-4}	Cl^-	76.34×10^{-4}
K^+	73.52×10^{-4}	Br^-	78.4×10^{-4}
NH_4^+	73.4×10^{-4}	I^-	76.8×10^{-4}
Ag^+	61.92×10^{-4}	NO_3^-	71.44×10^{-4}
$1/2Ca^{2+}$	59.50×10^{-4}	CH_3COO^-	40.9×10^{-4}
$1/2Ba^{2+}$	63.64×10^{-4}	ClO_4^-	68.0×10^{-4}
$1/2Cu^{2+}$	54.0×10^{-4}	$1/2CO_3^{2-}$	83.0×10^{-4}
$1/2Zn^{2+}$	54.0×10^{-4}	$1/2SO_4^{2-}$	79.8×10^{-4}
$1/2Mg^{2+}$	53.06×10^{-4}	$1/3Fe(CN)_6^{3-}$	99.1×10^{-4}

第三节　电解质溶液的电导测定应用

一、水的纯度检测

常温下，一般自来水的电导率在 1.0×10^{-1} $S\cdot m^{-1}$ 左右，这是因为混入了各种电解质杂质。普通蒸馏水的电导率也要在 1.0×10^{-3} $S\cdot m^{-1}$。所以，可以用电导率的大小来检验水的纯度。在环境科学中，对水质监测的一个重要指标就是测量水的电导率。医药行业对使用水的纯度也有较高的要求，药用去离子水需要电导率为 $1.0\times10^{-4}\ \mathrm{S\cdot m^{-1}}$，一些电子工业或精密的科学实验需要更纯的水，电导率要小于 $1.0\times10^{-4}\mathrm{S\cdot m^{-1}}$。

二、弱电解质的电离度和电离平衡常数计算

对弱电解质来说，无限稀释时的摩尔电导率和某一浓度的摩尔电导率之差，可以认为是由全部电离和部分电离产生的离子数目不同而引起。因此有

$$\Lambda_m = \alpha\Lambda_m^{\infty} \tag{5-7}$$

即

$$\alpha = \frac{\Lambda_m}{\Lambda_m^{\infty}}$$

此式可以计算弱电解质的电离度 α，进而计算电离平衡常数 K，以弱酸 HAc 为例。

$$\begin{array}{ccccc} HAc & \longrightarrow & H^+ & + & Ac^- \\ c & & 0 & & 0 \\ c(1-\alpha) & & c\alpha & & c\alpha \end{array}$$

$$K^{\ominus} = \frac{\alpha^2\cdot c/c^{\ominus}}{1-\alpha}$$

【例 5-3】 已知 25℃时 $0.05\ \mathrm{mol\cdot dm^{-3}}$ CH_3COOH 溶液的电导率为 $3.68\times10^{-2}\mathrm{S\cdot m^{-1}}$，计算 CH_3COOH 的解离度 α 及 $K^{\ominus}$。

【解】 根据题给条件计算　$c=0.05\ \mathrm{mol\cdot dm^{-3}}=0.05\times10^3\ \mathrm{mol\cdot m^{-3}}$

$$\Lambda_m = \frac{\kappa}{c} = \frac{3.68\times10^{-2}}{0.05\times10^3} = 7.36\times10^{-4}\mathrm{S\cdot m^2\cdot mol^{-1}}$$

$$\Lambda_m^{\infty} = \nu_+\Lambda_{m,+}^{\infty} + \nu_-\Lambda_{m,-}^{\infty} = 349.82\times10^{-4} + 40.9\times10^{-4}$$
$$= 390.72\times10^{-4}\ \mathrm{S\cdot m^2\cdot mol^{-1}}$$

CH_3COOH 的电离度　$\alpha = \dfrac{\Lambda_m}{\Lambda_m^{\infty}} = \dfrac{7.36\times10^{-4}}{390.72\times10^{-4}} = 0.01884$

电离平衡常数　$K^{\ominus} = \dfrac{\alpha^2\cdot(c/c^{\ominus})}{(1-\alpha)} = \dfrac{0.01884^2\times0.05}{1-0.01884} = 1.808\times10^{-5}$

三、难溶盐的溶解度计算

某些难溶盐，如 AgCl、$BaSO_4$ 等，用测量电导的方法可以很方便地计算它们的溶解度和溶度积。将难溶盐的饱和溶液看作无限稀释溶液，于是其摩尔电导率可以用无限稀释摩尔电导率代替，$\Lambda_m=\Lambda_m^{\infty}$，即可以由离子的无限稀释摩尔电导率之和求得 Λ_m^{∞}。由于溶液的浓度极稀，水的电导贡献不能忽略。通常用已知电导率 $\kappa_{水}$ 的纯水配制待测难溶盐的饱和溶液，再测定该饱和溶液的电导率 $\kappa_{溶液}$，则

$$\kappa_{盐} = \kappa_{溶液} - \kappa_{水}$$

利用公式 $c_{饱和}=\kappa_{盐}/\Lambda_m=(\kappa_{溶液}-\kappa_{水})/\Lambda_m^{\infty}$ 求得难溶盐的饱和溶液的浓度 c，即溶解度（可换算成各种表示形式）。

【例 5-4】 298.15K 时，测得 AgCl 饱和溶液的电导率 $\kappa_{溶液}$ 为 $3.41\times10^{-4}\mathrm{S\cdot m^{-1}}$，所用水的电导率 $\kappa_{水}$ 为 $1.52\times10^{-4}\mathrm{S\cdot m^{-1}}$，试求该温度下 AgCl 的溶解度。

【解】 查表得

$$\Lambda_m^{\infty}(Ag^+) = 6.192\times10^{-3}\mathrm{S\cdot m^2\cdot mol^{-1}}$$

$\Lambda_m^\infty(Cl^-) = 7.634 \times 10^{-3} S \cdot m^2 \cdot mol^{-1}$

$\Lambda_m^\infty(AgCl) = 6.192 \times 10^{-3} + 7.634 \times 10^{-3} = 1.383 \times 10^{-2} S \cdot m^2 \cdot mol^{-1}$

$$c_{溶液} = \frac{\kappa_{溶液} - \kappa_{水}}{\Lambda_m^\infty} = \frac{(3.41 - 1.52) \times 10^{-4}}{1.383 \times 10^{-2}} = 1.37 \times 10^{-2} mol \cdot m^{-3} = 1.37 \times 10^{-5} mol \cdot dm^{-3}$$

AgCl 在该温度时的溶解度 $c_s = 1.37 \times 10^{-5} mol \cdot dm^{-3}$。

四、电导滴定

利用滴定过程中溶液电导的变化来确定终点的方法称为电导滴定。电导滴定可用于酸碱中和反应、氧化还原反应、沉淀反应等终点不明显或无法判断的反应。

如用弱碱 NH_4OH 滴定弱酸 HAc。滴定前，由于 HAc 的电离度很小，故溶液的电导很小。加入少量 NH_4OH 后，生成少量 NH_4^+ 和 Ac^- 离子。而 Ac^- 离子会抑制 HAc 的电离度，因此溶液的电导稍呈下降趋势，再继续加入 NH_4OH，随着生成的 NH_4^+ 和 Ac^- 离子增多，它们对电导的贡献逐渐占主导地位，因而溶液的电导增大。达到终点后，溶液的大量 NH_4^+ 离子将抑制过量 NH_4OH 的电离，溶液电导不再增大，曲线成水平。作上升曲线与水平线的切线，其交点即为滴定终点(图 5-4)。由于终点时，弱酸弱碱盐的水解作用使终点处的转折不够尖锐，但不影响滴定的准确性。

电导滴定也用于某些沉淀反应，如 $AgNO_3$ 滴定 KCl(图 5-5)。

$$AgNO_3 + KCl \longrightarrow AgCl\downarrow + KNO_3$$

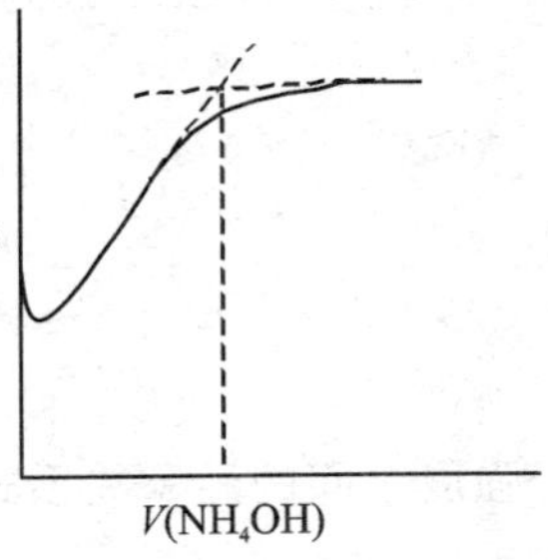

图 5-4　弱酸弱碱滴定曲线

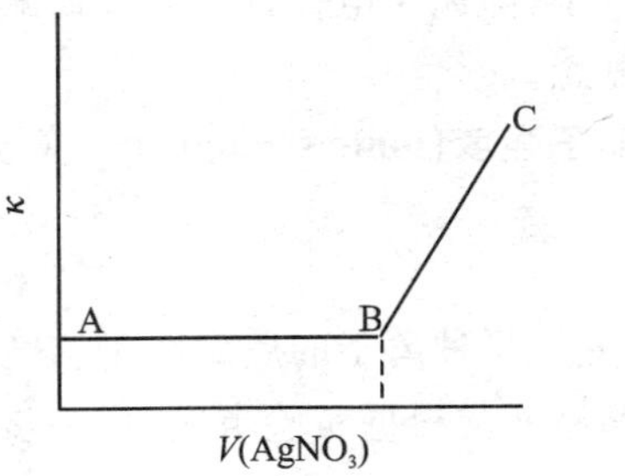

图 5-5　沉淀滴定的电导率变化曲线

两条直线的交点即为滴定终点。电导滴定时，溶液的体积应相对大一些，以求尽量减少滴定过程中由于体积增大而引起的电导变化。电导滴定方法简便，结果准确，一般精度可达 $5 \times 10^{-3} \sim 1 \times 10^{-2}$。

第四节　强电解质溶液的平均活度

强电解质在水溶液中全部电离成正、负离子，因此，即使是稀溶液，离子与离子以及离子与溶剂分子之间的相互作用亦不容忽略。本节只对电解质溶液的某些性质进行讨论。

一、平均离子活度和平均离子活度系数

理想溶液与非理想溶液的偏差主要来源于离子间的相互作用，反映在化学势上，则有：

理想溶液　$\mu_B = \mu_B^*(T, p) + RT\ln\frac{m_B}{m^\ominus}$

非理想溶液　　　　　　　$\mu_B = \mu_B^*(T) + RT\ln a_{B,m}$

强电解质溶液中，由于离子间存在静电引力，其行为属于非理想溶液，每一种离子的化学势都可以用上面的公式表示。但是，溶液中单个离子活度无法测定，因此，引入电解质的平均离子活度 $a_{\pm}$、平均离子活度系数 $\gamma_{\pm}$ 和平均离子质量摩尔浓度 $m_{\pm}$ 来描述电解质溶液。

任一强电解质 $M_{\nu_+}A_{\nu_-}$，在溶液中按下式电离

$$M_{\nu_+}A_{\nu_-} \longrightarrow \nu_+ M^{Z+} + \nu_- A^{Z-}$$

定义：

$$a = a_+^{\nu_+} \cdot a_-^{\nu_-} \qquad \nu = \nu_+ + \nu_-$$

$$a_{\pm} = (a_+^{\nu_+} \cdot a_-^{\nu_-})^{1/\nu} = a^{1/\nu} \tag{5-8}$$

$$\gamma_{\pm} = (\gamma_+^{\nu_+} \cdot \gamma_-^{\nu_-})^{1/\nu} \tag{5-9}$$

$$m_{\pm} = (m_+^{\nu_+} \cdot m_-^{\nu_-})^{1/\nu} \tag{5-10}$$

$$m_+ = \nu_+ \cdot m \qquad m_- = \nu_- \cdot m$$

$$a_{\pm} = \gamma_{\pm} \cdot m_{\pm} / m^{\ominus} \tag{5-11}$$

$$a = a_{\pm}^{\nu} = (\gamma_{\pm} \cdot m_{\pm} / m^{\ominus})^{\nu} \tag{5-12}$$

可以根据电解质的质量摩尔浓度进行一系列的计算。

二、离子强度

从大量实验数据可以发现：在强电解质的稀溶液中，离子的平均活度系数随溶液浓度的增加而减小，随离子电荷数的增大而减小。根据实验事实，1921 年路易斯(Lewis)提出了离子强度的概念。

离子强度(ionic strength)　符号 I，定义为

$$I = \frac{1}{2}\sum m_B z_B^2 \tag{5-13}$$

式中 m_B 为每种离子的质量摩尔浓度，z_B 为离子的电荷数。

路易斯又根据实验事实，进一步总结出活度系数和离子强度之间的经验关系式。

$$\lg \gamma_{\pm} = -\text{常数} \times \sqrt{I}$$

三、德拜-休克尔极限公式

1887 年，德拜(Debye)和休克尔(Hückel)提出了强电解质溶液理论——离子互吸理论。它的基本假定是：强电解质在低浓度溶液中完全电离，离子间的相互作用中，只有库仑力起作用。它们影响了溶液的性质，使得强电解质的行为偏离了理想溶液。然后提出了离子氛模型，并推导出了德拜-休克尔极限公式。

离子氛(ionic atmosphere)　电解质溶液中，正、负离子间不仅存在着静电作用，而且所有的离子都在不停地做热运动，并试图均匀分布在整个溶液中。假如一个离子作为中心，周围异电荷离子出现的几率远大于同电荷离子出现的几率。周围异电荷与中心离子作用的电量之和与中心离子的电量相等，符号相反，中心离子犹如被一层异电荷离子所包围着(图 5-6)。把中心离子周围这一异电荷球形区域称为离子氛。离子氛不是静止的，而是在不断地运动和变化着。中心离子没有固定的位置，离子氛也没有固定组成，溶液中所有离子都可以作为中心离子，同时又是另外一个中心离子的异电荷离子氛成员。将中心离子与离子氛作为一个整体来看，它是电中性的，与溶液中其它部分之间不再存在任何库仑力。

德拜-休克尔极限公式 强电解质稀溶液中单个离子的活度系数与溶液中离子强度的关系

$$\lg\gamma_B = -Az_B^2 \cdot \sqrt{I} \qquad (5-14)$$

式中 A 为常数，在 298.15K 的水溶液中 $A = 0.509\ mol^{-1/2} \cdot kg^{1/2}$。

该公式是德拜和休克尔根据离子氛模型从理论上导出的，由于单个离子的活度系数无法直接测定，使用平均离子活度系数去代替时，德拜-休克尔极限公式为：

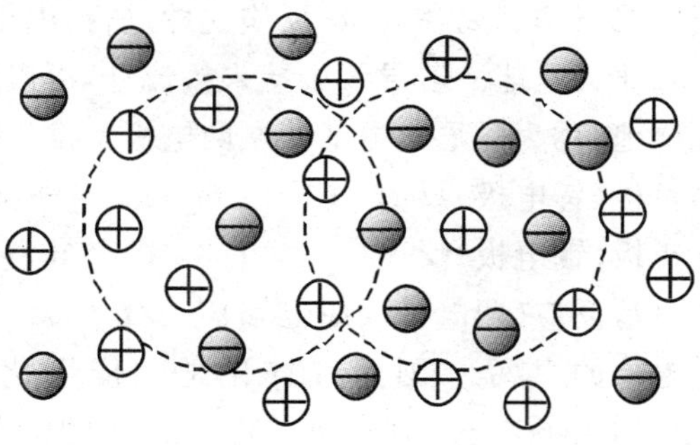

图 5-6 离子氛示意图

$$\lg \gamma_{\pm} = -Az_+ |z_-| \sqrt{I} \qquad (5-15)$$

该式与路易斯经验公式完全一致，这就验证了德拜-休克尔极限定律的正确性，又明确了路易斯经验关系式的物理意义，说明在稀溶液中，离子的平均活度系数仅取决于离子强度及离子电荷数，而与电解质本性无关。该公式只适用于 $I<0.01\ mol \cdot kg^{-1}$的稀溶液。

【例 5-5】 298.15K 时，$ZnCl_2$ 水溶液的浓度为 $0.002mol \cdot kg^{-1}$，试用德拜-休克尔极限公式计算 $ZnCl_2$溶液中离子的平均活度系数 $\gamma_{\pm}$。

【解】 $0.002mol \cdot kg^{-1}$ $ZnCl_2$ 水溶液中离子强度

$$I = \frac{1}{2}\sum m_B z_B^2 = \frac{1}{2}[0.002 \times 2^2 + 2 \times 0.002 \times (-1)^2] = 0.006\ mol \cdot kg^{-1}$$

水溶液在 298.15K 时 $A = 0.509mol^{-1/2} \cdot kg^{1/2}$，根据德拜-休克尔极限公式

$$\lg \gamma_{\pm} = -Az_+ |z_-| \sqrt{I} = -0.509 \times 2 \times |-1| \times \sqrt{0.006} = -0.07885$$

$$\gamma_{\pm} = 0.8340$$

第五节 原电池

原电池是利用电化学反应实现化学能转变为电能的装置，简称电池。如果能量转换是以热力学可逆方式进行的，则在等温等压下，系统吉布斯能的降低与可逆电池的电动势 E 之间存在着下列关系

$$-(\Delta_r G_m)_{T,p} = zFE \qquad (5-16)$$

这是热力学和电化学的联系关系式。

研究可逆电池的电动势可以借助热力学知识研究化学能转变为电能的理论转化规律；也可以进一步丰富热力学问题的研究手段和方法。

一、可逆电池

氧化还原反应中得失电子过程，可以通过不同形式完成。例如锌片在硫酸铜溶液中发生的反应：

$$Zn + CuSO_4 \longrightarrow Cu + ZnSO_4$$

电子转移是在溶液中直接进行的，反应结果是 Zn 氧化成为 Zn^{2+} 进入溶液，而 Cu^{2+} 还原为金属 Cu 而析出，反应的化学能转变为热能使溶液的温度升高。

若将锌片和铜片分别插入 $ZnSO_4$ 和 $CuSO_4$ 溶液中，把两溶液用隔膜隔开，用盐桥连接。

再用导线将两金属片连接，反应立即进行，电子沿着导线从锌极流向铜极，产生了电流，实现化学能转化为电能。若导线中接入检流计，可以看到检流计的指针偏向一方。这个装置是典型的原电池，称为丹尼尔电池。在两电极上发生的反应称电极反应，发生的总反应称电池反应。

负极（锌电极）反应　　$Zn \longrightarrow Zn^{2+} + 2e$

正极（铜电极）反应　　$Cu^{2+} + 2e \longrightarrow Cu$

电池反应（两电极反应之和）　　$Zn + Cu^{2+} \longrightarrow Cu + Zn^{2+}$

电池的书写　国际纯粹化学和应用化学学会（the International Union of Pure and Applied Chemistry，IUPAC）于 1953 年约定电池必须用电池图式来表示：

$$-)\quad Zn(s)|ZnSO_4(aq) \| CuSO_4(aq)|Cu(s)\quad (+$$

(1) 按电子流动的方向，由左至右排列。氧化反应为负极，写在左边，还原反应为正极，写在右边。

(2) 电极与电极液接触产生的相界面用单垂线“|”表示，可以混溶的两种液体之间的接界面用逗号“，”表示，若液体接界面电势已经用盐桥消除，则用双垂线“‖”表示盐桥。

(3) 气体和液体，如 $H_2(g)$、$O_2(g)$、$Br_2(l)$，不能直接作为电极，必须吸附在不活泼的金属（如 Pt、Au）上，一般也应标明不活泼的金属；液体要注明活度。

(4) 此外，还应注明外界的温度、压力。若不写明，则通常为 298.15 K，100 kPa。

根据上述规定，丹尼尔电池的电池图式（或称为电池表达式、电池组成）可写成

$$Zn(s)|ZnSO_4(a_1) \| CuSO_4(a_2)|Cu(s)$$

可逆电池　充电、放电时进行的任何反应与过程都必须是可逆的电池。可逆电池必须满足下列条件：

(1) 电池内进行的化学反应必须是可逆的，即充电反应和放电反应互为逆反应。

(2) 能量的转换必须是可逆的，即无论放电充电，通过电池的电流无穷小，这样才能保证电池内的化学反应是在无限接近平衡态的条件下进行。

(3) 电池中所进行的其它过程也必须是可逆的。

电化学中主要研究的是可逆电池。

二、电池电动势产生机理

电池电动势是由组成电池的各相界面上所产生的电势差的代数和，主要有以下几个相界面的电势差。

电极-溶液界面电势差　金属是自由电子围绕金属原子或离子所构成的晶体结构，把一金属插入该金属离子的溶液中，因为受到溶液中极性水分子的作用，金属表面的离子将发生水化作用。由于不同金属与水分子的水化能不同，有两种情况发生。一是水化能足以克服金属晶格中金属离子与电子间的引力，则受水分子的吸引，金属离子脱离金属晶格而进入液相，将电子留在电极上，使金属表面带负电荷，而液相带正电荷；另一种情况是金属的水化能不足以克服金属晶格中金属离子与电子间的引力，溶液中金属离子吸附在电极表面，使金属带正电荷而液相带负电荷。上述两种情况都将在金属-溶液界面上形成双电层结构。由于双电层的存在，阻止了金属离子进一步向溶液中的溶入或向电极表面的沉积，最后达到平衡，形成电势差，称为电极-溶液界面电势差。

液体接界电势　两种不同的电解质溶液或是电解质相同、但浓度不同的溶液相互接触时，由于离子迁移速率不同，在接触界面上也会形成双电层，产生微小的电势差，称为液体接界电

势或扩散电势。

液体接界电势不是很大，一般在 30mV 左右。由于液体的扩散是不可逆过程，故液体接界电势的存在，将引起电池的不可逆性，所以在实际工作中常在两种溶液之间连接一个盐桥来降低液体接界电势。盐桥一般用一只 U 形管，内装有正、负离子迁移数接近的高浓度电解质溶液，常用饱和 KCl 溶液，用琼脂固定。在接界处主要是盐桥中的电解质向溶液中扩散，由于正、负离子的迁移速率相近，在两个界面上形成的液体接界电势数值很小且符号相反，故能相互抵消。选择盐桥时要注意，如果组成电池的电解质溶液中含有 Ag^{+}、Hg^{2+} 等，就不能用 KCl 溶液作盐桥，而必须改用 NH_4NO_3 或 KNO_3 溶液。

综上所述，电池的电动势是电池内各相界面上的电势差的代数和。

如电池　　$Zn(s)|ZnSO_4(m)\|CuSO_4(m)|Cu(s)$

φ_{-}　　　$\varphi_{液接}$　　　φ_{+}

电池电动势为 $E=\varphi_{+}+\varphi_{液接}-\varphi_{-}$

$\varphi_{液接}$用盐桥基本消除，整个电池电动势可写为

$$E=\varphi_{+}-\varphi_{-}$$

*三、电池电动势的测定

对消法测电池电动势　电动势的测定必须符合可逆的条件，当伏特计连接上电池后，电池中会发生化学反应，有电流通过系统，显然这不符合可逆电池的工作条件。因此，为了测定可逆电池的电动势，要求在电路中几乎没有电流通过，测得的才是可逆电池的电动势，这就是波根多夫(Poggendoff)原理(图 5-7)。

图 5-7 中 AB 为均匀滑动电阻，通过可调电阻 R 与工作电池 E_w 构成通路，在 AB 上可产生一个均匀的电动势。C 为滑动接头，K 为双臂钥，E_s 为标准电池，E_x 为待测电池，G 为检流计。

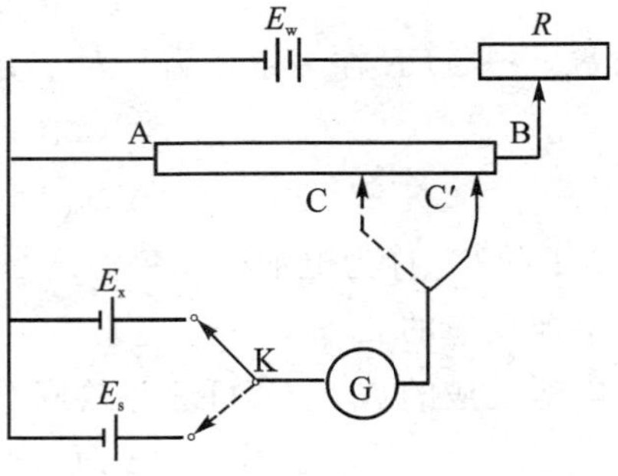

图 5-7　对消法测电池电动势示意图

韦斯顿(Weston)标准电池　常用来作为参考标准的电池，其温度系数小，是高度稳定和高度可逆的电池。电池的正极为 Hg 和 Hg_2SO_4 的糊状物，在糊状物下面有少许 Hg，使正极与导线接触紧密，负极为含 12.5%Cd 的镉汞齐。糊状物和镉汞齐均浸入含有 $CdSO_4\cdot 8/3H_2O$ 晶体的饱和溶液中。电池图式为：

$Cd-Hg(12.5\%Cd)|CdSO_4\cdot 8/3H_2O(s)|CdSO_4(饱和溶液)|Hg_2SO_4(s)|Hg(l)$

测定未知电池 E_x 时，将电钥 K 先与 E_s 相连，改变滑动接头 C 的位置，直至检流计中无电流测出，此时 AC 段所代表的电势差数值与 E_s 相等，而电流方向相反，因此可完全抵消。再将电钥 K 与 E_x 联通，改变滑动接头 C 的位置，找到另一个使检流计无电流测出的接触点 C′，此时 AC′所代表的电势差数值与 E_x 值恰好相等而方向相反。由于电势差正比于电阻线的长度，因此可得

$$\frac{E_x}{E_s}=\frac{AC'}{AC}$$

所以，待测电池的电动势

$$E_x = E_s \cdot \frac{AC'}{AC}$$

第六节　可逆电池热力学

可逆电池热力学建立在其电动势与相应电池反应的热力学函数之间的关系上，可以通过对电学的精确测量来确定热力学函数变化值。因此研究可逆电池热力学十分有意义。

一、电池反应中的热力学变量

电池反应的 $\Delta_r G_m$

在等温等压条件下，当电池中发生了反应进度 ξ=1mol 的反应时，系统吉布斯能的减少等于环境对系统所做的最大非体积功——电功，即

$$\Delta_r G_m = -W'_{max} = -zFE$$

上式说明可逆电池的电动势和化学反应的吉布斯能变化值的关系，只要测得电池电动势 E，即可求得电池反应时 $\Delta_r G_m$ 的值。

当 $\Delta_r G_m < 0$ 时，则 $E > 0$，说明原电池放电时化学反应自发进行。

同一原电池，若电池反应计量式写法不同，转移电子数不同，但该电池的电动势不变，而计量式对应的 $\Delta_r G_m$ 不同，故电池反应的 $\Delta_r G_m$ 与电池反应计量式相对应。

电池反应的 $\Delta_r S_m$

根据吉布斯-亥姆霍兹公式

$$[\partial(\Delta_r G_m)/\partial T]_p = -\Delta_r S_m$$

将 $\Delta_r G_m = -zFE$ 在一定压力下对 T 求偏微商，得到

$$[\partial(\Delta_r G_m)/\partial T]_p = -zF(\partial E/\partial T)_p$$

所以
$$\Delta_r S_m = zF(\partial E/\partial T)_p \qquad (5-17)$$

式中 $(\partial E/\partial T)_p$ 称为电池电动势温度系数，可由实验测定。若已知电池电动势温度系数，即可求得电池反应的 $\Delta_r S_m$。

电池反应的 $\Delta_r H_m$ 及可逆热效应 Q_r

已知
$$\Delta_r G_m = \Delta_r H_m - T\Delta_r S_m$$

所以
$$\Delta_r H_m = \Delta_r G_m + T\Delta_r S_m = -zFE + zFT(\partial E/\partial T)_p \qquad (5-18)$$

式中 $\Delta_r H_m$ 为电池反应的焓变，可由电池的电动势及其温度系数求出。

当温度一定时，电池反应的可逆热效应　$Q_r = T\Delta_r S_m$

所以
$$Q_r = zFT(\partial E/\partial T)_p \qquad (5-19)$$

由电池电动势温度系数的正、负号，可确定电池恒温可逆放电时是吸热还是放热：

若 $(\partial E/\partial T)_p > 0$，$Q > 0$，电池从环境吸热；

若 $(\partial E/\partial T)_p < 0$，$Q < 0$，电池向环境放热。

电池反应焓变 $\Delta_r H_m$ 与其可逆热效应 Q_r 之间的关系：

$$\Delta_r H_m = -zFE + Q_r$$

$$Q_r = \Delta_r H_m + zFE = \Delta_r H_m + W'_{max}$$

可见 Q_r 并不等于系统的 $\Delta_r H_m$，其值等于化学反应焓变和电池所作的最大电功之和。

【例 5-6】　298.15K 时，电池 $Ag|AgCl(s)|HCl(m)|Cl_2(g, p^\ominus)$，Pt 的电动势

$E=1.137\ \mathrm{V}$，$(\partial E/\partial T)_p=-5.59\times10^{-4}\ \mathrm{V\cdot K^{-1}}$。试写出电池反应，并求算该温度下的 $\Delta_r G_m$、$\Delta_r H_m$、$\Delta_r S_m$ 及电池可逆放电时的热效应 Q_r。

【解】 负极反应 $\mathrm{Ag(s)+Cl^-}(m)\longrightarrow \mathrm{AgCl(s)+e}$

正极反应 $1/2\mathrm{Cl_2}(\mathrm{g},p^{\ominus})+\mathrm{e}\longrightarrow \mathrm{Cl^-}(m)$

电池反应 $\mathrm{Ag(s)}+1/2\mathrm{Cl_2}(\mathrm{g},p^{\ominus})\longrightarrow \mathrm{AgCl(s)}$

$\Delta_r G_m=-zFE=-1\times96500\times1.137=-109.7\ \mathrm{kJ\cdot mol^{-1}}$

$\Delta_r S_m=zF(\partial E/\partial T)_p=1\times96500\times(-5.95\times10^{-4})=-57.42\ \mathrm{J\cdot K^{-1}\cdot mol^{-1}}$

$Q_r=T\Delta_r S_m=298.15\times(-57.42)=-171.20\ \mathrm{kJ\cdot mol^{-1}}$

$\Delta_r H_m=\Delta_r G_m+T\Delta_r S_m=-126.82\ \mathrm{kJ\cdot mol^{-1}}$

二、能斯特方程

在温度 T 时，某可逆电池反应为

$$a\mathrm{A}+d\mathrm{D}\longrightarrow g\mathrm{G}+h\mathrm{H}$$

根据化学反应等温方程式：$\Delta_r G_m=\Delta_r G_m^{\ominus}+RT\ln\dfrac{a_G^g\cdot a_H^h}{a_A^a\cdot a_D^d}$，且 $\Delta_r G_m=-zFE$，$\Delta_r G_m^{\ominus}=-zFE^{\ominus}$

得

$$E=E^{\ominus}-\frac{RT}{zF}\ln\frac{a_G^g\cdot a_H^h}{a_A^a\cdot a_D^d}\qquad(5-20)$$

此式称为能斯特方程式(Nernst equation)，式中 $E^{\ominus}$ 为电池的标准电动势。它表示在一定温度下，电池电动势与参加反应的各物质活度间的定量关系，是可逆电池的基本关系式。可以计算电池电动势 E，进而计算电池反应的热力学函数变化值。

【例 5－7】 试计算电池 (Pt) $\mathrm{H_2}$(g,100kPa) | HCl(0.1 mol·kg^{-1}) | AgCl(s),Ag(s) 在 298.15K 时的电动势。已知 298.15K 时电池的标准电动势为 0.2224V。

【解】 负极反应 $1/2\mathrm{H_2(g)}\longrightarrow \mathrm{H^+}(0.1\mathrm{mol^{-1}\cdot kg^{-1}})+\mathrm{e}$

正极反应 $\mathrm{AgCl(s)}+\mathrm{e}\longrightarrow \mathrm{Ag(s)}+\mathrm{Cl^-}(0.1\mathrm{mol^{-1}\cdot kg^{-1}})$

电池反应 $1/2\mathrm{H_2(g)}+\mathrm{AgCl(s)}\longrightarrow \mathrm{H^+}(0.1\mathrm{mol^{-1}\cdot kg^{-1}})+\mathrm{Cl^-}(0.1\mathrm{mol^{-1}\cdot kg^{-1}})+\mathrm{Ag(s)}$

根据能斯特方程式 $E=E^{\ominus}-\dfrac{RT}{zF}\ln\dfrac{a_{H^+}\cdot a_{Cl^-}}{(p_{H_2}/p^{\ominus})^{1/2}}$，电池反应的得失电子数是 1，故上式写为

$$E=E^{\ominus}-\frac{RT}{zF}\ln a_{H^+}\cdot a_{Cl^-}=E^{\ominus}-\frac{RT}{zF}\ln a_{\pm}^2$$

$a_{\pm}^2=(\gamma_{\pm}\cdot m/m^{\ominus})^2$，查表可得浓度为 0.1mol·kg^{-1} 的 HCl 溶液的平均活度系数 $\gamma_{\pm}=0.796$，故

$$a_{\pm}^2=(\gamma_{\pm}\cdot m/m^{\ominus})^2=(0.796\times0.1/1)^2=6.336\times10^{-3}$$

$$E=E^{\ominus}-\frac{RT}{zF}\ln a_{\pm}^2=0.2224-\frac{8.314\times298.2}{1\times96500}\times\ln(6.336\times10^{-3})=0.3524\ \mathrm{V}$$

第七节 电极电势

一、标准电极电势

由前述可知，在消除液体接界电势后，电池的电动势就等于构成该电池的两电极电势的代

数和。如果能测得各种电极与溶液界面上的电势差，便可求得电池电动势的绝对值。可是目前尚无法得到单个电极的电极电势绝对值。但是，可以选定一个相对标准，通过比较的方法得到单个电极的电极电势的相对值，实际上，只有知道相对值就可以计算和应用了。IUPAC 选定标准氢电极作为比较标准。

标准氢电极 将镀有一层蓬松铂黑的铂片浸入含有氢离子活度 $a_{H^+}=1$ 的溶液中，然后通入压力 100 kPa 的纯净氢气，并不断冲击铂片，氢气被铂黑吸附直到饱和，这样就构成了标准氢电极。

电极表示式为： $Pt, H_2(g, p^{\ominus}) | H^+(a_{H^+}=1)$

电极反应式为： $1/2H_2(g, p^{\ominus}) \longrightarrow H^+(a_{H^+}=1)+e$

国际规定，标准氢电极在任意温度下的电极电势 $\varphi^{\ominus}_{H^+/H_2}$ 等于零，其它的电极电势均可与之比较而得到。

电极电势 任意电极与标准氢电极组成电池时，用盐桥消除液体接界电势后，构成电池：

$$(Pt)H_2(p^{\ominus}) | H^+(a_{H^+}=1) \parallel \text{给定电极}$$

此电池的电动势就是该给定电极的电极电势，用 $\varphi_{\text{给定电极}}$ 表示。标准氢电极电势为零。电池电动势

$$E=\varphi_{\text{给定电极}}-\varphi^{\ominus}_{H^+/H_2} \quad (5-21)$$

所以给定电极的电极电势 φ 的数值和符号由电池电动势的数值和符号来决定。由于给定电极作为发生还原作用的正极，因此按此规定所得的电极电势又称为还原电势。

标准电极电势 当电极处于标准状态下，即参加电极反应的各种物质的活度都等于 1 时，这时的电极电势为标准电极电势 $\varphi^{\ominus}$。例如

电池组成为： $(Pt)H_2(g, p^{\ominus}) | H^+(a=1) \parallel Cu^{2+}(a=1) | Cu(s)$

电池反应式为： $H_2(p^{\ominus})+Cu^{2+}(a=1) \longrightarrow Cu+2H^+(a=1)$

当 Cu^{2+} 活度为 1 时，铜电极的电极电势为标准电极电势 。在 298.15K 时，测得上述电池的电动势 $E^{\ominus}=0.337$V，所以铜的标准电极电势 $\varphi^{\ominus}_{Cu^{2+}/Cu}=0.337$ V。又如

电池组成为： $(Pt)H_2(g, p^{\ominus}) | H^+(a=1) \parallel Zn^{2+}(a=1) | Zn(s)$

电池反应式为： $H_2(p^{\ominus})+Zn^{2+}(a=1) \longrightarrow Zn+2H^+(a=1)$

Zn 比 $H_2(p^{\ominus})$ 更易失去电子，上述电池锌电极实际进行的是氧化反应。298.15K 时，测得电池电动势 $E^{\ominus}=-0.7628$ V，即锌电极的还原电势为负值，锌的标准电极电势 $\varphi^{\ominus}_{Zn^{2+}/Zn}=-0.7628$ V。

根据上述的规定可以确定任意电极的电势，一些常用电极的标准电极电势见附录 8。在标准氢电极上方的电极与氢电极组成电池时，实际进行的是氧化反应，其标准电极电势为负值；而在标准氢电极下方的电极与氢电极组成电池时，电极上发生的是还原反应，其标准电极电势为正值。若将任意两个电极组成电池时，电势低者为负极，电势高者为正极。

标准电极电势有许多重要的应用，如确定电池的标准电动势、判断氧化还原反应的方向、计算平衡常数等。

二、电极电势的能斯特方程

任意电极，其电极反应通式为：

$$\text{氧化态}+ze \longrightarrow \text{还原态}$$

电极电势的能斯特方程

$$\varphi = \varphi^{\ominus} - \frac{RT}{zF}\ln\frac{a_{还原态}}{a_{氧化态}} \tag{5-22}$$

将任意给定电极与标准氢电极组成电池，根据电池电动势的能斯特方程，可以得到电极电势和电极反应物质的活度之间关系的能斯特方程。例如：

电池组成 $(Pt)H_2(g,p^{\ominus})|H^+(a=1)\|Cu^{2+}(a=1)|Cu(s)$

电极反应 正极 $H_2(p^{\ominus}) \longrightarrow 2H^+(a=1) + 2e$

负极 $Cu^{2+}(a)+2e \longrightarrow Cu$

电池反应 $H_2(p^{\ominus})+Cu^{2+}(a) \longrightarrow 2H^+(a=1)+Cu$

电池电动势能斯特方程

$$E = E^{\ominus} - \frac{RT}{2F}\ln\frac{a_{H^+}^2 \cdot a_{Cu}}{(p_{H_2}/p^{\ominus}) \cdot a_{Cu^{2+}}}$$

也可以用电极电势写出电池的电动势。根据还原电势的规定，电池电动势的一般计算规则为：

$$E = \varphi_{右} - \varphi_{左} = \varphi_+ - \varphi_- \tag{5-23}$$

写出电极电势的能斯特方程，代入得

$$E = \left(\varphi^{\ominus}_{Cu^{2+}/Cu} - \frac{RT}{2F}\ln\frac{a_{Cu}}{a_{Cu^{2+}}}\right) - \left(\varphi^{\ominus}_{H^+/H_2} - \frac{RT}{2F}\ln\frac{p_{H_2}/p^{\ominus}}{a_{H^+}^2}\right)$$

由于标准氢电极的电极电势为零，所以铜电极的电极电势就是电池电动势，即

$$E = \left(\varphi^{\ominus}_{Cu^{2+}/Cu} - \frac{RT}{2F}\ln a_{Cu^{2+}}^{-1}\right)$$

【例 5-8】 反应 $Zn+2Fe^{3+}(a=0.1) = Zn^{2+}(a=0.01)+2Fe^{2+}(a=0.001)$，试将该反应设计成电池，并计算 298.15K 时电池的电动势。

【解】 电极反应 负极 $Zn \longrightarrow Zn^{2+}(a=0.01) + 2e$

正极 $2Fe^{3+}(a=0.1)+2e \longrightarrow 2Fe^{2+}(a=0.001)$

设计电池为 $Zn|Zn^{2+}(a=0.01)\|Fe^{2+}(a=0.001), Fe^{3+}(a=0.1)|(Pt)$

查表得 $\varphi^{\ominus}_{Fe^{3+}/Fe^{2+}}=0.771V$，$\varphi^{\ominus}_{Zn^{2+}/Zn}=-0.7628\ V$，则

$$E = \left[\varphi^{\ominus}_{Fe^{3+}/Fe^{2+}} - \frac{RT}{2F}\ln\left(\frac{a_{Fe^{2+}}}{a_{Fe^{3+}}}\right)^2\right] - \left(\varphi^{\ominus}_{H^+/H_2} - \frac{RT}{2F}\ln\frac{a_{Zn}}{a_{Zn^{2+}}}\right)$$

这样计算电池的电动势很繁琐，常用的方法是用公式 $E^{\ominus}=\varphi^{\ominus}_+ - \varphi^{\ominus}_-$ 计算电池的标准电动势，再用电池的能斯特方程计算：

$$E = (\varphi^{\ominus}_{Fe^{3+}/Fe^{2+}} - \varphi^{\ominus}_{H^+/H_2}) - \frac{RT}{2F}\ln\frac{a_{Fe^{2+}}^2 \cdot a_{Zn^{2+}}}{a_{Fe^{3+}}^2 \cdot a_{Zn}}$$

$$= [0.071-(-0.7628)] - \frac{8.314\times 298.2}{2\times 96500}\times\ln\frac{0.001^2\times 0.01}{0.1^2} = 1.71\ V$$

第八节 电极的类型

构成可逆电池的电极，必须是可逆的。可逆电极的类型很多，根据电极结构和电极反应的特征，将可逆电极分为四类。

一、第一类电极

第一类电极主要包括金属电极、气体电极、汞齐电极等。

金属电极 由金属与含有该金属离子的溶液构成。

电极组成 $M^{z+}(a)|M$

电极反应 $M^{z+}(a)+ze \longrightarrow M$

电极电势 $\varphi_{M^{z+}/M}=\varphi^{\ominus}_{M^{z+}/M}-\frac{RT}{zF}\ln\frac{1}{a_{M^{z+}}}$

气体电极 将吸附某种气体达平衡的惰性金属片置于含有该气体元素的离子溶液中，即构成气体电极。金属片在这里不仅起导电作用，还有促进电极平衡建立的作用，使用最多的金属是铂。常见的气体电极有氢电极、氧电极和氯电极，以氯电极为例

电极组成 $(Pt),Cl_2(p)|Cl^-(a_{Cl^-})$

电极反应 $Cl_2(p)+2e \longrightarrow 2Cl^-(a_{Cl^-})$

电极电势 $\varphi_{Cl_2/Cl^-}=\varphi^{\ominus}_{Cl_2/Cl^-}-\frac{RT}{2F}\ln\frac{a^2_{Cl^-}}{p_{Cl_2}/p^{\ominus}}$

汞齐电极 金属溶于汞中，然后插入含有该金属离子的溶液中构成的电极称为汞齐电极。常见的有钠汞齐电极、镉汞齐电极等。以钠汞齐为例

电极组成 $Na-Hg(a_{Na\text{-}Hg})|Na^+(a_{Na^+})$

电极反应 $Na^+(a_{Na^+})+Hg(l)+e \longrightarrow Na-Hg(a_{Na\text{-}Hg})$

电极电势 $\varphi_{Na^+/Na\text{-}Hg}=\varphi^{\ominus}_{Na^+/Na\text{-}Hg}-\frac{RT}{F}\ln\frac{a_{Na\text{-}Hg}}{a_{Na^+}}$

二、第二类电极

这类电极包括金属-难溶盐电极和金属-难溶氧化物电极，其特点是电极容易制备，电极电势较稳定，常被用作标准电极或参比电极。

金属-难溶盐电极 在金属表面覆盖一层该金属的难溶盐，然后浸入含有该难溶盐的负离子溶液中，即构成金属-难溶盐电极。最常见的有甘汞电极和银-氯化银电极。

甘汞电极

电极组成 $Cl^-(a_{Cl^-})|Hg_2Cl_2(s)|Hg(l)$

电极反应 $Hg_2Cl_2(s)+2e \longrightarrow 2Hg(l)+2Cl^-(a_{Cl^-})$

电极电势 $\varphi_{甘汞}=\varphi^{\ominus}_{甘汞}-\frac{RT}{F}\ln a_{Cl^-}$（纯固体和纯液体的活度为1）

甘汞电极是常用的参比电极。市售不同浓度甘汞电极的电极电势及电极电势与温度的关系见表5-2。

表5-2 不同浓度甘汞电极的电极电势

$KCl/mol\cdot dm^{-3}$	$\varphi_{298.15K}/V$	φ_T/V
0.1	0.3335	$0.3335-7.0\times10^{-5}(T-298.15)$
1.0	0.2799	$0.2799-2.4\times10^{-4}(T-298.15)$
饱和溶液	0.2410	$0.2410-7.6\times10^{-4}(T-298.15)$

银-氯化银电极

电极组成　$Cl^-(a)|AgCl(s)|Ag$

电极反应　$AgCl(s)+e \longrightarrow Ag + Cl^-(a_{Cl^-})$

电极电势　$\varphi_{Cl^-/Ag/AgCl}=\varphi^{\ominus}_{Cl^-/Ag/AgCl}-\frac{RT}{F}\ln a_{Cl^-}$

Ag－AgCl 电极的电极电势也仅与温度和 Cl^- 活度有关，是一种常见的参比电极。

金属-难溶氧化物电极　将金属表面覆盖一层该金属的氧化物，然后浸在含有 H^+ 或 OH^- 的溶液中，即构成金属-难溶氧化物电极。如汞-氧化汞电极和锑-氧化锑电极等。例如汞-氧化汞电极浸在碱性溶液中。

电极组成　$OH^-(a_{OH^-})|HgO(s)|Hg(l)$

电极反应　$HgO(s)+H_2O+2e \longrightarrow Hg + 2OH^-(a_{OH^-})$

电极电势　$\varphi_{OH^-/Hg/HgO}=\varphi^{\ominus}_{OH^-/Hg/HgO}-\frac{RT}{F}\ln a_{OH^-}$

若将氧化汞电极浸在酸性溶液中，又可组成对 H^+ 可逆的金属-难溶氧化物电极。

电极组成　$H^+(a_{H^+})|HgO(s)|Hg(l)$

电极反应　$HgO(s)+2H^+(a_{H^+})+2e \longrightarrow Hg(l)+H_2O$

电极电势　$\varphi_{H^+/Hg/HgO}=\varphi^{\ominus}_{H^+/Hg/HgO}-\frac{RT}{F}\ln\frac{1}{a_{H^+}}$

三、第三类电极

以惰性金属作为电极材料，插入含有某种元素的两种不同氧化态的溶液中，即构成第三类电极。这类电极中，金属起导电作用，电极反应仅涉及组成电极的溶液中离子间氧化-还原反应，又称为氧化还原电极。例如，在无机和分析化学中十分重要的醌-氢醌电极。

电极组成　$H^+(a_{H^+})|C_6H_4O_2 \cdot C_6H_4(OH)_2|Pt$

电极反应　$C_6H_4O_2+2H^+(a_{H^+})+2e \longrightarrow C_6H_4(OH)_2$

电极电势　$\varphi_{Q/H_2Q}=\varphi^{\ominus}_{Q/H_2Q}-\frac{RT}{2F}\ln\frac{a_{H_2Q}}{a_Q \cdot a^2_{H^+}}$

式中 Q 为醌，H_2Q 为氢醌，醌-氢醌为等分子的醌和氢醌混合物，其微溶于水，而且在溶液中有 $a_Q=a_{H_2Q}$，其电极电势为

$$\varphi_{Q/H_2Q}=\varphi^{\ominus}_{Q/H_2Q}-\frac{RT}{F}\ln\frac{1}{a_{H^+}}$$

298.15K 时 $\varphi_{Q/H_2Q}=0.6933V$，所以醌-氢醌电极的电极电势为：

$$\varphi_{Q/H_2Q}=0.6993-0.05916pH$$

在一定温度下，醌-氢醌电极的电极电势仅决定于溶液的 pH 值，如果将其与甘汞电极组成电池，可用于测定溶液的 pH 值。需要指出的是，醌-氢醌电极制备简单，操作便利，而且不易中毒，因此在实验室中经常使用。但是，当 pH>8.5 时，氢醌会由于电离度增大，引起 $a_Q \neq a_{H_2Q}$，造成测量误差。另外，在浓盐溶液以及含有其它氧化剂或还原剂的溶液，同样也不能使用。

四、第四类电极

第四类电极为离子选择电极。其中玻璃电极中的 pH 电极是使用最早、最成功的一种。

由于在使用寿命、稳定性方面还存在一些问题，离子选择电极的商品化程度不是很高。常见的有 Li^+、Na^+、K^+、Ag^+、H^+、Ca^{2+}、Pb^{2+} 等正离子敏感的选择电极，还有 F^-、Cl^-、Br^-、I^-、S^{2-}、NO_3^- 等负离子敏感电极。

第九节　浓差电池

根据电池中物质发生的变化，把电池分为两大类。凡是电池中物质变化涉及的是一化学反应，称为化学电池，像前面讨论的铜锌电池等；凡是电池中物质变化的净作用仅是由高浓度向低浓度的扩散，称为浓差电池。典型的浓差电池可分为单液浓差电池和双液浓差电池。

单液浓差电池　也称为电极浓差电池，它是由材料相同而活度不同的两个电极插入同一电解质溶液中构成。例如电池(Pt)$H_2(p_1)|HCl(m)|H_2(p_2)$(Pt)

电极反应　负极　$H_2(p_1) \longrightarrow 2H^+(m)+2e$

　　　　　正极　$2H^+(m)+2e \longrightarrow H_2(p_2)$

总变化　　　　$H_2(p_1) \longrightarrow H_2(p_2)$

电池电动势为　$E=-\dfrac{RT}{2F}\ln\dfrac{p_2/p^{\ominus}}{p_1/p^{\ominus}}$

在温度一定时，这类电池的电动势只与两电极上物质的活度有关。当 $p_1>p_2$ 时，上述电池的电动势为正值，即气体由高压向低压的扩散为自发过程。

双液浓差电池　又称溶液浓差电池，它是由相同的两电极插入两个电解质相同而活度不同的溶液中构成的。例如电池　$Ag|AgNO_3(a_1)\|AgNO_3(a_2)|Ag$

电极反应　负极　$Ag \longrightarrow Ag^+(a_1)+e$

　　　　　正极　$Ag^+(a_2)+e \longrightarrow Ag$

总变化　　　　$Ag^+(a_2) \longrightarrow Ag^+(a_1)$

电池电动势为　$E=-\dfrac{RT}{F}\ln\dfrac{a_1}{a_2}$

在温度一定时，这类电池的电动势亦仅与两电极溶液的活度有关。当 $a_2>a_1$ 时，上述电池的电动势也为正值，即物质由高浓度向低浓度的迁移为自发过程。

第十节　电动势测定的应用

一、判断化学反应的方向

我们可以用 $\Delta_r G_m=-zFE$ 公式和可逆电池电动势去计算化学反应的吉布斯能变化值。如果能将一个化学反应安排在电池中进行，测得电池电动势 E，即可根据 E 的符号判断该化学反应的方向。

当 $E>0$ 时，$\Delta_r G_m<0$，给定条件下的电池反应可以自发进行。

当 $E<0$ 时，$\Delta_r G_m>0$，给定条件下的电池反应不能自发进行。

【例 5-9】　298.15K 时，有反应 $Pb+Sn^{2+}(a=0.1) \longrightarrow Pb^{2+}(a=0.01)+Sn$，试判断该反应能否自发进行。若要使反应不能自发进行，Sn^{2+} 与 Pb^{2+} 的活度应满足什么关系？

【解】　将反应 $Pb+Sn^{2+}(a=0.1) \longrightarrow Pb^{2+}(a=0.01)+Sn$ 设计成电池反应

负极反应　　$Pb \longrightarrow Pb^{2+}(a=0.01)+2e$

正极反应　　$Sn^{2+}(a=0.1)+2e \longrightarrow Sn$

设计为电池　　　$Pb|Pb^{2+}(a=0.01) \| Sn^{2+}(a=0.1)|Sn$

查表得：$\varphi^{\ominus}_{Pb^{2+}/Pb}=-0.126V$，$\varphi^{\ominus}_{Sn^{2+}/Sn}=-0.136\ V$，则电池的标准电动势 $E^{\ominus}=-0.01\ V$，代入电池电动势能斯特方程

$$E=E^{\ominus}-\frac{RT}{2F}\ln\frac{a_{Pb^{2+}}}{a_{Sn^{2+}}}=-0.01-\frac{8.314\times 298.15}{2\times 96500}\times\ln\frac{0.01}{0.1}=0.0196\ V$$

$E>0$，表明给定条件下的反应可以自发进行，即在此条件下 Pb 可以从溶液中将 Sn^{2+} 置换出来。

要使反应不能自发进行，$\Delta_r G_m>0$，即 $E<0$，所以

$E=E^{\ominus}-\frac{RT}{2F}\ln\frac{a_{Pb^{2+}}}{a_{Sn^{2+}}}<0$，代入数据得 $a_{Pb^{2+}}/a_{Sn^{2+}}>2.2$，只有满足上述条件时，Pb 不能将 Sn^{2+} 从溶液中置换出来。

二、测定化学反应的平衡常数

根据电池电动势 $E^{\ominus}$ 与 $\Delta_r G^{\ominus}_m$ 的关系不难得出 $E^{\ominus}$ 与反应的热力学平衡常数 $K^{\ominus}$ 之间的关系：

$$\Delta_r G^{\ominus}_m=-zFE^{\ominus}=-RT\ \ln K^{\ominus}$$

$$\ln K^{\ominus}=\frac{zFE^{\ominus}}{RT}$$

$$K^{\ominus}=\exp\left(\frac{zFE^{\ominus}}{RT}\right) \tag{5-24}$$

由实验测得各反应物均处于标准态时的电池电动势或查出标准电极电势数值就可计算化学反应的平衡常数。

【例 5-10】 试计算 298.15K 时，反应 $Ce^{4+}+Fe^{2+}\longrightarrow Ce^{3+}+Fe^{3+}$ 的热力学平衡常数。

【解】 把该反应设计成电池

$$Pt|Fe^{2+}(a_{Fe^{2+}}=1),Fe^{3+}(a_{Fe^{3+}}=1)\|Ce^{3+}(a_{Ce^{3+}}=1),Ce^{4+}(a_{Ce^{4+}}=1)|Pt$$

查表得 $E^{\ominus}=0.869V$，则

$$K^{\ominus}=\exp\left(\frac{zFE^{\ominus}}{RT}\right)=\exp\left(\frac{1\times 96500\times 0.869}{8.314\times 298.15}\right)=4.92\times 10^{14}$$

三、求难溶盐的活度积

难溶盐的溶解过程可以通过设计电池来实现，利用两极的标准电极电势 $\varphi^{\ominus}$ 计算出 $E^{\ominus}$，进而可求得 K_{sp}，这是测定难溶盐活度积的一种常用方法。

【例 5-11】 试计算难溶盐 AgCl 在 298.15K 时的活度积。

【解】 根据难溶盐　AgCl 溶解过程：$AgCl \longrightarrow Ag^{+}+Cl^{-}$ 设计成电池

$$Ag|AgNO_3(a_1)\|KCl(a_2)|AgCl|Ag$$

电极反应　　负极　　$Ag \longrightarrow Ag^{+}(a_1)+e$

　　　　　　正极　　$AgCl+e \longrightarrow Ag+Cl^{-}(a_2)$

电池反应　　　　　　$AgCl \longrightarrow Ag^{+}(a_1)+Cl^{-}(a_2)$

查表得 $\varphi^{\ominus}_{AgCl/Ag}=0.2224V$，$\varphi^{\ominus}_{Ag^{+}/Ag}=0.7991V$，则

$$E^{\ominus}=\varphi^{\ominus}_{AgCl/Ag}-\varphi^{\ominus}_{Ag^+/Ag}=0.2224-0.7991=-0.5767\ V$$

代入得 $$K^{\ominus}_{sp}=\exp\left(\frac{zFE^{\ominus}}{RT}\right)=\exp\left[\frac{96500\times(-0.5767)}{8.314\times298.15}\right]=1.78\times10^{-10}$$

四、测定溶液的 pH 值

用电动势法测定溶液的 pH 值时，通常选用对氢离子可逆的电极和另一个电极电势已知的参比电极组成电池。最常用的参比电极是甘汞电极，H^+ 指示电极有氢电极、醌-氢醌电极和玻璃电极，由于氢电极在使用时有许多不便之处，因此实际测定时，常用醌-氢醌电极和玻璃电极。因醌-氢醌电极在使用时受到一定的 pH 范围限制，故目前广泛使用的是玻璃电极。

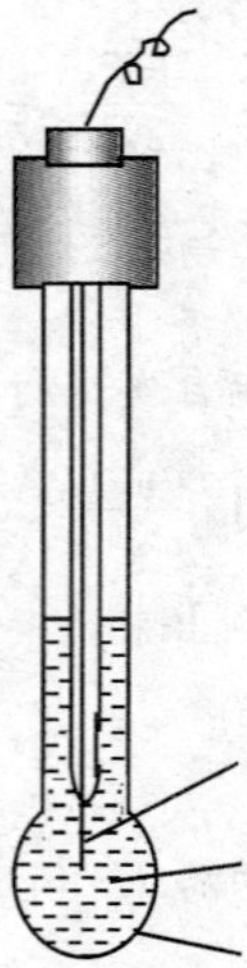

图 5-8　玻璃电极结构图

玻璃电极的主要构成部分如图 5-8 所示。玻璃电极不受溶液中氧化剂和还原剂的作用，适用较大的 pH 范围（一般 pH=1～9）。具体测量时，电池组成为：

Ag|AgCl(s)|KCl(0.1mol·kg^{-1})|玻璃膜|待测溶液(a_{H^+})‖甘汞电极

298.15K 时，电池电动势为：

$$E=\varphi_{甘汞}-\varphi_{玻璃}=\varphi_{甘汞}-(\varphi^{\ominus}_{玻璃}-0.05916pH) \tag{5-25}$$

在实际使用时，需要测已知 pH_s 值的标准缓冲溶液的电动势 E_s。

然后把同一玻璃电极插入待测 pH_x 的溶液中，与相同甘汞电极组成电池，测定电动势 E_x。测定溶液 pH 值的计算公式为：

$$pH_x=pH_s+\frac{(E_x-E_s)F}{2.303RT} \tag{5-26}$$

五、电势滴定

以滴定过程中用电动势的突变来指示终点的分析方法称为电势滴定。酸碱中和、氧化还原、沉淀生成等各类滴定反应中，那些难以靠指示剂监控滴定终点的反应，可用电势滴定来指示终点。

在滴定过程中，随着滴定液的加入，溶液中待分析离子的浓度不断变化，电池电动势也随之改变，记录所加入的滴定液体积 V 及对应的电池电动势 E，作 $E-V$ 图（图 5-9）。在滴定终点时，少量滴定液就可引起电动势的突变，从而可确定终点。

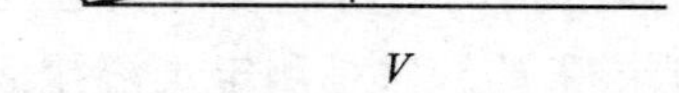

图 5-9　电势滴定示意图

*第十一节　电极的极化和过电势

可逆电池中，电池反应是在接近于平衡条件下进行的，所以可用热力学方法处理。但是在实际工作中，使用化学电源或进行电解操作时，都有一定量电流通过电极，因而破坏电极的平衡状态，电极上进行的过程成为不可逆的，电极上会发生极化作用。这一部分主要讨论电极的极化作用及规律性。

分解电压

将一外加电压施于电池上，并逐渐增加电压至一定数值后，电池中将发生化学反应，这个过程就是电解。

使电解质在两极继续不断地进行分解时所需的最小外加电压，称为分解电压。相同的电极过程化学反应所组成的原电池标准电动势是理论分解电压，实际电解时，由于电极的极化，所需分解电压比理论分解电压大很多。

电极的极化

电解时，若电极上通过的电流趋于零，电极处于平衡状态，与之相对应的电势是平衡电极电势。随着电极上电流密度的增加，电极不可逆程度越来越大，电极电势对平衡电极电势的偏差越来越大。定义：电流通过电极时，电极电势偏离平衡电极电势的现象称为电极的极化，这种作用称为极化作用。某一电流密度下的电极电势与其平衡电极电势之差的绝对值称为过电势，即

$$\eta = |\varphi_{IR} - \varphi_{R}| \tag{5-27}$$

电极极化现象产生的主要原因是浓差极化和化学极化。

浓差极化 以 Zn^{2+} 的阴极还原过程为例来说明。当电流通过电极时，由于阴极表面附近液层中的 Zn^{2+} 沉积到阴极上，因此降低了它在阴极附近的浓度。如果本体溶液的 Zn^{2+} 来不及补充上去，则阴极附近的 Zn^{2+} 的浓度将低于它在本体溶液中的浓度。就好像是将此电极浸入一个浓度较小的溶液中一样，而通常所说的平衡电极电势都是指相应于本体溶液的浓度而言，显然此电极电势将低于其平衡值。这种现象称为浓差极化。用搅拌的方法可使浓差极化减小，但由于电极表面扩散层的存在，故不可能将其完全除去。

电化学极化 仍以 Zn^{2+} 的阴极还原过程为例。当电流通过电极时，由于电极反应的速度是有限的，因而当外电源将电子供给电极以后，Zn^{2+} 来不及立即被还原而及时消耗掉外界输送来的电子，结果使电极表面上积累了多于平衡状态的电子，电极表面上自由电子数量的增多就相当于电极电势向负方向移动。这种由于电化学反应本身的迟缓性而引起的极化称为电化学极化或活化极化。

综上所述，阴极极化的结果，使电极电势变得更负。同理，阳极极化的结果，使电极电势变得更正。电化学极化造成的过电势称为活化过电势。

一般来说，气体的活化过电势相当大，而且与电极材料、电流密度、电极表面的状态及电解质的性质与浓度等因素有关。

过电势和极化曲线的测定

实验证明，电极电势与电流密度有关，描述电流密度与电极电势间关系的曲线称为极化曲线。而测定过电势，实际上就是测定有电流通过电极时的电极电势，再与电流密度作图得出极化曲线。实际上电解池和原电池的极化曲线不相同(图 5-10)。

在电解池中，由于阳极为正极，阴极为负极，故阳极极化曲线应位于阴极极化曲线右方。根据两条极化曲线的变化趋势，不难理解，只有当外加端电压(即分解电压)大于电池的平衡电动势，不可逆电解反应才能得以进行，且电流密度越大，其不可逆程度越大，消耗电能越多。

在原电池中，因为负极为阳极，正极为阴极，故阳极极化曲线位于阴极极化曲线的左方。当原电池不可逆放电时，随着电流密度的增加，过电势也随之增大，则正、负两极的极化曲线相互靠近，使原电池两端的电势差逐渐减小。因此，对原电池来说，电流密度的增加，将增加电池的不可逆程度，所能做的电功也逐渐减小。

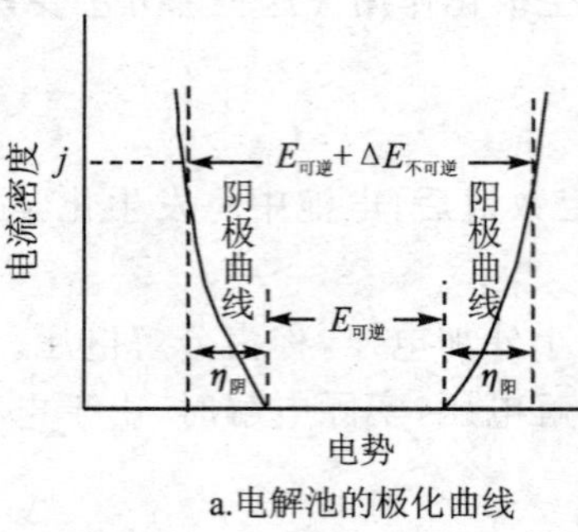

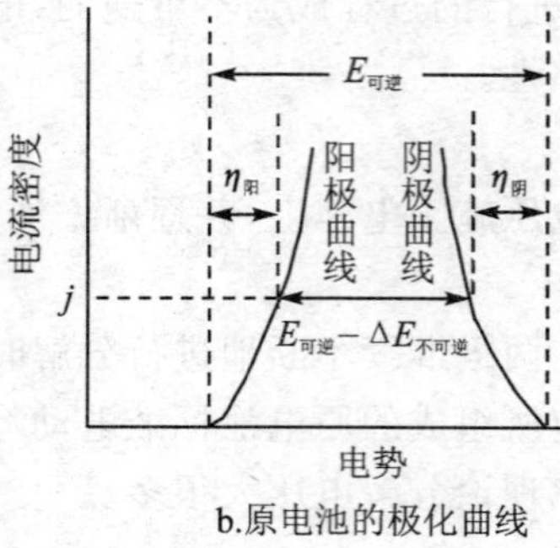

图 5-10　电流密度与电极电势的关系

电极极化从能量消耗的角度来看是不利的，因为电解时将消耗较多的电能，而作为电源时，所能做的电功也会减少。但是人们也可利用电极的极化，在电解时有选择地获得所希望的电解产物。

习　题

1. 298.15K 时，0.010 $mol \cdot dm^{-3}$ KCl 水溶液的电导率为 0.14114 $S \cdot m^{-1}$，将此溶液充满电导池，测定其电阻为 112.3Ω。若将该电池改充以同浓度的某待测溶液。测定其电阻为 2184Ω，计算：(1) 该电导池的电导池常数；(2) 待测液的电导率；(3) 待测液的摩尔电导率。

2. 查表计算 298.15K 时，0.01 $mol \cdot dm^{-3}$ 醋酸溶液的无限稀释摩尔电导率，并计算该条件下醋酸溶液的电离度和电离平衡常数。已知此醋酸溶液在一电导池常数为 36.7 m^{-1} 的电导池中测得电阻为 2220Ω。

3. 已知 25℃时 0.02 $mol \cdot dm^{-3}$ KCl 溶液的电导率为 0.2768 $S \cdot m^{-1}$。一电导池中充以此溶液，在 25℃时测知其电阻为 453Ω。在同一电导池中装入同样体积的质量浓度为 0.02 $mol \cdot dm^{-3}$ 的 $CaCl_2$ 溶液，测得电阻为 1050Ω。计算：(1) 电导池常数；(2) $CaCl_2$ 溶液的电导率；(3) $CaCl_2$ 溶液的摩尔电导率。

4. 298.15K 时，测得 $BaSO_4$ 饱和水溶液电导率为 $4.58\times10^{-4} S \cdot m^{-1}$，已知该浓度时所用水的电导率为 1.52×10^{-4} $S \cdot m^{-1}$，$\Lambda_m^{\infty}[1/2Ba(NO_3)_2]=1.351\times10^{-2}$ $S \cdot m^2 \cdot mol^{-1}$，$\Lambda_m^{\infty}(1/2H_2SO_4)=4.295\times10^{-2} S \cdot m^2 \cdot mol^{-1}$，$\Lambda_m^{\infty}(HNO_3)=4.211\times10^{-2} S \cdot m^2 \cdot mol^{-1}$。计算该温度下 $BaSO_4$ 的溶解度。

5. 298.15K 时，在 0.01$mol \cdot kg^{-1}$ 的水杨酸(HA)溶液中含有 0.01$mol \cdot kg^{-1}$ 的 KCl 和 0.01 $mol \cdot kg^{-1}$ 的 Na_2SO_4。已知水杨酸在此温度下的 $K_c=1.06\times10^{-5}$，求此混合溶液的离子强度。

6. 试写出下列各电池的电极反应和电池反应：

(1) $Cu|CuSO_4(a_1)\|AgNO_3(a_2)|Ag$

(2) $Pb|PbSO_4(s)|K_2SO_4(a_1)\|HCl(a_2)|AgCl(s)|Ag$

(3) $(Pt)H_2(p)|NaOH(a)|HgO(s)|Hg(l)$

(4) $(Pt)H_2(p_1)|H_2SO_4(m)|H_2(p_2)(Pt)$

7. 将下列化学反应设计成原电池：

(1) $2Ag^+(a_1)+H_2(p)\longrightarrow 2Ag+2H^+(a_2)$

(2) $AgCl(s)+I^-(a_1) \longrightarrow AgI(s)+Cl^-(a_2)$

(3) $Pb(s)+Hg_2Cl_2(s) \longrightarrow PbCl_2(s)+2Hg(l)$

(4) $PbO(s)+H_2(p) \longrightarrow Pb(s)+H_2O(l)$

8. 电池 $Cd|Cd^{2+}(0.01mol \cdot kg^{-1}) \| Cl^-(0.50mol \cdot kg^{-1})|Cl_2(100kPa)(Pt)$，写出电池反应式，并计算 298.15K 时，各电极的电极电势及电池的电动势，指出电池反应能否自发进行。

9. 298.15 时反应 $Pb+Cu^{2+}(0.5mol \cdot kg^{-1}) \longrightarrow Pb^{2+}(0.1mol \cdot kg^{-1})+Cu$，试将该反应设计成电池，并计算：(1) 电池电动势；(2) 电池反应的吉布斯能变化值；(3) 将上述反应写成 $2Pb+2Cu^{2+}(0.5mol \cdot kg^{-1}) \longrightarrow 2Pb^{2+}(0.1mol \cdot kg^{-1})+2Cu$
(1)、(2)的结果有何变化？

10. 测定电池 $Zn|ZnCl_2(0.05mol \cdot kg^{-1})|AgCl(s)|Ag$ 的电动势在 298.15K 时为 1.015V，温度系数 $(\partial E/\partial T)_p$ 为 -4.92×10^{-4} V·K^{-1}，试写出电池反应并计算当电池可逆放电 2mol 电子电量时，电池反应的 $\Delta_r G_m$、$\Delta_r H_m$、$\Delta_r S_m$ 及电池的可逆热效应 Q_r。

11. 298.15K 时，将某可逆电池短路使其放电 1mol 电子的电量，此时放电的热量恰好等于该电池可逆操作时所吸收热量的 40 倍，试计算此电池的电动势？已知此电池电动势的温度系数 $(\partial E/\partial T)_p$ 为 1.40×10^{-4} V·K^{-1}。

12. 电池 $Pt|H_2(100kPa)|HCl(0.1mol \cdot kg^{-1})|Hg_2Cl_2(s)|Hg$ 电动势与温度的关系式为 $E=0.0694+1.881\times10^{-3}T-2.9\times10^{-6}T^2$。(1) 写出电池反应；(2) 计算 25℃该反应的 $\Delta_r G_m$、$\Delta_r H_m$、$\Delta_r S_m$ 及电池的可逆热效应 Q_r。

13. 298.15K 时，电池 $(Pt)H_2(100kPa)|H_2SO_4(0.5mol \cdot kg^{-1})|Hg_2SO_4(s)|Hg(l)$ 的电动势为 0.6960V，求 H_2SO_4 在溶液中的离子平均活度系数。已知 $\varphi^{\ominus}_{Hg_2SO_4/Hg}=0.6158V$。

14. 电池 $Sb|Sb_2O_3(s)|$某溶液$\| KCl$(饱和)$|Hg_2Cl_2(s)|Hg(l)$ 在 298.15K，用 pH=3.98 的缓冲液，测得电池电动势为 0.228V，当它被换成待测 pH 值的溶液时，测得电池电动势为 0.345V，试计算待测液的 pH 值。

习题答案

1. (1) $l/A=15.85m^{-1}$ (2) $\kappa=7.256\times10^{-3}S \cdot m^{-1}$ (3) $\Lambda_m=7.25\times10^{-4}\ S \cdot m^2 \cdot mol^{-1}$
2. $\Lambda_m^{\infty}=390.7\times10^{-4}S \cdot m^2 \cdot mol^{-1}$, $\alpha=0.042$, $K_c=1.84\times10^{-5}$
3. (1) $l/A=125.39m^{-1}$ (2) $\kappa=0.1194S \cdot m^{-1}$ (3) $\Lambda_m=5.97\times10^{-3}\ S \cdot m^2 \cdot mol^{-1}$
4. $c=1.57\times10^{-5}mol \cdot L^{-1}$, $K_{sp}=1.137\times10^{-10}$
5. $I=0.04166\ mol \cdot kg^{-1}$
8. $\varphi_{Cd^{2+}/Cd}=-0.4620V$, $\varphi_{Cl_2/Cl^-}=1.3773V$, $E=1.8393V$
9. $E=0.4837V$, $\Delta_r G_m=-93.35kJ \cdot mol^{-1}$；$E$ 没有变化，$\Delta_r G_m$ 变为 $-186.70\ kJ \cdot mol^{-1}$
10. $\Delta_r G_m=-195.90kJ \cdot mol^{-1}$, $\Delta_r H_m=-224.21\ kJ \cdot mol^{-1}$, $\Delta_r S_m=-94.96J \cdot K^{-1} \cdot mol^{-1}$,
    $Q_r=-28.31\ kJ \cdot mol^{-1}$
11. $E=1.711V$
12. (2) $\Delta_r G_m=-71.88kJ \cdot mol^{-1}$, $\Delta_r H_m=-63.15kJ \cdot mol^{-1}$, $\Delta_r S_m=29.28J \cdot K^{-1} \cdot mol^{-1}$,
    $Q_r=8.73kJ \cdot mol^{-1}$
13. $\gamma_{\pm}=0.157$
14. pH=5.96

第六章　化学动力学

化学热力学可以解决化学变化的方向和限度问题，但化学热力学只考虑从始态到终态系统状态的变化，而不考虑时间、变化的历程、速率、反应条件等因素。对于化学反应，只知道变化的方向和限度还不够，还需了解反应的速率、影响反应速率的因素及反应的规律性等信息。化学动力学(chemical kinetics)研究的就是反应进行的条件——温度、压力、浓度、介质以及催化剂等对化学反应速率(rate of reaction)的影响，并揭示化学反应的历程(机理)(reaction mechanism)。

化学动力学的应用非常广泛，从化学的整个领域至药物的研制和生产。在制药工业中，根据反应速率可以计算反应进行到某种程度所需的时间、计算单位时间的产量；可以通过研究反应条件对速率的影响来选择最优工艺路线。在药物制剂的研制和贮存方面，为了保证制剂的质量稳定，需要选择合适的条件使药物降解缓慢。在评价药物制剂服用的质量时，也需要了解药物在体内的吸收、分布、代谢和排泄速率等。解决这些问题的理论基础是化学动力学。

本章将学习化学反应的速率、反应条件(如浓度、温度、介质、催化剂等)对反应速率的影响，以及利用化学动力学的基本原理预测药物的稳定性等。

第一节　反应速率的表示方法及其测定

一、反应速率的表示方法

反应速率(rate of reaction)　在均相(或单相)反应中，单位时间、单位体积内，反应系统中各组分的物质的量的改变量。

反应速率的表示方法　在反应过程中，反应系统中组分B的物质的量和反应速率均随时间而变化，常用瞬时反应速率 r 精确地表示 t 时刻的反应速率。在恒容条件下，反应速率也可用某一时刻反应物或产物的浓度变化来表示。通常，反应速率 r 定义为：

$$r = \frac{1}{\nu_B} \cdot \frac{dc_B}{dt} \tag{6-1}$$

式中 ν_B 为反应方程式中组分B的计量系数，对反应物为负值，对产物为正值。反应速率 r 的量纲为[浓度]·[时间]$^{-1}$。

在化学反应中，每一反应系统中的组分(反应物或产物)的物质的量或浓度，都严格地按照化学反应方程式中各自的计量系数成比例地改变，不论用哪一个组分的物质的量或浓度变化来表示反应速率都可以。但是，如果不考虑反应方程式中各组分的计量系数的大小，则用不同组分的浓度随时间的变化率所表示的反应速率在数值上往往不相等。例如，对于任意恒容反应：

$$aA + dD \longrightarrow gG + hH$$

反应系统中各组分的反应速率分别为：

$$r_A = -\frac{dc_A}{dt} \qquad r_D = -\frac{dc_D}{dt} \qquad r_G = \frac{dc_G}{dt} \qquad r_H = \frac{dc_H}{dt}$$

它们之间有如下的关系：

$$r=\frac{r_A}{a}=\frac{r_D}{d}=\frac{r_G}{g}=\frac{r_H}{h}$$

例如，合成氨的反应：

$$N_2+3H_2 \longrightarrow 2NH_3$$

根据定义式(6-1)，反应速率 r 可表示为：

$$r=-\frac{dc_{N_2}}{dt}=-\frac{1}{3}\cdot\frac{dc_{H_2}}{dt}=\frac{1}{2}\cdot\frac{dc_{NH_3}}{dt}$$

究竟用哪一种表示式，主要取决于在实验中哪一组分的浓度容易测定。

对于气相反应，压力比浓度容易测定，因此也可以用反应系统中的各组分的分压随时间的变化率来表示反应速率，即$\frac{dp_B}{\nu_B dt}$。例如，对于合成氨的反应，有：

$$r'=-\frac{dp_{N_2}}{dt}=-\frac{1}{3}\cdot\frac{dp_{H_2}}{dt}=\frac{1}{2}\cdot\frac{dp_{NH_3}}{dt}$$

式中 p_{N_2}，p_{H_2} 和 p_{NH_3} 分别代表 N_2、H_2 和 NH_3 在 t 时刻的分压。速率 r' 的量纲为[压力]·[时间]$^{-1}$。

*二、反应速率的测定

一般地，反应速率是随时间而变化的。由反应速率的定义可知，要知道反应速率 r，需要知道$\frac{dc}{dt}$的数值，这可以通过测定在不同时刻 t 时某一组分的浓度 c，绘出 $c\sim t$ 曲线，如图 6-1 所示。曲线上某一点切线的斜率即为这一时刻的反应速率。

浓度的测定可采用方便易行的方法。概括起来，有物理方法和化学方法。

化学方法就是用化学分析的方法测定反应进行到某些时刻某一组分的浓度。因此必须在这一时刻取出定量的反应样品，采取措施（如突然降温或加入阻化剂）使反应停止。用该方法直接测得的是某一组分的浓度，操作繁琐，须有合适的方法使反应停止。

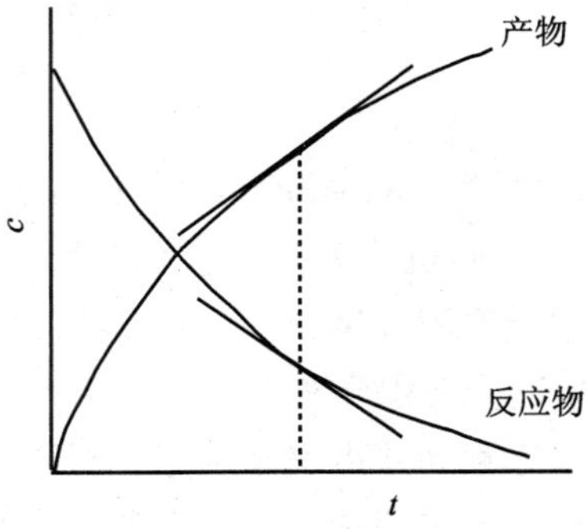

图 6-1　反应组分的浓度随时间的变化曲线

物理方法就是监测反应进行到某些时刻某一组分的物理量，并且此物理量必须与该组分的浓度呈单值函数的关系，并能准确地反映该组分浓度的变化。这些物理量有压力、折光率、旋光度、吸光度、电导率、电导等。用该方法时不必使反应停止，不取出样品，直接在反应系统内测定。因此该方法简便快速，对反应系统无干扰，但须选择能准确地反映反应系统中组分浓度变化的合适的物理量。

第二节　基本概念与定律

一、基元反应与复杂反应

基元反应(elementary reaction)　由反应物微粒(分子、原子、离子或自由基等)一步直接生成产物的反应。

复杂反应(complex reaction)　由若干个基元反应组成的反应称为复杂反应,也称作总包反应(overall reaction)。

例如,反应 $H_2+Br_2 \longrightarrow 2HBr$ 经历以下几个反应步骤:

$$Br_2 \longrightarrow 2Br$$

$$Br+H_2 \longrightarrow HBr+H$$

$$H+Br_2 \longrightarrow HBr+Br$$

$$H+HBr \longrightarrow H_2+Br$$

$$2Br \longrightarrow Br_2$$

上述五个反应均为基元反应,反应 $H_2+Br_2 \longrightarrow 2HBr$ 为复杂反应。

二、反应分子数

反应分子数(molecularity)　参加基元反应的反应物的微粒数。对于复杂反应,则无反应分子数可言。反应分子数只能是正整数。若按反应分子数分类,基元反应分为单分子反应(如:$Br_2 \longrightarrow 2Br$)、双分子反应(如:$Br+H_2 \longrightarrow HBr+H$)和三分子反应。大多数反应属于双分子反应,三分子反应很少。目前尚未发现大于三分子反应的基元反应。

三、速率方程、反应级数与速率常数

速率方程(rate equation)　以微分形式表示的反应速率与各反应组分浓度之间的函数关系式 $r=f(c)$,也称为微分速率方程。

动力学方程(kinetic equation)　用积分形式表示的反应组分浓度与时间的函数关系式 $c=f(t)$,也称为积分速率方程。

速率方程必须由实验确定。对于一般的化学反应,由实验数据得出的经验速率方程具有反应物浓度幂乘积的形式。例如由实验确定的某化学反应的速率方程为:

$$r = f(c) = kc_A^{\alpha}c_D^{\beta} \tag{6-2}$$

反应级数(order of reaction)　反应速率方程中,各浓度项指数的代数和,用符号 n 表示。如对于式(6-2),反应对反应物 A 是 α 级,对 D 是 β 级,反应级数 $n=\alpha+\beta$。

例如,反应 $2NO+O_2 \longrightarrow 2NO_2$,实验测得的速率方程为:

$$r = kc_{NO}^2 c_{O_2}$$

则该反应对 NO 是二级,对 O_2 是一级,反应的总级数为三级。

反应级数的数值可以是整数,也可以是分数、零,甚至在某些特殊情况下是负数。简单反应的级数一般为正整数。复杂反应的级数则可能比较复杂,有的甚至无级数可言。例如对于反应:

$$H_2+Br_2 \longrightarrow 2HBr$$

实验得出的速率方程为：

$$r = \frac{k_1 c_{H_2} c_{Br_2}^{1/2}}{1 + \frac{k_2 c_{HBr}}{c_{Br_2}}}$$

该反应就没有简单的总级数。

速率常数(rate constant)　速率方程 $r = kc_A^{\alpha} c_D^{\beta}$ 中的 k 称为速率常数，也称速率系数。

速率常数的物理意义　各反应物均为单位浓度时的反应速率，其大小与反应物的浓度无关。

对于给定的反应，温度等反应条件一定时，k 是常数；温度改变或使用催化剂时，k 会发生变化。因此 k 并不是一个绝对的常数，它和温度、反应介质、催化剂等有关，只有当这些变量均固定时，k 才真正为一个常数。

对于不同级数的反应，速率常数 k 的量纲不同。从速率方程可以看出，k 的量纲为[浓度]$^{1-n}$·[时间]$^{-1}$，式中的 n 为反应级数，因此，有时可通过 k 的量纲了解反应的级数。

四、质量作用定律

对于基元反应

$$aA + dD \longrightarrow P$$

速率方程为：

$$r = kc_A^a c_D^d$$

这个关系就是质量作用定律，即基元反应的反应速率与反应物浓度幂的乘积成正比。其中的反应物浓度的指数是计量方程式中各反应物的计量系数。它不能直接用于复杂反应，只有将复杂反应分解为若干个基元反应后，才能逐个运用质量作用定律。

例如，基元反应 $Br + H_2 \longrightarrow HBr + H$，反应速率可表示为：

$$r = kc_{Br} c_{H_2}$$

五、计量方程与机理方程

计量方程　表示反应系统中各物质之间的量的关系的化学反应方程式。例如，O_3 的分解反应：

$$2O_3 \longrightarrow 3O_2$$

这是一个计量方程，只表示产物与反应物之间的数量关系。

机理方程　表示实际反应过程的方程。例如，研究证明，O_3 分解的反应经历了以下过程：

(1) $O_3 \rightleftharpoons O_2 + O$

(2) $O + O_3 \longrightarrow 2O_2$

式(1)和(2)为机理方程。每一个机理方程都是基元反应，都能运用质量作用定律。

第三节　简单级数反应

简单级数反应是指一级、二级、三级和零级反应等，其反应速率方程具有反应物浓度幂乘积的形式，且各反应物的级数皆为正整数或零。大多数反应为简单级数反应，在本书中予以重点介绍。

一、一级反应

反应速率与反应物浓度的一次方成正比的反应是一级反应(first-order reaction)。对于反应

$$A \longrightarrow P$$

其速率方程为：

$$-\frac{dc_A}{dt} = kc_A$$

对上式积分得：

$$\ln\frac{c_{A,0}}{c_A} = kt \qquad (6-3)$$

式中 $c_{A,0}$ 为反应物 A 的初始浓度，c_A 为反应进行到 t 时刻时反应物 A 的浓度。式(6－3)为一级反应的动力学方程，该方程也可写作指数形式：

$$c_A = c_{A,0}e^{-kt} \qquad (6-4)$$

由式(6－4)可以看出，反应物的浓度随时间呈指数减小，因此只有当 $t=\infty$ 时，才有 $c_A=0$，所以从理论上说，一级反应需要无限长的时间才能反应完全。

一级反应的特点

(1) 速率常数 k 的量纲为[时间]$^{-1}$，单位为 s^{-1}（或 min^{-1}, h^{-1}, d^{-1} 等）。

(2) 将式(6－3)变化得：

$$\ln c_A = \ln c_{A,0} - kt$$

可见 $\ln c_A \sim t$ 为直线(图 6－2)，斜率为 $-k$，截距为 $\ln c_{A,0}$。

(3) 虽然不能计算出反应进行完全需要多长时间，但可以计算出反应物浓度降低至初始浓度的某个分率的时间。经常用到的是半衰期(half-life)，即反应物的浓度降低至初始浓度的一半所需要的时间：

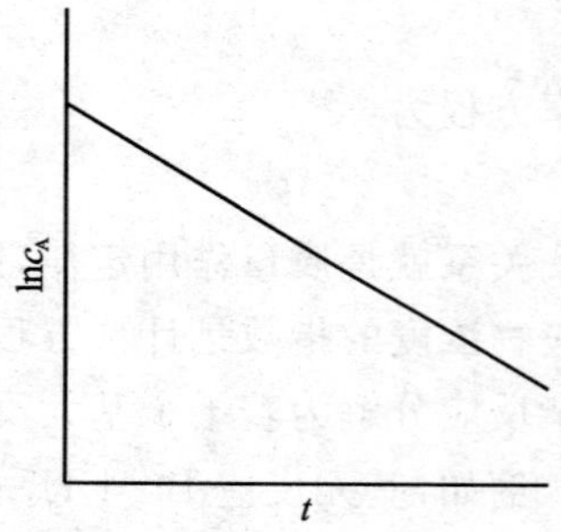

图 6－2 一级反应的 $\ln c_A \sim t$ 曲线

$$t_{1/2} = \frac{\ln 2}{k} \qquad (6-5)$$

由式(6－5)可以看出，一级反应的半衰期与初始浓度无关。

通常反应物的浓度降至初始浓度的分数所需要的时间也可用其它数值表达。例如，研究药物的稳定性时，常把药物分解降至初始浓度的 90％所需要的时间称为十分之一衰期，记作 $t_{0.9}$，通常也是药物的有效期，即

$$t_{0.9} = \frac{\ln\frac{1}{90\%}}{k} = \frac{0.105}{k}$$

许多热分解反应、放射性元素的蜕变等都具有一级反应的特点。许多药物在体内的吸收、分布、代谢和排泄过程，也常被近似地看作一级反应。

利用一级反应的动力学方程，可以计算反应进行到 t 时刻反应物或产物的浓度，或达到一定浓度所需的时间。

【例 6－1】 某药物的降解为一级反应，已知当其含量降至 90％即失效。现有一初始浓度为 5.0 mg·ml^{-1} 此药物的样品，室温下放置 20 个月后浓度降为 4.2 mg·ml^{-1}。问标签上注

明使用的有效期是多少？

【解】 先求反应的速率常数。将数据代入式(6－3)得：

$$k=\frac{1}{t}\ln\frac{c_{A,0}}{c_A}=\frac{1}{20}\ln\frac{5.0}{4.2}=8.73\times10^{-3}\ 月^{-1}$$

则有效期：

$$t_{0.9}=\frac{0.105}{k}=\frac{0.105}{8.73\times10^{-3}}=12\ 月$$

【例 6－2】 已知某滴眼液的眼部药物动力学可按一级反应处理。实验时于不同时间测房水中的药物浓度，经计算得药物在眼部的吸收速率常数为 0.372 h^{-1}。试问：(1) 该药物在眼部的半衰期为多少？(2) 已知第一次滴眼后房水中药物的初始浓度为 3.32 $\mu g\cdot ml^{-1}$，若要保持药物在房水中的浓度不低于 1.50 $\mu g\cdot ml^{-1}$，第一次滴眼后需多长时间再进行第二次？

【解】 (1) 将 $k=0.372\,h^{-1}$代入式(6－5)得：

$$t_{1/2}=\frac{\ln 2}{k}=\frac{\ln 2}{0.372}=1.86\ h$$

(2) 第一次滴眼后房水中药物的浓度降至 1.50 $\mu g\cdot ml^{-1}$所需时间为：

$$t=\frac{1}{k}\ln\frac{c_{A,0}}{c_A}=\frac{1}{0.372}\times\ln\frac{3.32}{1.50}=2.14\ h$$

所以必须在第一次滴眼约 2 h 后再进行第二次。

二、二级反应

根据反应级数的定义，二级反应(second-order reaction)可能有两种类型，即反应速率与一种反应物浓度的二次方成正比；或反应速率与两种反应物浓度的一次方的乘积成正比。本书只讨论简单的二级反应。

若二级反应的计量方程为：

$$2\,A\longrightarrow P$$

则反应速率方程为：

$$-\frac{dc_A}{dt}=kc_A^2 \tag{6-6}$$

将式(6－6)积分得：

$$\frac{1}{c_A}-\frac{1}{c_{A,0}}=kt \tag{6-7}$$

若二级反应的计量方程为：

$$A+D\longrightarrow P$$

则反应速率方程为：

$$-\frac{dc_A}{dt}=kc_Ac_D \tag{6-8}$$

我们只讨论反应物的初始浓度 $c_{A,0}=c_{D,0}$的简单二级反应，此时式(6－8)可化作式(6－6)。

二级反应的特点

(1) 速率常数 k 的量纲为[浓度]$^{-1}$·[时间]$^{-1}$，单位为 $mol^{-1}\cdot L\cdot s^{-1}$或 $mol^{-1}\cdot m^3\cdot s^{-1}$等。

(2) 由式(6－7)可以看出，$\frac{1}{c_A}\sim t$ 为直线(图 6－3)，其斜率为 k，截距为$\frac{1}{c_{A,0}}$。

(3) 半衰期为：

$$t_{1/2} = \frac{1}{kc_{A,0}} \qquad (6-9)$$

半衰期与初始浓度成反比。

二级反应很多，其中包括大量的双分子反应。溶液中的许多有机反应是二级反应。

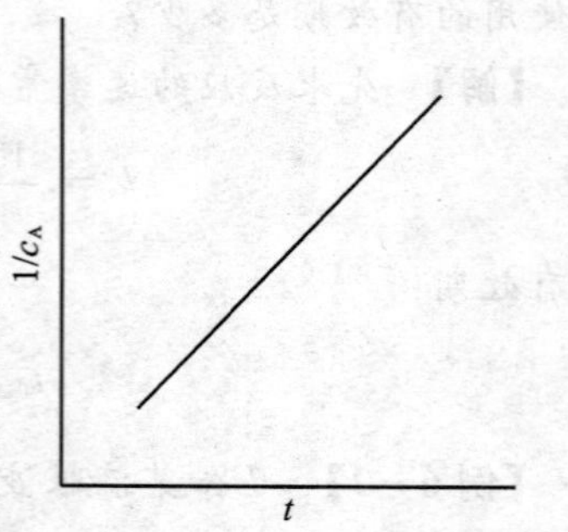

图 6-3　二级反应的 $1/c_A \sim t$ 曲线

【例 6-3】 气相反应 $2HI \longrightarrow H_2 + I_2$ 是二级反应，508℃时的速率常数为 $1.21\times10^{-8}\text{Pa}^{-1}\cdot\text{s}^{-1}$。当初始压力为100kPa时，求：(1) 反应的半衰期；(2) HI分解40%需要的时间。

【解】 (1) 反应的半衰期：

$$t_{1/2} = \frac{1}{kp_{A,0}} = \frac{1}{1.21\times10^{-8}\times100\times10^3} = 826 \text{ s}$$

(2) 当 $p_A = (1-40\%)p_{A,0}$ 时，由二级反应的速率方程 $\frac{1}{p_A} - \frac{1}{p_{A,0}} = kt$ 得：

$$\frac{1}{100\times10^3\times(1-40\%)} - \frac{1}{100\times10^3} = 1.21\times10^{-8}t$$

解得：$t = 551\text{s}$

【例 6-4】 乙酸乙酯的皂化反应为

$$CH_3COOC_2H_5 + NaOH \longrightarrow CH_3COONa + C_2H_5OH$$

已知该反应对 $CH_3COOC_2H_5$ 和 NaOH 均为一级，NaOH 和 $CH_3COOC_2H_5$ 的初始浓度都为 $2.04\times10^{-2}\text{mol}\cdot\text{L}^{-1}$。在25℃将 NaOH 和 $CH_3COOC_2H_5$ 的溶液等体积混合进行反应，测得反应的速率常数为 $4.91\text{mol}^{-1}\cdot\text{L}\cdot\text{min}^{-1}$，求：(1) 反应的半衰期；(2) 反应完成95%所需要的时间。

【解】 (1) 反应为简单的二级反应，速率常数 $k = 4.91\ \text{mol}^{-1}\cdot\text{L}\cdot\text{min}^{-1}$，混合后的初始浓度 $c_{A,0} = 2.04\times10^{-2}\times\frac{1}{2} = 1.02\times10^{-2}\ \text{mol}\cdot\text{L}^{-1}$，将速率常数和初始浓度的数据代入式(6-9)中得：

$$t_{1/2} = \frac{1}{kc_{A,0}} = \frac{1}{4.91\times1.02\times10^{-2}} = 19.97 \text{ min}$$

(2) 当 $c_A = (1-95\%)c_{A,0}$ 时，由式(6-7)得：

$$t = \frac{1}{k}\left(\frac{1}{c_A} - \frac{1}{c_{A,0}}\right) = \frac{1}{4.91}\times\left(\frac{1}{1-95\%} - 1\right)\times\frac{1}{1.02\times10^{-2}} = 379 \text{ min}$$

三、零级反应

反应速率与反应物浓度无关的反应称为零级反应(zero-order reaction)，即零级反应的速率等于其速率常数。零级反应的微分速率方程为：

$$-\frac{dc_A}{dt} = kc_A^0 = k \qquad (6-10)$$

将式(6-10)积分得：

$$c_{A,0} - c_A = kt \qquad (6-11)$$

零级反应的特点

(1) 速率常数 k 的量纲为[浓度]·[时间]$^{-1}$,单位为 $mol \cdot L^{-1} \cdot s^{-1}$ 或 $mol \cdot m^{-3} \cdot s^{-1}$ 等,即为反应速率的单位。

(2) 由式(6-11)可以看出,$c_A \sim t$ 为直线(图 6-4),其斜率为$-k$,截距为 $c_{A,0}$;零级反应可在有限的时间内进行完全。

(3) 半衰期为

$$t_{1/2} = \frac{c_{A,0}}{2k}$$

半衰期与初始浓度成正比。

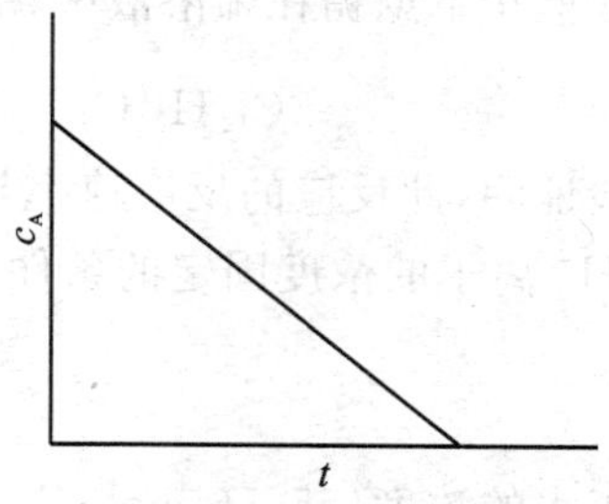

图 6-4 零级反应的 $c_A \sim t$ 曲线

某些光化学反应、表面催化反应、电解反应等具有零级反应的特征。它们的反应速率分别只与光强度、表面状态及通过的电量有关。许多难溶性固体药物的水混悬液,由于药物的浓度一般远大于该药物在水中的溶解度,所以混悬液中药物的降解表现为恒浓度(溶解度)的降解,为零级降解反应。

【例 6-5】 已知在 25℃时 α-氨苄青霉素的溶解度为 $12g \cdot L^{-1}$。现有一浓度为 $25g \cdot L^{-1}$ 的该药物的混悬液,药物零级降解的速率常数为 $2.2 \times 10^{-6} g \cdot L^{-1} \cdot s^{-1}$,求该混悬液的有效期 $t_{0.9}$。

【解】 根据式(6-11),可得到零级反应的 $t_{0.9}$ 为:

$$t_{0.9} = \frac{c_{A,0}}{10k}$$

将题给数据代入上式得

$$t_{0.9} = \frac{25}{10 \times 2.2 \times 10^{-6}} = 1.14 \times 10^6 \text{ s} = 13.2 \text{ 天}$$

以上几种简单级数反应的动力学方程及特点列于表 6-1 中。

表 6-1 简单级数反应的动力学方程及特点

反应级数	动力学方程	k 的量纲	线性关系	$t_{1/2}$
零级反应	$c_{A,0} - c_A = kt$	[浓度]·[时间]$^{-1}$	$c_A \sim t$	$t_{1/2} = \frac{c_{A,0}}{2k}$
一级反应	$\ln \frac{c_{A,0}}{c_A} = kt$	[时间]$^{-1}$	$\ln c_A \sim t$	$t_{1/2} = \frac{\ln 2}{k}$
二级反应	一种反应物 或两种反应物,$c_{A,0} = c_{D,0}$ $\frac{1}{c_A} - \frac{1}{c_{A,0}} = kt$	[浓度]$^{-1}$·[时间]$^{-1}$	$\frac{1}{c_A} \sim t$	$t_{1/2} = \frac{1}{kc_{A,0}}$

*四、准级数反应

为了将所研究的问题简化,对于许多反应,可使反应对某些反应物的级数为零,从而使实验测得的反应级数降低。如某反应的速率方程为:

$$r = kc_A^a c_D^d$$

可以选择初始浓度使反应物 A 比 D 大大过量,即 $c_{A,0} \gg c_{D,0}$,一般大于 30 倍,至少大于 10 倍。这样,可以认为在反应过程中 A 的浓度基本不变,即可以认为 c_A 为常数,则反应的速率方程可写为：

$$r = kc_A^a c_D^d = k' c_D^d$$

那么称反应对 A 为准零级反应(pseudo zero order reaction)，则该反应为准 d 级反应。例如，在酸催化下蔗糖在稀溶液中转化为葡萄糖和果糖的反应：

$$C_{12}H_{22}O_{11} + H_2O \xrightarrow{H^+} C_6H_{12}O_6(\text{葡萄糖}) + C_6H_{12}O_6(\text{果糖})$$

实验证明，此反应的反应速率与蔗糖的浓度、水的浓度及催化剂 H^+ 离子的浓度有关。在催化剂 H^+ 离子的浓度固定的条件下，上述反应本是二级反应，其速率方程为：

$$-\frac{dc_{C_{12}H_{22}O_{11}}}{dt} = kc_{H_2O}c_{C_{12}H_{22}O_{11}}$$

由于水的浓度(55.56 mol·L^{-1})远远大于蔗糖的浓度(如 0.1 mol·L^{-1})，且水的消耗相对于水的浓度来说是微不足道的，可以认为在反应过程中水的浓度保持不变，所以其速率方程变为：

$$-\frac{dc_{C_{12}H_{22}O_{11}}}{dt} = k' c_{C_{12}H_{22}O_{11}}$$

因此该反应对水为准零级反应，对蔗糖为一级反应，该反应为准一级反应。本章第十一节讲到的均相催化反应也是准级数反应，因为在反应过程中催化剂的浓度保持不变。

*第四节　典型的复杂反应

前面讨论的都是比较简单的反应，实际上许多反应都不是单一的过程，而是许多个反应过程复合的结果。由两个或两个以上的基元反应以某种方式联系起来的反应称为复杂反应。不同的组合方式可以构成不同类型的复杂反应。最典型的复杂反应有对峙反应、平行反应、连续反应及链反应。

一、对峙反应

正逆两个方向都能进行的反应称为对峙反应(opposing reaction)或可逆反应(reversible reaction)。这里的可逆是指正向与逆向反应的速率常数在同一数量级。对峙反应的总反应速率是正向反应速率与逆向反应速率之差。最简单的对峙反应为 1－1 级对峙反应：

$$A \underset{k_2}{\overset{k_1}{\rightleftharpoons}} D$$

反应速率为：

$$r = -\frac{dc_A}{dt} = k_1 c_A - k_2 c_D = k_1 c_A - k_2(c_{A,0} - c_A) = (k_1 + k_2)c_A - k_2 c_{A,0}$$

动力学方程为：

$$\ln\frac{c_{A,0} - c_{A,e}}{c_A - c_{A,e}} = (k_1 + k_2)t \qquad (6-12)$$

或

$$\ln(c_A - c_{A,e}) = -(k_1 + k_2)t + \ln(c_{A,0} - c_{A,e})$$

式中 $c_{A,e}$ 为反应达到平衡时反应物 A 的浓度。以 $\ln(c_A - c_{A,e})$ 对 t 作图应为直线，斜率为 $-(k_1 + k_2)$，若测得平衡常数 $K_c = \frac{k_1}{k_2}$，可联合求解得到 k_1、k_2。

对峙反应的特点

(1) 反应的总速率等于正、逆反应速率之差。

(2) 反应达到平衡时,反应的总速率等于零。

(3) 正、逆反应的速率常数之比等于反应的平衡常数。

许多分子内的重排与异构化反应属于1-1级对峙反应。异-7-氯-4-差向四环素异构为异-7-金霉素的反应为对峙反应,其浓度与时间的关系曲线类似于图6-5。可以看出,当反应时间足够长时,反应物与产物的浓度都趋向定值,此时,反应达到平衡,正、逆反应的速率相等。可见,对峙反应不可能进行完全。

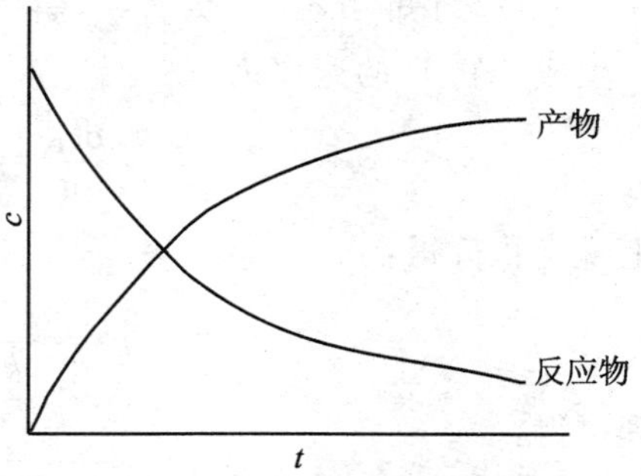

图6-5 对峙反应的反应物与产物的 $c \sim t$ 曲线

【例6-6】 某对峙反应 $A \underset{k_2}{\overset{k_1}{\rightleftharpoons}} D$,其中 $k_1=0.006\ \text{min}^{-1}$,$k_2=0.002\ \text{min}^{-1}$。如果反应开始时系统中只有A,求达到A和D的浓度相等需多长时间?

【解】 先求出 $c_{A,e}$,再求反应至 $c_A=c_D=\frac{c_{A,0}}{2}$ 所需的时间 t。

由 $K_c=\frac{k_1}{k_2}=\frac{c_{D,e}}{c_{A,e}}=\frac{c_{A,0}-c_{A,e}}{c_{A,e}}=\frac{0.006}{0.002}=3$ 得

$$c_{A,e}=\frac{1}{4}c_{A,0}$$

将 $c_{A,e}=\frac{1}{4}c_{A,0}$ 和 $c_A=\frac{1}{2}c_{A,0}$ 代入式(6-12)得:

$$\ln\frac{c_{A,0}-\frac{1}{4}c_{A,0}}{\frac{1}{2}c_{A,0}-\frac{1}{4}c_{A,0}}=(0.006+0.002)t$$

解得:$t=137\ \text{min}$

二、平行反应

反应物同时进行两个或两个以上不同的且相互独立的反应称为平行反应(parallel reaction)。一般将速率较大的或生成目的产物的反应称为主反应,将其它反应称为副反应。平行反应的总反应速率是各反应的反应速率之和。最简单的平行反应为平行的一级反应:

$$A \begin{array}{l} \xrightarrow{k_1} D \\ \xrightarrow[k_2]{} E \end{array}$$

总的反应速率为:

$$-\frac{dc_A}{dt}=k_1c_A+k_2c_A=(k_1+k_2)c_A$$

对上式求定积分得:

$$\ln\frac{c_{A,0}}{c_A}=(k_1+k_2)t \tag{6-13}$$

或

$$c_A=c_{A,0}e^{-(k_1+k_2)t} \tag{6-14}$$

由式(6-13)可知，$\ln c_A \sim t$ 为直线，斜率为 $-(k_1+k_2)$。

生成产物D的速率为

$$\frac{dc_D}{dt} = k_1 c_A = k_1 c_{A,0} e^{-(k_1+k_2)t}$$

将上式定积分得：

$$c_D = \frac{k_1}{k_1+k_2} c_{A,0} [1 - e^{-(k_1+k_2)t}] \quad (6-15)$$

同理可得：

$$c_E = \frac{k_2}{k_1+k_2} c_{A,0} [1 - e^{-(k_1+k_2)t}] \quad (6-16)$$

将式(6-15)与式(6-16)相除得：

$$\frac{c_D}{c_E} = \frac{k_1}{k_2}$$

因此，由 $-(k_1+k_2)$ 及 $\frac{k_1}{k_2}$ 值联合求解可得 k_1、k_2。

一级平行反应的 $c \sim t$ 曲线见图6-6。

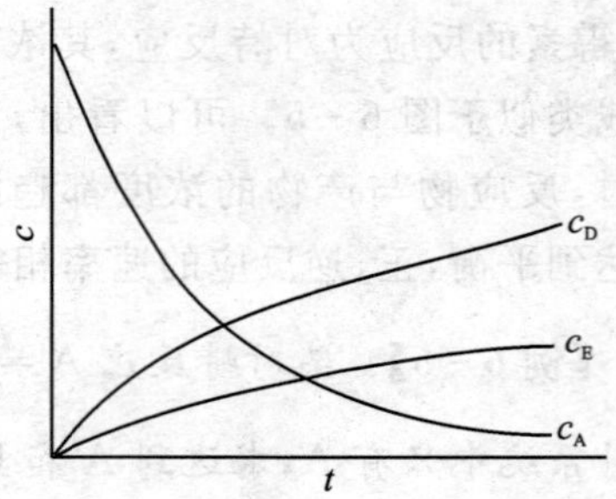

图6-6　一级平行反应的 $c \sim t$ 曲线

平行反应的特点

(1) 平行反应的总速率等于各平行反应的速率之和。

(2) 速率方程和动力学方程与同级数的简单反应的速率方程相似，只是速率常数为各个反应速率常数之和。

(3) 当各产物的初始浓度为零时，在任一时刻，产物的浓度之比等于速率常数之比。

(4) 在反应的任意时刻都有 $c_A + c_D + c_E = c_{A,0}$。

【例6-7】 在高温时，醋酸的分解反应按下式进行：

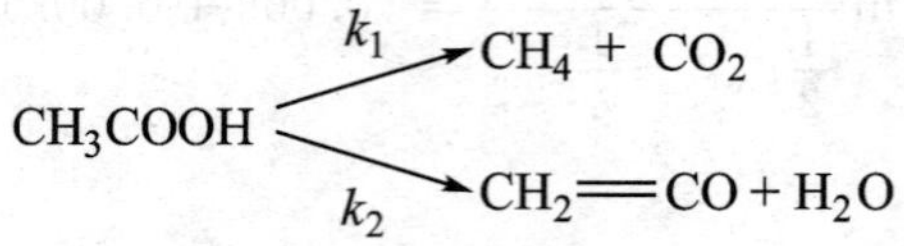

在1189K时，$k_1 = 3.74 s^{-1}$，$k_2 = 4.65 s^{-1}$，试计算醋酸分解99%所需的时间。

【解】 醋酸分解99%时，$c_A = 0.01 c_{A,0}$，将 c_A 及 k_1、k_2 代入式(6-14)中

$$0.01 c_{A,0} = c_{A,0} e^{-(3.74+4.65)t}$$

解得：$t = 0.549$ s

三、连续反应

一个化学反应要经过连续的几步才能得到产物，并且前一步的产物为后一步的反应物，则该反应称为连续反应(consecutive reaction)。如放射性核素的衰变等就属于连续反应。最简单的连续反应为两个连续的一级反应，且A、D与E的计量系数均为1，即

$$A \xrightarrow{k_1} D \xrightarrow{k_2} E$$

反应速率分别为：

$$-\frac{dc_A}{dt} = k_1 c_A$$

$$\frac{dc_D}{dt} = k_1 c_A - k_2 c_D$$

$$\frac{dc_E}{dt} = k_2 c_D$$

对上述三式分别进行定积分得：

$$c_A = c_{A,0}\,e^{-k_1 t} \tag{6-17}$$

$$c_D = \frac{c_{A,0}k_1}{k_2 - k_1}(e^{-k_1 t} - e^{-k_2 t}) \tag{6-18}$$

$$c_E = c_{A,0}\left[1 + \frac{1}{k_1 - k_2}(k_2 e^{-k_1 t} - k_1 e^{-k_2 t})\right] \tag{6-19}$$

若已知 k_1、k_2，根据式(6－17)、(6－18)、(6－19)可求出 c_A、c_D、c_E 与反应时间 t 的关系。一级连续反应的 $c \sim t$ 曲线如图 6－7 所示，D 的浓度有一最大值。将式(6－18)对 t 求导数并令其为零，可得到：

$$c_{D,\max} = c_{A,0}\left(\frac{k_1}{k_2}\right)^{k_2/(k_2-k_1)}$$

所对应的时间为：

$$t_{\max} = \frac{\ln\dfrac{k_2}{k_1}}{k_2 - k_1}$$

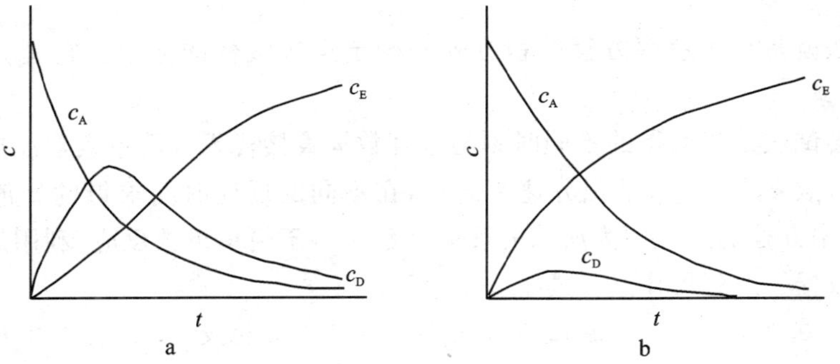

图 6－7　连续一级反应的 $c \sim t$ 曲线

a. $k_1 = 10k_2$　　　b. $k_2 = 10k_1$

长链脂肪酸在生物体内的氧化反应就是连续反应，每反应一步，碳链就缩短一段。在正常情况下，虽然每天有几百克的脂肪酸被氧化，但只有极少量的中间产物被发现。当患糖尿病时，连续反应的某些环节发生障碍，反应速率大大降低，某些中间产物就会累积起来，它们在血液、组织及尿中都会被发现。

四、链反应

在化学反应中，通过低浓度、高活泼性的链载体(自由原子或自由基)的生成，该链载体参与循环反应导致产物的生成和新的链载体的生成，使反应就像锁链一样持续不断地进行下去，这类反应称为链反应(chain reaction)。任何链反应都有链的引发、链的传递和链的终止三个步骤。每一步的基本特征是：

链引发—— 产生自由原子或自由基的过程，是链反应中最难进行的过程。

链传递——链引发产生的自由原子或自由基立即同其它物质发生反应，产生新的自由原子或自由基，如此连续循环进行。此过程是链反应中最活跃的过程。

链终止——自由原子或自由基变为一般分子而销毁的过程，是链反应的最后阶段。

例如，反应 $H_2+Cl_2 \longrightarrow 2HCl$ 就是一个链反应：

链引发：$Cl_2+M \xrightarrow{k_1} 2Cl\cdot+M$

链传递：$Cl\cdot+H_2 \xrightarrow{k_2} HCl+H\cdot$

$H\cdot+Cl_2 \xrightarrow{k_3} HCl+Cl\cdot$

链终止：$2Cl\cdot+M \xrightarrow{k_4} Cl_2+M$

式中 M 为系统中存在的各种物质，如 H_2、Cl_2或任何其它分子、容器的器壁等，用于转移能量。

*第五节　反应级数的确定

反应级数是重要的动力学参数。对于简单级数的反应，反应级数可直接告诉我们反应物的浓度是如何影响反应速率的，并且也可以为明确反应机理提供帮助。动力学研究的基本任务之一就是确定反应级数。确定反应级数常用以下几种方法。

一、积分法

所谓积分法就是利用速率方程的积分式来确定反应级数的方法。它又分为尝试法和作图法。

尝试法　尝试法是将测得的不同时刻的浓度数据直接代入各简单级数反应的积分速率方程中计算速率常数 k。若代入某积分速率方程，在不同的反应时间求得的 k 值相同或极其相近，则该积分速率方程的级数即为所求的反应级数。对于简单级数反应，利用足够宽范围的反应时间的浓度数据一般就可作这种尝试。

【例 6-8】　在 298.2K 时乙酸乙酯与氢氧化钠发生皂化反应，乙酸乙酯与氢氧化钠的初始浓度都为 $0.01\text{mol}\cdot\text{L}^{-1}$，实验测得不同反应时间的产物的浓度如下表。根据实验数据判断该反应的级数。

t/min	5	7	9	11	13
$c/10^{-3}\text{mol}\cdot\text{L}^{-1}$	2.45	3.13	3.67	4.14	4.59

【解】　将表中数据分别代入式(6-11)、(6-3)、(6-7)中计算速率常数 k，列于下表中。

t/min	$k_0/10^{-4}\text{mol}\cdot\text{L}^{-1}\cdot\text{min}^{-1}$	$k_1/10^{-2}\text{min}^{-1}$	$k_2/\text{mol}^{-1}\cdot\text{L}\cdot\text{min}^{-1}$
5	4.90	5.62	6.49
7	4.47	5.36	6.51
9	4.08	5.08	6.44
11	3.76	4.86	6.42
13	3.53	4.73	6.53

由上表数据可以看出，最后一列的 k 值几乎相等，因此该反应为二级反应，速率常数 k 为：

$$\overline{k_2}=\frac{1}{5}\times(6.49+6.51+6.44+6.42+6.53)$$
$$=6.48\ \text{mol}^{-1}\cdot\text{L}\cdot\text{min}^{-1}$$

作图法　此法仍属尝试法范畴，但不是求算速率常数 k，而是以浓度的某种函数对时间作图。因为简单级数反应有如下特点：对一级反应，以 $\ln c_A$ 对 t 作图应得直线；对二级反应，以 $1/c_A$ 对 t 作图应得直线；对零级反应，以 c_A 对 t 作图应得直线。所以，按上述不同形式作图，若有一种图呈直线，则该图所代表的级数即为所求反应的级数。

积分法是常用的确定反应级数的方法，只需要一次实验的数据就能进行尝试，但应用此法时实验数据的浓度变化范围应足够大，否则难以判明反应级数。如果将实验数据代入所有的简单级数反应的积分速率方程中 k 都不是常数，则这个反应不是简单级数反应。

二、半衰期法

半衰期法(half-life method)也是一种积分法。若反应的微分速率方程为：

$$-\frac{\mathrm{d}c_A}{\mathrm{d}t} = kc_A^n$$

则当 $n \neq 1$ 时半衰期 $t_{1/2}$ 与反应物初始浓度 $c_{A,0}$ 的关系为：

$$t_{1/2} = Kc_{A,0}^{1-n} \qquad (6-20)$$

式中 K 为比例常数。将式(6－20)两边取对数可得：

$$\ln t_{1/2} = \ln K + (1-n)\ln c_{A,0} \qquad (6-21)$$

以 $\ln t_{1/2}$ 对 $\ln c_{A,0}$ 作图或进行线性回归，由直线的斜率可求得反应级数 n。另外，由式(6－20)不难导出：

$$n = 1 + \frac{\ln(t_{1/2}/t'_{1/2})}{\ln(c_{A,0}/c'_{A,0})} \qquad (6-22)$$

反应的半衰期 $t_{1/2}$ 和 $t'_{1/2}$ 可从 $c \sim t$ 曲线求得，因此可由式(6－22)计算出 n。

此法不限于用 $t_{1/2}$ 求算反应级数，也可用 $t_{1/4}$、$t_{2/3}$ 等代替式(6－22)中的 $t_{1/2}$ 来进行计算。

三、微分法

所谓微分法(differential method)就是用速率方程的微分形式来确定反应级数的方法。若反应的速率方程为：

$$r = -\frac{\mathrm{d}c_A}{\mathrm{d}t} = kc_A^n \qquad (6-23)$$

测得不同时刻反应物的浓度 c_A，作 $c_A \sim t$ 曲线，曲线上任一点切线的斜率即为该浓度下的反应速率(图 6－8)。只要在 $c_A \sim t$ 曲线上任取两点，则

$$-\frac{\mathrm{d}c_{A,1}}{\mathrm{d}t} = kc_{A,1}^n$$

$$-\frac{\mathrm{d}c_{A,2}}{\mathrm{d}t} = kc_{A,2}^n$$

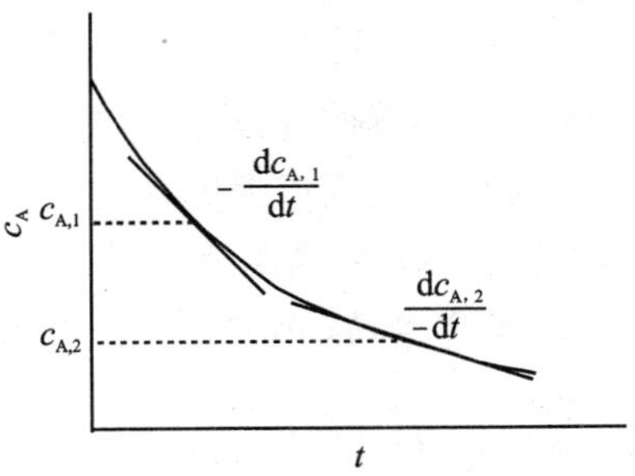

图 6－8　反应物浓度与时间的关系

将上式两边取对数后相减即得反应级数：

$$n = \frac{\ln\left(-\frac{\mathrm{d}c_{A,1}}{\mathrm{d}t}\right) - \ln\left(-\frac{\mathrm{d}c_{A,2}}{\mathrm{d}t}\right)}{\ln c_{A,1} - \ln c_{A,2}}$$

用上述方法求出若干个 n，然后取平均值。另外，对式(6－23)取对数可得：

$$\ln\left(-\frac{dc_A}{dt}\right) = \ln k + n\ln c_A$$

以 $\ln\left(-\frac{dc_A}{dt}\right)$ 对 $\ln c_A$ 作图应为一直线，其斜率就是反应级数 n。

用微分法确定反应级数时，反应速率最好使用反应的初速率值，即取一系列不同的初始浓度 c_0，作一系列的 $c \sim t$ 曲线，在各个 c_0 处求出相应的斜率 $\left(-\frac{dc_0}{dt}\right)$，即反应的初速率。然后以这些初速率的对数对相应的初始浓度的对数作图，直线的斜率即为反应级数 n。该方法的优点是可以避免反应产物的干扰。

四、孤立法

若反应的速率方程为：

$$-\frac{dc_A}{dt} = kc_A^{\alpha}c_C^{\beta}c_D^{\gamma}$$

速率方程中包括不止一种物质，虽然上述确定反应级数的方法仍然可行，但操作很繁琐，这时往往采用孤立法。即先变化其中一种反应物的浓度（如 c_A），并使其它物质的浓度（c_C 和 c_D）大大过量，因而 c_C 和 c_D 在反应过程中可以看作不变，此时反应速率方程变为：

$$-\frac{dc_A}{dt} = k'c_A^{\alpha}$$

在这种情况下，可以应用上述几种方法求算出反应对 A 的级数 α。用类似的方法，可依次求出反应对 C 和 D 的级数 β 和 γ，反应的总级数为 α、β 和 γ 之和。

第六节　温度对反应速率的影响

在本节之前，研究浓度对反应速率的影响是在温度恒定的前提下，现在讨论温度对反应速率的影响，也需把浓度的影响消除，所以通常都是讨论速率常数 k 随温度的变化。

温度对反应速率的影响有许多经验性的规律，其中范特荷夫（Jacobus Henricus Van't Hoff ）规则指出：温度每升高 10K，反应速率增加 2～4 倍，即

$$\frac{k_{T+10}}{k_T} = 2 \sim 4$$

如果不需要精确的计算，则可根据上述规律粗略地估计出温度对反应速率常数的影响。但并不是所有反应的反应速率常数与温度的关系都符合上述规则。目前已知有图 6－9 所示的五种类型的 $k \sim T$ 关系曲线。最常见的为第 I 种类型，即阿仑尼乌斯（Svante August Arrhenius）型，反应速率常数随温度的升高而增大。阿仑尼乌斯公式能够较好地描述这种类型的 $k \sim T$ 关系。

一、阿仑尼乌斯经验公式

1889 年阿仑尼乌斯根据大量的实验数据，发现了速率常数与温度之间的关系有类似的规律性，即著名的阿仑尼乌斯经验公式：

$$\frac{d\ln k}{dT} = \frac{E_a}{RT^2} \qquad (6-24)$$

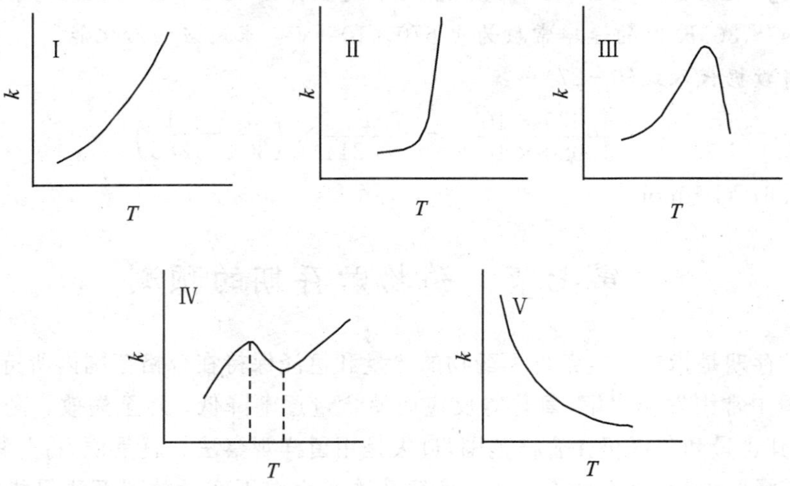

图 6-9　速率常数 k 与温度 T 的关系

式中 E_a 称为阿氏活化能(activation energy)或实验活化能,其单位为 $kJ \cdot mol^{-1}$。若 E_a 为常数,则式(6-24)可变换为如下几种形式:

指数形式　$$k = Ae^{-E_a/RT} \tag{6-25}$$

不定积分式　$$\ln k = -\frac{E_a}{RT} + \ln A \tag{6-26}$$

定积分式　$$\ln\frac{k_2}{k_1} = -\frac{E_a}{R}\left(\frac{1}{T_2} - \frac{1}{T_1}\right) \tag{6-27}$$

式中的 A 是指前因子(preexponential factor),又称为频率因子,其量纲与 k 相同,是一个重要的动力学参数。若已知系列温度下反应的速率常数,利用式(6-26)可求得活化能和指前因子,见例 6-9;在式(6-27)中,若已知其中的四个变量,就可求得第五个变量。

阿仑尼乌斯公式的应用范围相当广泛,既适用于基元反应,也适用于复杂反应。

二、活化能与活化能的测定

阿仑尼乌斯对其经验公式进行了解释,提出了活化分子和活化能的概念。他认为基元反应的分子之间发生反应的必要条件之一是它们必须碰撞,但不是每一次碰撞都能有效地发生反应,只有两个相碰撞的分子具有足够大的能量,才能发生有效碰撞,生成过渡态,由过渡态分裂生成产物。能发生有效碰撞的分子即为活化分子,过渡态的平均能量与反应物分子的平均能量之差即为活化能。

活化能 E_a 是一个重要的动力学参数,其大小对反应速率常数的影响很大。活化能 E_a 的大小可以通过实验测定。通常有作图法和计算法两种方法。

作图法　若测得几个不同温度下反应的速率常数,则根据式(6-24),以 $\ln k$ 对 $1/T$ 作图可得一条直线,直线的斜率为 $-\frac{E_a}{R}$,则 $E_a = -R \times$ 斜率。

计算法　若已知两个温度下反应的速率常数,则代入式(6-27)中可求出活化能。同样,若已知反应的活化能和一个温度下的速率常数,也可由式(6-27)求出另一个温度下的速率常数。

【例 6-9】 $CO(CH_2COOH)_2$在水溶液中发生分解反应，已知 283K 时的速率常数为 $1.080\times10^{-4}s^{-1}$，303K 时的速率常数为 $1.670\times10^{-3}s^{-1}$，求反应的活化能。

【解】 将数据代入式(6-27)中：

$$\ln\frac{1.670\times10^{-3}}{1.080\times10^{-4}}=-\frac{E_a}{8.314}\times\left(\frac{1}{303}-\frac{1}{283}\right)$$

解得：$E_a=97.61\ kJ\cdot mol^{-1}$

*第七节 药物贮存期的预测

药物的贮存期是指在一定条件下药物的含量和色泽保持在合格范围内所持续的时间。药物在贮存过程中常因发生水解、氧化等反应而使含量逐渐降低，乃至失效。药物在室温下可以存放多久，其含量和色泽仍在合格范围，过去是用留样观察法。就是说，将药物在室温放置，定期检查其色泽及含量，至不合格为止。考察药物在室温下实际放置至质量指标不合格所经历的时间，是留样观察法测得的药物贮存期。这个方法切合实际，得到的贮存期准确，仍是目前常用的方法，而且常常是作为检验各种加速试验预测结果的最可靠的标准。但是用这种方法获得贮存期毕竟需要的时间太长，对于稳定的药物常常放置数年而变化不大。这种方法用于老产品的质量考察尚可，若用来筛选新处方，研究新制剂，考察新药物，则太不方便了，因此常用加速试验的方法预测药物的贮存期。加速试验的方法通常有恒温法和变温法，本书只介绍恒温法。

在经典的恒温法中，首先根据已知的有关该药物稳定性的知识设计实验、选择加速温度、确定分析该药物含量的方法、安排取样时间，然后按计划进行实验。在不同的加速温度下，不同的取样时间取样，测定各温度下药物浓度随时间的变化，求得药物降解反应级数及在各试验温度下的反应速率常数 k，然后依据阿仑尼乌斯公式，以 $\ln k$ 对$\frac{1}{T}$作图(或线性回归)，外推求得药物在室温下的速率常数 $k_{298.2}$，并由此计算出在室温下药物含量降至合格限所需的时间，即贮存期。当不知道反应级数时，可对阿仑尼乌斯公式作如下变通应用：测定反应物消耗一定分数所需的时间 t_α，因在各级反应中，t_α都与 k 成反比，则：

$$\ln t_\alpha=常数-\ln k$$

用 $\ln t_\alpha$代替阿仑尼乌斯不定积分式中的 $\ln k$，则

$$\ln t_\alpha=\frac{E_a}{RT}+常数$$

以 $\ln t_\alpha$对$\frac{1}{T}$作图，仍为一直线，其斜率为$\frac{E_a}{R}$。将直线外推至 298.2K，求得此时的 t_α，就可求出室温下的贮存期。

【例 6-10】 抗坏血酸(VC)在水溶液中的氧化分解是准一级反应。配制 10%VC 水溶液，封于 2 ml 安瓿，分别放在 5 个恒温水浴中加速分解。加速温度为 60℃、65℃、70℃、75℃、80℃，分别按一定时间间隔取样，用碘量法分析含量。所得结果列于下表，计算 VC 水溶液在 25℃的 $t_{0.9}$。

T/℃	t/h	I_2消耗量 V/ml	ln$V$
60	0	23.14	3.142
	12	22.73	3.124
	24	22.38	3.108
	36	21.84	3.084
	48	21.63	3.074
65	0	23.17	3.143
	10.3	22.69	3.122
	20.3	22.17	3.099
	30.3	21.56	3.071
	40.3	21.15	3.052
70	0	23.17	3.143
	7.1	22.61	3.118
	14.1	22.02	3.092
	21.1	21.22	3.055
	28.1	20.69	3.030
75	0	23.16	3.142
	6.2	22.47	3.112
	12.2	21.80	3.082
	18.2	21.07	3.048
	24.2	20.30	3.011
80	0	23.09	3.139
	4	22.47	3.112
	8	21.90	3.087
	12	21.16	3.052
	16	20.57	3.024

【解】 因为碘液的浓度是一定的，所以可用 ln$V$(滴定时消耗碘量的对数)代替 ln$c$ 对 t 作图(图 6－10)或作线性回归，求出不同温度下的 k 值。结果列表如下：

T/℃	$\frac{1}{T}/10^{-3}\mathrm{K}^{-1}$	$k/10^{-3}\mathrm{h}^{-1}$	ln$k$
60	3.001	1.5	−6.50
65	2.957	2.3	−6.07
70	2.914	4.1	−5.50
75	2.872	5.4	−5.22
80	2.831	7.2	−4.93

以 ln$k$ 对$\frac{1}{T}$作图(图 6－11)或进行线性回归得：$\ln k=-9448.7\times\frac{1}{T}+21.90$

将$\frac{1}{T}=\frac{1}{298.2}=3.353\times10^{-3}\mathrm{K}^{-1}$代入回归方程得：

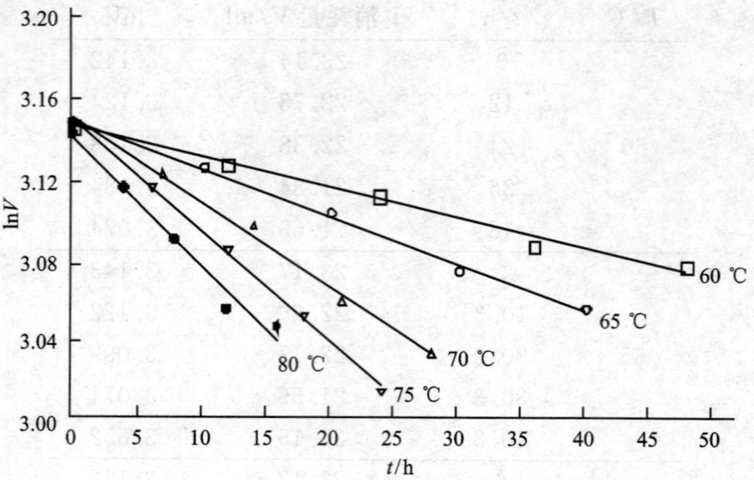

图 6 - 10　lnV～t 关系曲线

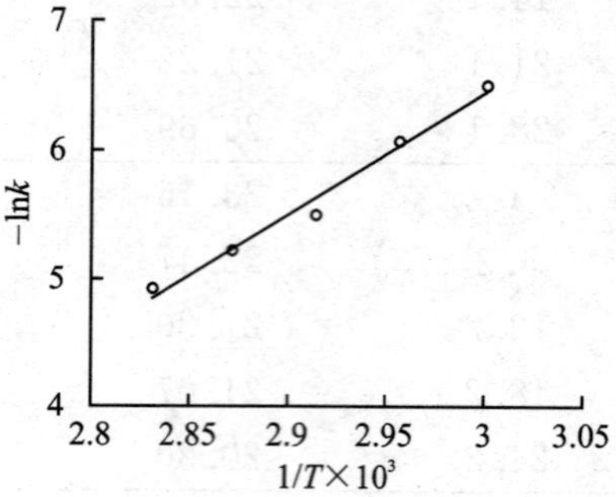

图 6 - 11　lnk～1/T 的关系曲线

$$\ln k_{298.2} = -9.781$$

所以

$$k_{298.2} = 5.652 \times 10^{-5}\,\mathrm{h}^{-1}$$

则

$$t_{0.9} = \frac{0.105}{k_{298.2}} = \frac{0.105}{5.652 \times 10^{-5}} = 1858\mathrm{h} = 77\text{ 天}$$

*第八节　基元反应速率理论简介

现已测出了许多反应的速率常数，对于温度对反应速率常数的影响也有了相当的了解。为什么会有这些宏观规律，理论上必须给予回答。更重要的是人们希望化学动力学能像化学热力学预言反应的自发趋势和限度那样，从理论上计算反应的速率常数。自 20 世纪以来，这方面的研究十分引人注目，先后发展了碰撞理论、过渡态理论和统一统计理论等。下面简单介绍前两个理论。

一、碰撞理论

初期的反应速率理论往往与解释和完善阿仑尼乌斯经验公式有关。1918 年路易士(Gilbert Newton Lewis)在阿仑尼乌斯提出的活化能概念的基础上，结合气体分子运动论，对气相的双分子反应作出阐述，建立了基元反应速率的碰撞理论(collision theory)。

现在以双分子简单气相反应 $A+D \longrightarrow P$（A、D 代表反应物分子，P 代表产物分子）为例来进行讨论。对于反应是如何进行的问题，碰撞理论有如下的基本假设：

(1) 分子可以看作刚性球，除碰撞时以外，分子间不存在相互作用。

(2) 两个反应物分子必须经历碰撞才能发生反应。

(3) 不是所有的碰撞都能发生反应，只有相互碰撞的一对分子所具有的平动能超过某一临界值，才能发生反应。这样的分子称为活化分子，活化分子的碰撞称为有效碰撞（effective collision）。

(4) 单位时间、单位体积内发生的有效碰撞次数就是化学反应的速率。

根据碰撞理论的基本假设和气体分子运动论，可推导出反应速率为：

$$r=-\frac{dc_A}{dt}=LD_{AD}^2\sqrt{\frac{8\pi RT}{\mu}}e^{-E_c/RT}c_Ac_D \tag{6-28}$$

式中 $D_{AD}=r_A+r_D$，为有效碰撞直径，r_A 与 r_D 分别为分子 A 与 D 的半径，E_c 为反应的临界能。

根据质量作用定律，A 与 D 的反应速率为：

$$r=k_{AD}c_Ac_D$$

与式(6-28)比较得：

$$k_{AD}=LD_{AD}^2\sqrt{\frac{8\pi RT}{\mu}}e^{-E_c/RT} \tag{6-29}$$

对于 A=D 即 $2A \longrightarrow P$ 的气相基元反应，同理可得：

$$-\frac{dc_A}{dt}=4LD_A^2\sqrt{\frac{\pi RT}{M_A}}e^{-E_c/RT}c_A^2$$

$$k_{AA}=2LD_A^2\sqrt{\frac{\pi RT}{M_A}}e^{-E_c/RT} \tag{6-30}$$

对式(6-29)及式(6-30)两边取对数，均可得如下形式：

$$\ln k=\frac{1}{2}\ln T-\frac{E_c}{RT}+常数$$

$$\frac{d\ln k}{dT}=\frac{1}{2T}+\frac{E_c}{RT^2}=\frac{E_c+\frac{1}{2}RT}{RT^2} \tag{6-31}$$

式(6-31)与式(6-24)比较得：

$$E_a=E_c+\frac{1}{2}RT \tag{6-32}$$

因为临界能 E_c 是常数，所以实验活化能 E_a 与温度有关。

将式(6-29)、(6-30)和(6-32)分别代入阿仑尼乌斯公式中，对于 $A+D \longrightarrow P$ 的反应，可得如下结果：

$$A=LD_{AD}^2\sqrt{\frac{8\pi RT}{\mu}}e^{-E_c/RT}e^{E_a/RT}=LD_{AD}^2\sqrt{\frac{8\pi RT}{\mu}}e^{1/2} \tag{6-33}$$

对于 $2A \longrightarrow P$ 的反应

$$A=2LD_A^2\sqrt{\frac{\pi RT}{M_A}}e^{1/2} \tag{6-34}$$

如果反应温度不是很高，如在室温下，而且反应的活化能又不是很小时，$\frac{1}{2}RT$ 相对于 E_c 可以忽略，所以可以认为：

$$E_a \approx E_c$$

但是应当指出，E_a和 E_c的物理意义是不同的，E_a是活化分子的平均能量与所有反应物分子的平均能量之差，而 E_c则为发生反应的最小临界能。若 $E_a \approx E_c$，式(6－33)和(6－34)可分别简化为：

$$A = LD_{AD}^2 \sqrt{\frac{8\pi RT}{\mu}} \tag{6-35}$$

$$A = 2LD_A^2 \sqrt{\frac{\pi RT}{M_A}} \tag{6-36}$$

因此，按照碰撞理论，指前因子 A 也随温度的平方根而变化。由式(6－33)、(6－34)、(6－35)和(6－36)可以看出，指前因子 A 不需用实验测定，根据反应物分子的摩尔质量、分子大小及温度等有关参数就可以进行计算。

应用碰撞理论来计算速率常数 k，必须要知道反应临界能 E_c，但碰撞理论本身却不能给出 E_c的大小，因为在碰撞理论中没有考虑分子的内部结构，不能给出与价电子相互作用有关的反应所需要的能量的临界值 E_c，因此在应用碰撞理论时式(6－32)很重要，而且在验证碰撞理论公式时，不得不用实验活化能 E_a代替 E_c，这正是碰撞理论的弱点。所以验证碰撞理论通常把由碰撞理论得到的指前因子与实验获得的指前因子比较，或者由实验的速率常数 k 值，根据式(6－29)或(6－30)计算分子直径 D，看其值是否合理。对那些反应物分子结构比较简单的反应来说，理论计算值与实验值符合得较好，但对更多的反应来说，计算值与实验值有很大的偏差。应用碰撞理论计算反应 $2HI \longrightarrow H_2 + I_2$ 的速率常数是最早的成功实例。

碰撞理论为我们描述了一幅虽然粗糙但十分明确的反应图像，在反应速率理论的发展中起了很大的作用。

二、过渡态理论

化学反应归根结底是新键的生成和旧键的断裂，要成功地计算速率常数，必须考虑分子之间的相互作用，碰撞理论显然过于简化。在 20 世纪 30 年代，在统计力学和量子力学发展的基础上，由埃林(Henry Eyring)、波拉尼(Michale Polanyi)等人提出了过渡态理论(transition state theory)，又称为活化络合物理论。过渡态理论从另一途径进行速率常数的理论计算。过渡态理论的基本假设为：

(1) 反应系统的势能是原子间相对位置的函数。

(2) 在由反应物生成产物的过程中，分子要经历一个价键重排的过渡阶段。处于这一过渡阶段的分子称为活化络合物(activated complex)或过渡态(transition state)。

(3) 活化络合物的势能高于反应物和产物的势能，此势能是反应进行时必须克服的势垒，但它又较其它任何可能的中间态的势能低。

(4) 活化络合物与反应物分子处于某种平衡状态。总反应速率取决于活化络合物的分解速率。

根据过渡态理论，对于双分子基元反应，分子 A 和分子 BC 生成产物 AB 和 C 的过程应为

$$A + BC \rightleftharpoons [A\cdots B\cdots C] \longrightarrow AB + C$$

根据以上假设和量子理论，可得反应速率为：

$$r = -\frac{dc_{\neq,ABC}}{dt} = \frac{k_B T}{h} K_{\neq} c_A c_{BC} \tag{6-37}$$

根据质量作用定律，双分子简单反应的速率为：

$$r = kc_A c_{BC}$$

与式(6－37)比较，可得速率常数为：

$$k = \frac{k_B T}{h} K_{\neq}$$

这就是由过渡态理论得出的计算反应速率常数的基本公式。在恒温下，各项除 $K_{\neq}$ 外皆为常数，与具体的反应无关。只要能计算出 $K_{\neq}$，就能求出速率常数 k。原则上，只要知道活化络合物的结构，就可用热力学、量子力学和物质结构的数据求出 $K_{\neq}$：

$$K_{\neq} = e^{\Delta_r S_{\neq}^{\ominus}/R} e^{-\Delta_r H_{\neq}^{\ominus}/RT}$$

式中，$\Delta_r H_{\neq}^{\ominus}$ 和 $\Delta_r S_{\neq}^{\ominus}$ 分别代表由反应物生成活化络合物这一过程系统的标准焓变化及标准熵变化，通常简称为活化焓及活化熵。则速率常数为：

$$k = \frac{k_B T}{h} e^{\Delta_r S_{\neq}^{\ominus}/R} e^{-\Delta_r H_{\neq}^{\ominus}/RT} \tag{6-38}$$

从式(6－38)可知，$\Delta_r S_{\neq}^{\ominus}$ 与 $\Delta_r H_{\neq}^{\ominus}$ 对速率常数的影响是相反的，$\Delta_r S_{\neq}^{\ominus}$ 越大、$\Delta_r H_{\neq}^{\ominus}$ 越小，则速率常数 k 越大。与阿仑尼乌斯公式(6－25)相比，指前因子 A 受活化熵的影响，而 E_a 与活化焓有关。式(6－38)即是过渡态理论的热力学公式，它对任何形式的基元反应均适用，若能计算出活化吉布斯能、活化焓及活化熵，就可求出反应的速率常数。

过渡态理论将反应物分子的微观结构与反应速率联系起来，在利用统计力学和量子力学结果的基础上，提供了从理论上计算活化能的可能性，比碰撞理论大大前进了一步。对于最简单的反应——两个原子的复合反应，两者给出相同的结果；对于其它基元反应，一般地，过渡态理论的结果优于碰撞理论的结果。

第九节　溶液中的反应

在溶液中进行的反应是很多的，许多药物的生产与使用也都是在溶液中进行的。在溶液中进行的反应除了反应物外，还有大量的溶剂分子，因此溶液中的反应比气相反应复杂得多。最简单的情况是溶剂仅仅作为反应介质，此时，溶液中反应的动力学参数与气相中的反应相近。表 6－2 列出的 N_2O_5 在不同溶剂中的分解反应就属这种情况。对于一些溶液中的反应，溶剂除了作为反应介质外，其理化性质对反应系统也有影响，这种影响称为溶剂效应。

表 6－2　N_2O_5 在不同溶剂中分解反应的动力学数据(298.2K)

溶　剂	$k/10^{-5}\ s^{-1}$	$\ln A$	$E_a/kJ \cdot mol^{-1}$
气相	3.38	31.3	103.3
CCl_4	4.09	31.3	101.3
$CHCl_3$	3.72	31.3	102.5
$C_2H_2Cl_2$	4.79	31.3	102.1
CH_3NO_2	3.13	31.1	102.5
Br_2	4.27	30.6	100.4

一、笼效应

在低压或中等压力的气相中，分子在反应系统的空间里彼此远离并自由运动。而在溶液中，每个溶质分子都被周围的溶剂分子包围着，不能自由运动，即被关在由周围溶剂分子构成的"笼"中，这种现象称为"笼效应"(cage effect)，见图 6－12。由于笼效应的存在，阻碍了反应物分子 A 与 D 在溶液中相遇。但当 A 与 D 偶然进入同一个笼中后(称为偶遇，encounter)，则被关在笼中相对较长的时间，发生多次的反复碰撞，碰撞机会大大增加。如果反应物分子与溶剂分子之间没有特殊的相互作用(例如溶剂化)，那么在同样条件下，就单位时间、单位体积内反应物分子之间的总碰撞次数而言，溶液中的反应与气相反应大致相当，如表 6－2 中 N_2O_5 的反应。另外，由于反应物分子穿过笼所需的活化能(扩散活化能)一般小于 20 kJ · mol^{-1}，小于大多数化学反应的活化能(40～400 kJ · mol^{-1})，故扩散作用一般不影响反应速率。但对于活化能很小(速率常数很大)的反应，例如溶液中的某些离子反应、自由基反应，则反应速率取决于分子的扩散速率。

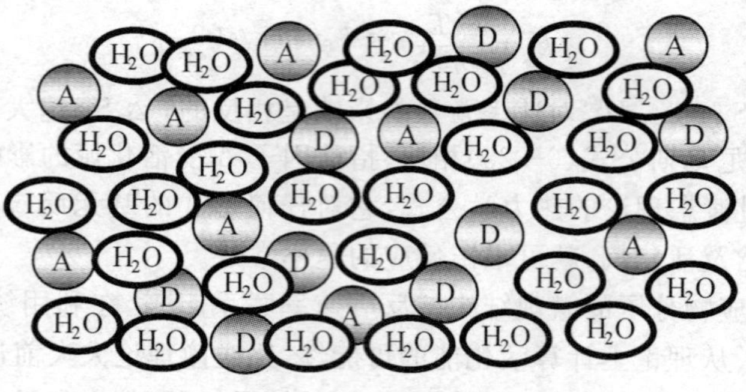

图 6－12　笼效应示意图

二、溶剂性质对反应速率的影响

溶剂对反应速率的影响极其复杂，总的来说有以下的经验规律：

溶剂的极性　如果产物的极性大于反应物的极性，则在极性溶剂中的反应速率常数比在非极性溶剂中的大；反之，如果产物的极性小于反应物的极性，则在极性溶剂中的反应速率常数比在非极性溶剂中的小。

溶剂的介电常数　对于离子或极性分子之间的反应，溶剂的介电常数的大小将影响离子或极性分子之间的相互作用力，从而影响其反应速率常数。溶剂的介电常数越大，溶液中离子之间的相互作用力就越小。因此，对同号电荷离子之间的反应，溶剂的介电常数越大，反应速率常数越大；反之，对异号电荷离子之间的反应或对离子与极性分子之间的反应，溶剂的介电常数越大，反应速率常数就越小。

例如，OH^- 离子催化巴比妥类药物在水中的水解是同种电荷离子之间的反应。加入介电常数比水小的物质，例如甘油、乙醇等，将使反应速率常数减小。

溶剂化的影响　物质的溶剂化，将使其能量降低，因此反应物与过渡态的溶剂化将影响反应的活化能。若过渡态的溶剂化作用比反应物大，则反应的活化能降低，从而使反应速率常数增大。反之，若反应物的溶剂化作用大于过渡态，则反应的活化能升高，从而使反应速率常数减小。

原盐效应(primary salt effect)　又称为动力学盐效应，溶液离子强度的变化导致离子之间的反应速率常数变化的作用。可以证明，在稀溶液中，离子反应的速率常数与溶液离子强度之间的关系如下：

$$\lg k = \lg k_0 + 2Z_A Z_B A\sqrt{I} \qquad (6-39)$$

式中 Z_A、Z_B 分别为反应物 A、B 的电荷数，I 为离子强度，k_0 为离子强度为零时（无限稀释时）的速率常数，A 为与溶剂和温度有关的常数，在 25℃ 的水溶液中，$A=0.509\text{mol}^{-1/2}\cdot\text{kg}^{1/2}$。

由式(6-39)可知，对同号电荷离子之间的反应，溶液的离子强度越大，反应速率常数越大；对异号电荷离子之间的反应，溶液的离子强度越大，反应速率常数就越小。

* 第十节　光化学反应

化学反应可分为热反应（thermal reaction）和光化学反应（photochemical reaction）两类。普通的化学反应称为热反应，光化学反应是指由光照射而引起的化学反应。热反应中涉及的分子、原子等物质处于基态，光化学反应则是在反应物吸收光量子、处于激发态时进行的。光化学反应与热反应的主要区别在于：

(1) 反应的活化能来自系统吸收的热量，光化学反应的活化能来自吸收的光子的能量。

(2) 恒温恒压和不做非体积功的条件下，热反应总是朝着吉布斯能降低的方向进行，光化学反应既可朝着吉布斯能降低的方向进行，如光化链反应 $H_2+Cl_2 \longrightarrow 2HCl$，也可朝着吉布斯能升高的方向进行，如光合反应，将光能转化为系统的吉布斯能。

(3) 热反应的速率常数一般随温度升高而增大，光化学反应的速率常数受温度的影响较小，大多数光化学反应表现为零级反应。

(4) 入射光的波长与强度一般不影响热反应的平衡，而对光化学反应有很大的影响。

光化学研究光作用下进行的化学反应的规律和机理。

一、光化学基本定律

光化学第一定律　只有被系统吸收的光才能有效地引起光化学反应。

光化学反应一般分两个阶段进行。第一阶段为初级过程（primary process），此过程必须在光的照射下才能进行，反应物分子或原子吸收光量子被活化成为激发态的分子或原子。随后为第二阶段——次级过程（secondary process），即活化分子或原子与其他分子发生反应，或将能量传递给低能分子而失活，或发生其他一系列的热反应。如 HI 的光化分解反应：

初级过程　　$HI + h\nu \longrightarrow I\cdot + H\cdot$

次级过程　　$H\cdot + HI \longrightarrow H_2 + I\cdot$

$I\cdot + I\cdot \longrightarrow I_2$

光化学第二定律　在光化反应的初级过程中，被活化的分子或原子数等于被吸收的光量子数，即一个分子或原子吸收一个光量子而被活化。这是 20 世纪初由爱因斯坦（Einstein）提出的，又称为光化当量定律。

活化 1mol 分子或原子需要吸收 1mol 的光量子，它所具有的能量称为摩尔光量子能量，用 E 表示，显然

$$E = Lh\nu = \frac{Lhc}{\lambda}$$

$$= \frac{6.022\times10^{23}\times6.626\times10^{-34}\times2.998\times10^{8}}{\lambda} = \frac{0.1196}{\lambda}\ \text{J}\cdot\text{mol}^{-1} \qquad (6-40)$$

式中 L 为阿伏伽德罗常数，h 为普朗克常数，c 为光速，ν 为光的频率，λ 为光的波长，单位为 m。

由式(6-40)可见,E 与 λ 有关。

二、量子效率

光化学反应中,系统吸收一个光量子而使一个分子或原子活化,但并不意味着使一个分子或原子发生光化学反应,有可能引起多个反应物分子或原子发生反应。活化分子或原子也可能不发生反应而以各种形式释放出能量重新回到基态。为了衡量被吸收的光量子在光化学反应中的效率,提出了量子效率(quantum yield)的概念,用 Φ 表示,其定义为:

$$\Phi=\frac{\text{发生反应的分子数}}{\text{吸收的光量子数}}\text{或}\frac{\text{生成产物的分子数}}{\text{吸收的光量子数}}\text{或}\frac{\text{反应速率}}{\text{吸收光量子的速率}}$$

Φ 的数值从 0 到 10^6。Φ 越大,表示光能的利用率越高。

【例 6-11】 肉桂酸在光照下溴化生成二溴肉桂酸。在温度为 303.6 K,用波长为 435.8 nm、强度为 $1.4\times10^{-3}\,\mathrm{J\cdot s^{-1}}$ 的光照射 1105s 后,有 7.5×10^{-5} mol 的溴发生了反应,已知溶液吸收了入射光的 80.1%,求量子效率。

【解】 入射光的摩尔光量子能量为:

$$E=\frac{0.1196}{\lambda}=\frac{0.1196}{4.358\times10^{-7}}=2.744\times10^{5}\,\mathrm{J\cdot mol^{-1}}$$

吸收的光量子的物质的量为:

$$\frac{1.4\times10^{-3}\times1105\times80.1\%}{2.744\times10^{5}}=4.515\times10^{-6}\,\mathrm{mol}$$

量子效率为:

$$\Phi=\frac{7.5\times10^{-5}}{4.515\times10^{-6}}=16.6$$

三、光对药物稳定性的影响

有的药物对热很稳定,而对光不稳定,其贮存期主要取决于光照量。在光源一定时,药物在光照射下的含量下降的程度与入射光的照度 E 与时间 t 的乘积 Et(累积光量)有关。研究药物在光照射下的稳定性和预测其贮存期,就需要在较高的照度下测定药物含量的变化,找出药物含量 c 与累积光量 Et 的关系,由此计算得到在自然贮存条件的较低照度下,药物含量下降至合格限度所需的时间,即贮存期。

第十一节　催化反应

一、催化作用简介

一种或多种少量的物质加到化学反应系统中,可以改变反应的速率而其本身的数量和化学性质在反应前后都不改变,这种物质称为催化剂(catalyst)。加入催化剂改变反应速率的作用称为**催化作用**(catalysis)。现代化学工业产品的 80%以上是经催化剂的催化来生产的。生物体内的各种生化反应是靠酶的催化完成的。

催化剂可以是有意识地加入反应系统的,也可以是在反应过程中自发产生的产物或中间物。后一种现象称为自催化作用(autocatalysis),起催化作用的产物或中间物称为自催化剂(autocatalyst)。

催化反应分为三类：均相催化（homogeneous catalysis）反应、复相催化（heterogeneous catalysis）反应和酶催化（enzyme catalysis）反应。催化剂与反应系统在同一相中的催化反应称为均相催化反应，如均相酸碱催化反应。与之相对应，涉及多相的催化反应称为复相催化反应，反应发生在两相的界面（催化剂通常为固体），如气-固催化反应，催化剂为固相，反应物为气相，反应在界面上进行。

催化剂的基本特征

(1) 催化剂参与反应，并改变反应的历程，显著地降低反应的活化能。

(2) 催化剂能显著地改变化学反应的速率，但它不影响化学平衡，不改变化学反应的可能性。从热力学的观点来看，一个化学反应系统，无论使用催化剂与否，反应前后吉布斯能的变化不变，因为状态函数的变化与过程无关。故催化剂不能使热力学上不可能进行的反应发生，不能改变化学平衡，不能移动平衡点，只能缩短达到平衡的时间。这同时也说明催化剂在使正反应加速的同时，也使逆反应加速同样的倍数。对已达平衡的反应，不能用加入催化剂的方法来提高目的产物的产率。

(3) 催化剂具有选择性。不同类型的反应需要不同的催化剂。有的催化剂选择性较强，如酶的选择性最强；有的催化剂选择性较弱，如酸碱催化剂最弱。

(4) 催化剂对某些杂质很敏感。某些杂质对催化剂的催化作用有极大的影响，能增强催化剂的活性、选择性、稳定性的杂质称为助催化剂或促进剂（catalytic accelerator，promotor），减弱上述催化功能的则称为阻化剂或抑制剂（inhibitor）。作用很强的阻化剂只要极微的量就能严重阻碍催化反应的进行，这些物质称为催化剂的毒物（poison）。例如在铂催化反应 $H_2+\frac{1}{2}O_2 \longrightarrow H_2O$ 中，极少量的 CO 就可使铂中毒，使之完全丧失催化活性。催化剂的中毒可以是永久性的，也可以是暂时性的。后者只要将毒物除去，催化剂的功能就可以恢复。

(5) 反应过程中催化剂的变化。在反应前后催化剂本身的数量和化学性质虽然不变，但有些物理性状，特别是外观、晶型等会发生变化。

*二、酸碱催化反应

在药物生产和药物制剂及生物系统中，溶液中的反应最常见，尤其是稀溶液中的反应更多。溶液的酸碱性（pH 值）对反应速率的影响很大。酸碱可使溶液中不同反应的速率增大，即发生了催化作用，酸或碱是催化剂。例如，蔗糖的水解是以 H^+ 离子为催化剂，过氧化氢分解是以 OH^- 离子为催化剂，阿司匹林、普鲁卡因等的水解，既可被 H^+ 离子催化，又可被 OH^- 离子催化。这些以 H^+ 或 OH^- 离子为催化剂的反应称为专属酸碱催化（specific acid-base catalysis）。不仅如此，在某些反应中，广义酸与广义碱都可作催化剂，这种催化称为广义酸碱催化（general acid-base catalysis）。

如果反应既可被酸催化，又可被碱催化，而且又可被溶剂催化，则总的反应速率为：

$$r = k_0 c_S + k_{H^+} c_{H^+} c_S + k_{OH^-} c_{OH^-} c_S \qquad (6-41)$$

式中 k_0 表示溶剂参与反应的速率常数，c_S 表示反应物的浓度，k_{H^+} 与 k_{OH^-} 分别表示 H^+ 与 OH^- 离子催化时的速率常数，分别称为酸催化系数和碱催化系数，代表了催化剂的催化能力，c_{H^+} 与 c_{OH^-} 分别表示 H^+ 与 OH^- 离子的浓度。将式(6-41)表示为如下形式：

$$r = kc_S$$

则

$$k = k_0 + k_{H^+} c_{H^+} + k_{OH^-} c_{OH^-}$$

或
$$k = k_0 + k_{H^+} c_{H^+} + \frac{k_{OH^-} K_W}{c_{H^+}} \tag{6-42}$$

K_W表示水的离子积，$K_W = c_{H^+} c_{OH^-}$，在 25℃时等于1.00×10^{-14}。上式表明溶液的 pH 值对反应速率的影响。图 6-13 为 k～pH 示意图。在图中 pH 较小、较大和居中处各取一点，即可分别求得 k_{H^+}、k_{OH^-} 和 k_0 的近似值。

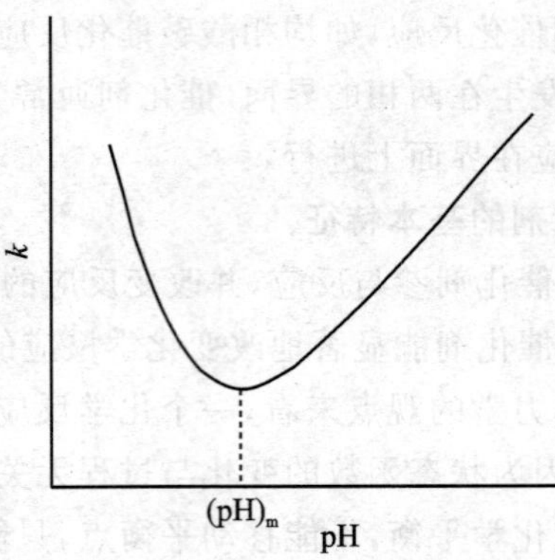

图 6-13　反应速率常数 k 与 pH 的关系

【例 6-12】 葡萄糖的变旋异构反应是酸催化反应。试从下列观察到的一级速率常数求算实验条件下的 k_0 和 k_{H^+}。

c_{H^+} /mol·L^{-1}	0.0048	0.0247
$k/10^{-3}$ min^{-1}	6.00	8.92

【解】 在酸催化反应中可忽略 OH^- 的催化作用，则反应的速率常数

$$k = k_0 + k_{H^+} c_{H^+}$$

将题给数据分别代入上式

$$6.00 \times 10^{-3} = k_0 + 0.0048 k_{H^+}$$
$$8.92 \times 10^{-3} = k_0 + 0.0247 k_{H^+}$$

两式联立解得：

$$k_0 = 5.29 \times 10^{-3}\,\text{min}^{-1}$$
$$k_{H^+} = 0.147\ \text{mol}^{-1} \cdot \text{L} \cdot \text{min}^{-1}$$

许多药物在溶液中的失效是由专属酸碱催化引起的，催化反应速率最慢（即药物最稳定）的 pH 值用$(pH)_m$表示，如图 6-13 中曲线的最低点所对应的 pH 值。该值可通过实验，用作图法得到，也可通过实验经如下的简单计算得到。

将式(6-42)两端对 c_{H^+} 求导数，并令其为零：

$$\frac{dk}{dc_{H^+}} = k_{H^+} - \frac{k_{OH^-} K_W}{c_{H^+}^2} = 0$$

整理可得：

$$(pH)_m = \frac{1}{2}(\lg k_{H^+} - \lg k_{OH^-} - \lg K_W) \tag{6-43}$$

式中不同温度下的 K_W 可从手册中查找，k_{H^+} 及 k_{OH^-} 可从实验求算。对于易水解的药物，在$(pH)_m$以下时，为氢离子催化占优势；在$(pH)_m$以上时，为氢氧根离子催化占优势。由此可知，pH 值对这类药物的稳定性影响很大，必须认真调节溶液的 pH 值。

【例 6-13】 普鲁卡因在 pH 2.3～9 之间，主要以单离子型存在：

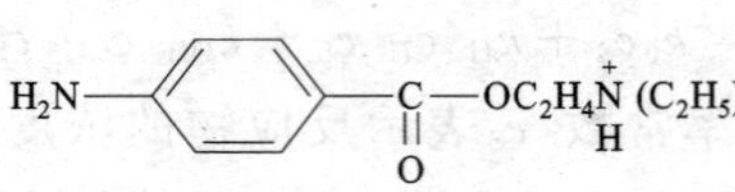

它既能被酸催化，又能被碱催化。在 50℃时，测得 $k_{H^+} = 3.1 \times 10^{-6}\ \text{mol}^{-1} \cdot \text{L} \cdot \text{s}^{-1}$，$k_{OH^-} = 2.78\ \text{mol}^{-1} \cdot \text{L} \cdot \text{s}^{-1}$。试计算普鲁卡因注射液的$(pH)_m$值。

【解】 将题给数据代入式(6-43)中得：

$$(pH)_m = \frac{1}{2} \times (\lg 3.1 \times 10^{-6} - \lg 2.78 - \lg 1.4 \times 10^{-13}) = 3.40$$

所以普鲁卡因注射液最稳定的 pH 值为 3.40。

*三、酶催化反应

酶是具有特殊催化功能的生物催化剂，生物体内进行的各种代谢反应，如蛋白质、糖类、脂肪等的分解和合成基本上都是酶催化反应。酶催化反应的速率与酶浓度、底物浓度、温度、pH 以及其它干扰物质有关。酶催化反应除了具有一般催化反应的性质外，还具有高度的选择性、催化效率高、反应条件温和、反应机理复杂等特点。

米恰利(Michaelis)和门顿(Menten)最早提出酶催化反应的机理：

$$E + S \underset{k_2}{\overset{k_1}{\rightleftharpoons}} ES \xrightarrow{k_3} E + P$$

即酶(E)与底物(S)先生成中间产物(ES)，然后中间产物(ES)转变成产物(P)，并释放出酶(E)。通常第二步反应，即中间产物(ES)分解为产物(P)的速率很小，控制了总反应的速率。

根据上述机理推导得出的速率方程为：

$$r = \frac{k_3 c_{E,0} c_S}{K_M + c_S} \tag{6-44}$$

式中 $c_{E,0}$ 为酶的原始总浓度，c_S 为底物浓度，K_M 称为米氏常数，$K_M = \frac{k_2 + k_3}{k_1}$。

根据式(6-44)可得出如下结论：

(1) 当底物浓度很小时，$c_S \ll K_M$，式(6-44)可简化为：

$$r = \frac{k_3}{K_M} c_{E,0} c_S \qquad \text{(对底物为一级反应)}$$

(2) 当底物浓度很大时，$c_S \gg K_M$，式(6-44)可简化为：

$$r_m = k_3 c_{E,0} \qquad \text{(对底物为零级反应)}$$

将 $r_m = k_3 c_{E,0}$ 代入式(6-44)中得：

$$\frac{1}{r} = \frac{K_M}{r_m} \cdot \frac{1}{c_S} + \frac{1}{r_m}$$

以 $\frac{1}{r}$ 对 $\frac{1}{c_S}$ 作图，得一直线，斜率为 $\frac{K_M}{r_m}$，截距为 $\frac{1}{r_m}$，由此可求出 K_M 和 r_m。

习　题

1. 298K 时 N_2O_5(g) 分解反应 $N_2O_5 \longrightarrow 2NO_2 + 1/2O_2$ 的半衰期 $t_{1/2}$ 为 5.7h，此值与 N_2O_5 的初始浓度无关，求：(1) 该反应的速率常数；(2) N_2O_5(g) 分解 90% 所需的时间。

2. 乙烷裂解制取乙烯的反应如下：$C_2H_6 \longrightarrow C_2H_4 + H_2$，已知 800℃ 时的速率常数 $k = 3.43\ s^{-1}$，问当乙烷的转化率为 50% 和 75% 时分别需要多长时间？

3. 蔗糖在 H^+ 催化下可水解成葡萄糖和果糖。0.3 mol·L^{-1} 的蔗糖溶液中含有 1mol·L^{-1} 的盐酸，测得在 48℃ 时经 20min 有 32% 的蔗糖发生水解。已知蔗糖的水解为准一级反应，求：(1) 反应的速率常数；(2) 30min 时蔗糖的浓度。

4. 用氯乙醇和碳酸氢钠反应制取乙二醇：

$$CH_2OHCH_2Cl\,(A) + NaHCO_3\,(B) \longrightarrow CH_2OHCH_2OH + NaCl + CO_2$$

已知该反应的微分速率方程为：$-dc_A/dt = kc_A c_B$，且测得 82℃时反应的速率常数 $k = 5.20\ mol^{-1} \cdot L \cdot h^{-1}$。试计算在 82℃时：(1) 如果溶液中氯乙醇、碳酸氢钠的初始浓度相同，$c_{A,0} = c_{B,0} = 1.20\ mol \cdot L^{-1}$，氯乙醇转化 95%需要多少时间？(2) 在同样初始浓度的条件下，氯乙醇转化率达到 99.75%需要多少时间？

5. 某二级反应的速率方程为 $r = k_2 c_B^2$，物质 B 的初始浓度为 $2\ mol \cdot L^{-1}$，当转化率为 30%时，所需时间为 180s，现将初始浓度提高到 $4 mol \cdot L^{-1}$，则当转化率为 30%时所需的时间是多少？

6. 518℃时乙醛在恒容下发生如下的分解反应：

$$CH_3CHO \longrightarrow CH_4 + CO$$

已知乙醛的初始压力为 48.4kPa，反应 8min 时测得容器内的总压力为 74.3 kPa。已知该反应为二级反应，求反应的速率常数和半衰期。

7. 已知浓度低于 $3.3 g \cdot L^{-1}$ 的阿司匹林水溶液的降解为一级反应，其一级反应的速率常数为 $5 \times 10^{-7} s^{-1}$。阿司匹林混悬液的浓度为 $130 g \cdot L^{-1}$，其饱和溶解度为 $3.3 g \cdot L^{-1}$，求阿司匹林混悬液降解的零级速率常数和 $t_{0.9}$。

8. 反应 $A \underset{k_2}{\overset{k_1}{\rightleftharpoons}} D$ 在 298 K 时的 $k_1 = 2.0 \times 10^{-2}\ min^{-1}$，$k_2 = 5.0 \times 10^{-3}\ min^{-1}$，温度增加到 310 K 时，$k_1$ 增加为原来的 4 倍，k_2 增加为原来的 2 倍，计算：(1) 298 K 时反应的平衡常数；(2) 310 K 时反应的平衡常数；(3) 根据(1)、(2) 的计算结果说明该反应是吸热反应还是放热反应。

9. 某平行反应

$$A \begin{cases} \xrightarrow{k_1} D \\ \xrightarrow[k_2]{} E \end{cases}$$

在某温度下的速率常数 k_1 和 k_2 分别为 $12.74 s^{-1}$ 和 $3.65 \times 10^{-2} s^{-1}$，已知反应开始时只有反应物 A，求任一时刻产物的浓度之比。

10. 某药物分解为一级反应，其半衰期在 27°C 时为 5000s，在 37℃时为 1000s，求反应的活化能。

11. 某药物在水溶液中的分解为一级反应，在 60℃和 10℃时的速率常数分别为 $5.484 \times 10^{-1} s^{-1}$ 和 $1.080 \times 10^{-4} s^{-1}$，求该反应的活化能和在 30℃时的速率常数 k。

12. 5-氟尿嘧啶的分解为一级反应，已知在 80℃和 60℃时的速率常数分别为 $9.60 \times 10^{-7}\ s^{-1}$ 和 $1.18 \times 10^{-7} s^{-1}$。求：(1) 该药物分解反应的活化能；(2) 该药物在 25℃时的速率常数；(3) 该药物在 25℃时的有效期 $t_{0.9}$。

13. 茵栀黄注射液是茵陈、山栀和黄岑经提取后制成的复方静脉注射液。注射液中黄岑不稳定，所以以其主要成分黄岑苷的含量作为质量控制标准。用薄层色谱法结合紫外分光光度法测定含量。加速试验在 100℃、90℃、80℃和 70℃遮光下进行。茵栀黄注射液在不同温度下、不同时间 t 与含量 c 的结果如下表所示。已知注射液降解至 10%即失效，降解反应为一级反应，求该注射液在室温(25℃)下的贮存期 $t_{0.9}$。

100℃		90℃		80℃		70℃	
t/h	c/%	t/h	c/%	t/h	c/%	t/h	c/%
0	100.00	0	100.00	0	100.00	0	100.00
1	94.80	6	85.93	12	92.06	24	94.67
3	86.42	10	82.10	24	82.56	36	92.11
5	77.12	20	67.74	36	78.03	55	88.20
7	69.23	25	61.32	48	71.84	72	84.74
10	58.14			60	66.24	96	80.62

14. 某药物制剂在40℃、50℃、60℃、70℃四个温度下进行加速实验，已知该药物的降解为一级反应，各温度的速率常数分别为 $2.66\times10^{-5}\ h^{-1}$、$7.94\times10^{-5}\ h^{-1}$、$22.38\times10^{-5}\ h^{-1}$、$56.50\times10^{-5}\ h^{-1}$，试计算此药物制剂在室温(25℃)下的有效期 $t_{0.9}$。

15. H_2和 Cl_2的光化学反应吸收波长为 4.8×10^{-7}m 的光，量子效率为 10^6。在此条件下吸收 1J 的辐射能，可生成多少摩尔的 HCl?

16. 在某个光化学反应中，应用激光产生 464nm 的辐射，入射光强度为 $0.0015J\cdot s^{-1}$，系统吸收入射光的 74.4%；曝光 110s 的时间内生成 6.80×10^{-6}mol 的产物。求量子效率。

17. 某有机物 A 在 323K、酸催化下发生水解反应。已知当溶液的 pH=5 时，速率常数为 $0.012\ min^{-1}$；pH =4 时，速率常数为 $0.10\ min^{-1}$。求 323K 时的速率常数 k_0 和 k_{H^+}。

18. 某药物的水解既能被酸催化，又能被碱催化。在 25℃时，测得 $k_{H^+}=2.81\times10^{-7}\ mol^{-1}\cdot L\cdot s^{-1}$，$k_{OH^-}=4.65mol^{-1}\cdot L\cdot s^{-1}$。试计算该药物注射液的$(pH)_m$值。

习题答案

1. $0.12h^{-1}$，19.2h
2. 0.202s，0.404 s
3. $0.0193\ min^{-1}$，$0.168mol\cdot L^{-1}$
4. 3.04 h，63.9 h
5. 90s
6. $2.97\times10^{-3}kPa^{-1}\cdot min^{-1}$，6.96min
7. $1.65\times10^{-6}g\cdot L^{-1}\cdot s^{-1}$，91.2 天
8. 4，8，正向吸热反应
9. 349
10. $124\ kJ\cdot mol^{-1}$
11. $97.63\ kJ\cdot mol^{-1}$，$1.671\times10^{-3}s^{-1}$
12. $103\ kJ\cdot mol^{-1}$，$1.49\times10^{-9}\ s^{-1}$，2.24 年
13. 2.06 年
14. 2.52 年
15. 8.0 mol
16. 14.3
17. $2.22\times10^{-3}\ min^{-1}$，$9.78\times10^{2}\ mol^{-1}\cdot L\cdot min^{-1}$
18. 6.67

第七章 表面现象

表面现象(surface phenomena)这一章是用物理化学的基本原理研究发生在相界面的现象,它们的本质、规律以及应用。直接接触的两相之间的过渡区被称为界面,其中有一相为气相的界面常称为表面,为了叙述方便在本章把各种界面统称为表面。相界面无处不在。在相界面会发生很多物理或化学的现象,它们被统称为界面现象(interface phenomena),也称表面现象。如小液滴会自动收缩为球形,硅胶能自动吸收空气中的水蒸气,肥皂可以去污等。这些都是本章所要讨论的问题。

通常按物质的聚集态可以将界面分为五大类:气-液、气-固、液-液、液-固、固-固等界面。相界面是一个有几个分子直径厚度的薄层,是两相之间的过渡区(图 7-1)。相界面的分子和相内部的分子所处的环境不同。相内部性质均一,分子受到的来自各方面的作用相互抵消,而相界面的分子受到的是性质不同的两相中的分子的作用。对于多组分系统,相界面层和各相的组成也不相同。这些不同引起了一系列界面现象或表面现象。分散度很大的多相系统具有很大的表面积,对于这样的系统,不仅其表面性质突出,同时也会影响系统整体的性质。

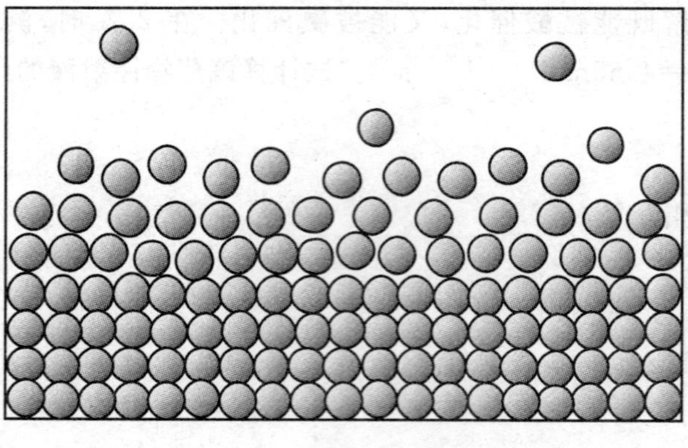

图 7-1 液体和其蒸气组成的相界面示意图

表面现象是自然界随处可见的现象,对表面现象的研究具有重要和广泛的意义。在物理学、化学、生物学等学科以及化工、环保、采矿、材料、土壤、食品、医药等方面都用到表面物理化学的原理。就药学专业而言,对表面现象的研究更是非常重要,从药物的合成、提取、分离、分析、制剂、保存直到药物在体内的作用、代谢等,都涉及不同层次的表面物理化学问题。例如在药物制剂中,制备多相分散系统的片剂、乳剂等,要用到表面物理化学的原理;外用药物制剂和皮肤、黏膜表面的润湿状况、内服药物和消化道黏膜的润湿状况等也都涉及表面物理化学的研究范畴。自 20 世纪 80 年代以来,纳米技术、膜技术等新技术的应用,进一步促进了表面物理化学的研究和发展。

第一节　系统的分散度与表面吉布斯能

一、物质的分散度

系统的界面性质会影响到系统整体的性质，当界面面积较小时，这种影响很小，往往被忽略。当系统被分散的程度越大，系统的表面积就越大，这时表面性质对系统整体性质的影响就不能忽略了。

物质的分散度(degree of dispersion)　物质被分散的程度称分散度。

习惯上用质量表面(massic surface)a_m或体积表面(volume surface)a_V来表示固体的分散度。a_m是单位质量的固体所拥有的表面积，也称作比表面(specific surface)a_s。.

$$a_m = \frac{A}{m} \tag{7-1}$$

式中A、m分别为固体的总表面积、总质量。a_m的单位为$m^2 \cdot kg^{-1}$。

a_V是单位体积的固体所拥有的表面积

$$a_V = \frac{A}{V}$$

式中V为固体的总体积。a_V的单位为m^{-1}。

【例 7-1】　分割一滴半径为$r_0 = 10^{-2}$m 的液滴，若液滴为球形，

(1) 使成为半径$r_1 = r_0/10$的小液滴，试计算分割后的液滴总表面积A_1；

(2) 分割后的液滴总表面积A_1和原液滴表面积A_0之比；

(3) 若液滴的半径为$r_n = r_0/10^n$，计算A_n/A_0。

【解】　球形液滴　　$A = 4\pi r^2 \quad V = \frac{4}{3}\pi r^3$

(1) 每个液滴的表面积为$a = 4\pi r_1^2$

分割后的液滴数目　$N_1 = \frac{4}{3}\pi r_0^3 \Big/ \frac{4}{3}\pi r_1^3 = 10^3$

$$A_1 = N_1 \cdot 4\pi r_1^2 = 10^3 \times 4\pi r_1^2 = 10^3 \times 4\pi \times (10^{-3})^2$$
$$= 1.26 \times 10^{-2}\,m^2$$

(2) 原液滴表面积　$A_0 = 4\pi r_0^2 = 4\pi \times (10^{-2})^2 = 1.26 \times 10^{-3}\,m^2$

A_1 和 A_0 之比　　$A_1/A_0 = 10$

(3) 分割为$r_n = r_0/10^n$后的液滴数目

$$N_n = \frac{4}{3}\pi r_0^3 \Big/ \frac{4}{3}\pi r_n^3 = 10^{3n}$$

$$A_n = N_n \cdot 4\pi r_n^2 = 10^n \times 4\pi r_0^2$$

所以　$$A_n/A_0 = 10^n$$

根据例题可以得知：一定量的液体，当液滴的粒径是原来液滴的 1/10 时，表面积是原来的 10 倍；如果粒径是原来的$1/10^n$时，表面积就是原来的10^n倍。物质的表面积随分散度的增大而迅速增大。当n的数值较大时，表面积对系统性质的影响也就不能忽视了。

二、表面吉布斯能

对于同一种物质的两相所形成的界面，两相的密度不同；不同物质所形成的相界面，不仅

密度不同，两相内分子间的相互作用力也不同。因此，处于界面层的分子和体相内部分子受力不同。以液体和其蒸气所形成的相界面为例，液体内部分子密度很大，分子之间相互吸引，使每个分子都受到来自各个方向的吸引力。这些力大小相近，但方向不同，被相互抵消，因此合力为零。液体表面的分子同样受到来自液体内部的吸引力，但是由于气体中分子密度很低，受到气体方向的引力也就很小，和受到液体方向的力相比可以忽略不计。因此表面层的分子受力不均衡，受到的是一个垂直于表面并指向液体内部的合力(图 7-2)。

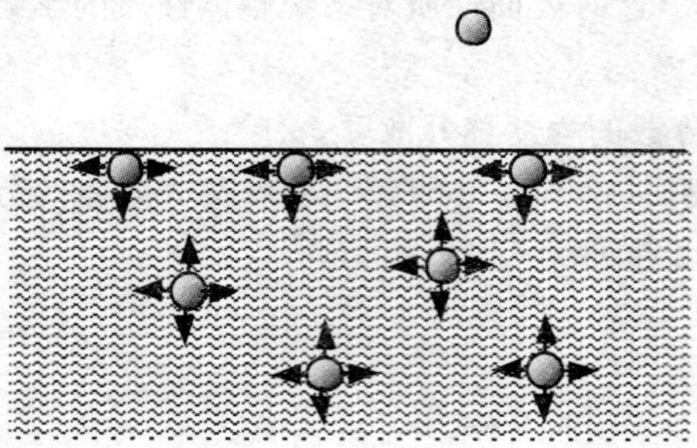

图 7-2　表面分子受力情况

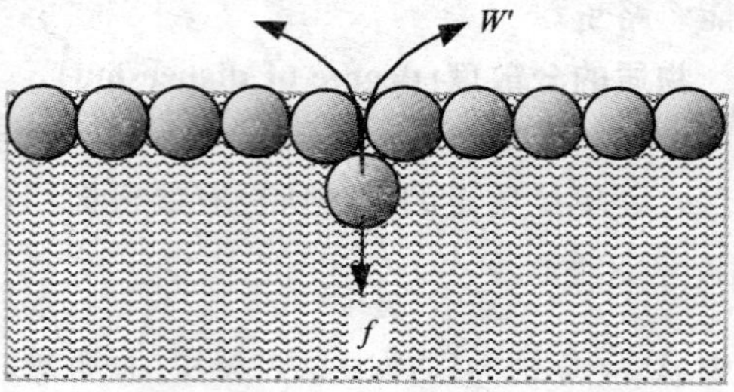

图 7-3　表面功示意图

当系统增加表面积时，需要对系统做功来克服分子间的引力把体相内的分子拉到表面(图 7-3)，称表面功。表面功的大小与增加的表面积成正比，用公式表示：

$$\delta W' = \sigma \mathrm{d}A \tag{7-2}$$

式中 $\delta W'$为表面功，它是在温度、压力和组成恒定的情况下，可逆地增加表面积 $\mathrm{d}A$ 所需对系统做的功；σ 为比例系数，数值上等于在上述条件下可逆增加单位表面积时对系统所做的功。

表面吉布斯能　增加表面积所引起的系统吉布斯能的增量。

根据热力学第二定律，温度、压力和组成不变时，经历一可逆过程系统得到的功等于系统吉布斯能的增加，即

$$(\mathrm{d}G)_{T,p,n_\mathrm{B}} = \delta W'$$

因此

$$(\mathrm{d}G)_{T,p,n_\mathrm{B}} = \sigma \mathrm{d}A \tag{7-3}$$

表面吉布斯能的大小与表面积成正比。任何物体都有缩小表面积使系统的吉布斯能降到最低的趋势。一个小液滴在无外力的情况下，总是缩成球形，这是因为球形表面积最小，系统的吉布斯能最低。一个分散度很高的系统蓄积了大量表面吉布斯能，这正是引起各种表面现象的根本原因。

单位表面的吉布斯能(unit surface Gibbs energy)　在温度、压力和组成不变的情况下，增加单位表面积所引起的系统吉布斯能的增量称单位表面的吉布斯能，简称**表面能**，用符号 σ 表示。也可以认为表面能是单位面积表面的分子比其处于体相时所高出的那一部分吉布斯能。表面能的单位是 $\mathrm{J \cdot m^{-2}}$。

表面能的定义式

$$\sigma = \left(\frac{\partial G}{\partial A}\right)_{T,p,n_\mathrm{B}} \tag{7-4}$$

【例 7-2】　已知 293K 时水的表面能为 0.07275 $\mathrm{J \cdot m^{-2}}$。在 293 K 时，把半径为 10^{-3} m 的水滴分散成半径为 10^{-6} m 的小水滴，问：

(1) 体积表面增加了多少倍？

(2) 表面吉布斯能增加了多少？

(3) 完成该变化时，环境至少需做多少功？

【解】 (1) 设液滴为球形，则每个液滴的体积为$\frac{4}{3}\pi r^3$，表面积为$4\pi r^2$

水滴的体积表面 $$a_V = \frac{A_{球}}{V_{球}} = \frac{4\pi r^2}{\frac{4}{3}\pi r^3} = \frac{3}{r}$$

因为 $$r_1 = 10^{-3}\,\mathrm{m},\quad r_2 = 10^{-6}\,\mathrm{m}$$

$$\frac{a_{V,2} - a_{V,1}}{a_{V,1}} \approx \frac{a_{V,2}}{a_{V,1}} = \frac{3/r_2}{3/r_1} = \frac{r_1}{r_2} = \frac{10^{-3}}{10^{-6}} = 10^3$$

(2) 分散前液滴的表面积 $A_1 = 4\pi r_1^2 = 4\pi \times 10^{-6}\ \mathrm{m}^2$

分散后的液滴数 $$n = \frac{V_1}{V_2} = \frac{4}{3}\pi r_1^3 \bigg/ \frac{4}{3}\pi r_2^3 = \left(\frac{r_1}{r_2}\right)^3 = 10^9\ 个$$

分散后液滴的总表面积 $A_2 = n \cdot 4\pi r_2^2 = 10^9 \times 4\pi \times (10^{-6})^2 = 4\pi \times 10^{-3}\,\mathrm{m}^2$

$$\Delta A = A_2 - A_1 \approx A_2$$

$$\Delta G = \sigma \cdot \Delta A = 0.07275 \times 4\pi \times 10^{-3} = 9.142 \times 10^{-4}\,\mathrm{J}$$

(3) 环境至少做功 $$W' = \Delta G = 9.142 \times 10^{-4}\ \mathrm{J}$$

三、表面张力

早在提出表面吉布斯能概念之前，人们就发现了液膜会自动收缩，液滴会自动缩成球形以及毛细现象等(图 7-4)。这些自然现象预示：有一种能使液体表面收缩的力。这种力被称作表面张力(surface tension)或界面张力(interfacial tension)。

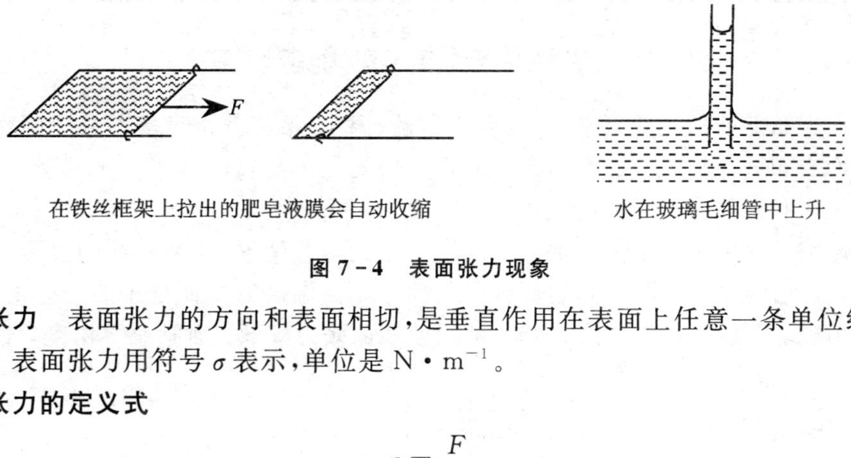

在铁丝框架上拉出的肥皂液膜会自动收缩　　　　水在玻璃毛细管中上升

图 7-4　表面张力现象

表面张力　表面张力的方向和表面相切，是垂直作用在表面上任意一条单位线段上的表面收缩力。表面张力用符号 σ 表示，单位是 $\mathrm{N \cdot m^{-1}}$。

表面张力的定义式

$$\sigma = \frac{F}{l} \qquad (7-5)$$

式中 F 为作用在表面上任意线段上的力，l 为线段的长度。

单位表面吉布斯能和表面张力是分别用热力学和力学的方法研究同一个表面现象时所采用的不同物理量，虽然被赋予不同的物理意义，但它们是完全等价的，具有相同的量纲和相同的数值。在物理化学中主要使用单位表面吉布斯能的概念，但在叙述和做定量计算时，一般会采用人们更习惯的“表面张力”及其数据和单位。

【例 7-3】 做一个一边可自由移动的矩形框架，在框架上形成一个肥皂液膜，如果不管它，这个肥皂液膜会自动缩小。为了维持肥皂液膜的面积不变，必须在可移动边 AB 上施加一个向右的力(图 7-5)。已知 AB 长 10cm,肥皂液的表面张力为 $24.3\times10^{-3}N\cdot m^{-1}$,为了维持液膜的大小,至少要有多大的向右拉的力?

【解】 肥皂液膜是双面膜,因此

$$F=\sigma\cdot l=\sigma\cdot 2AB$$
$$=24.3\times10^{-3}\times2\times10\times10^{-2}$$
$$=48.6\times10^{-4}N$$

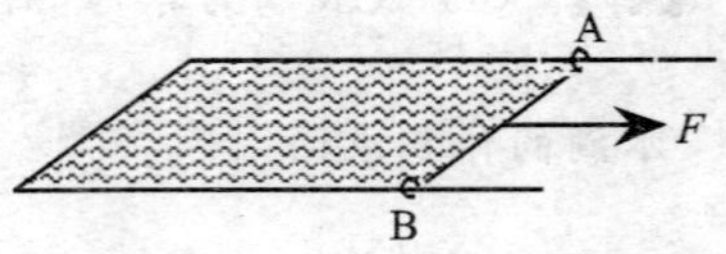

图 7-5 表面张力

常温下一般液体的表面张力在 $10^{-3}\sim10^{-1}N\cdot m^{-1}$,表 7-1 是一些物质的表(界)面张力。

表 7-1 一些物质在 293.15K 时的表(界)面张力

液体/空气	表面张力/$10^{-3}N\cdot m^{-1}$	液体/液体	界面张力/$10^{-3}N\cdot m^{-1}$
水	72.75	二硫化碳	48.63
四氯化碳	26.77(295.15K)	四氯化碳/水	45.0
苯	28.88	苯/水	35.0
乙醇	22.39	橄榄油/水	22.8
乙二醇	46.0	液体石蜡/水	53.1
甘油	63.0	乙醚/水	9.7
液体石蜡	33.1	正丁醇/水	1.8
棉子油	35.4	正庚烷/水	5.02
橄榄油	35.8	正庚烷/汞	378
蓖麻油	39.8	苯/汞	357
汞	486.5	水/汞	375

四、温度对表面吉布斯能的影响

影响表面吉布斯能的主要因素有:物质的本性、温度、溶液的浓度等。分子间相互作用力大的物质表面吉布斯能也大。这是由于表面吉布斯能是由物质内部的分子间引力所引起的,因此物质的性质和表面吉布斯能的大小直接相关。

温度是影响表面能即表面张力的重要因素。绝大多数情况下,纯液体的表面张力随温度升高而下降,直到接近临界温度时,表面张力趋向于零。温度升高使分子的动能增加,分子间的相互作用力减弱,使扩大表面相对容易,从而使表面张力降低。到达临界温度,气、液界面消失,也就没有表面张力了。

表 7-2 是一些液体在不同温度下的表面张力。

表 7-2 液体在不同温度下的表面张力 ($10^{-3}N\cdot m^{-1}$)

液体	温度/℃					
	0	20	40	60	80	100
水	75.64	72.75	69.56	66.18	62.61	58.85
乙醇	24.05	22.27	20.60	19.01	—	—
苯	31.6	28.9	26.3	23.7	21.3	—
甲苯	30.74	28.43	26.13	23.81	21.53	19.39

第二节　弯曲液面的性质

我们经常会看到液面弯曲的现象，如细玻璃管中的水柱是凹形液面，而汞柱是凸形液面；吹一个肥皂泡，肥皂泡的内表面是凹液面，外表面是凸液面。由于表面张力的作用，弯曲液面会产生不同于平液面的性质。

一、曲面的附加压力

用吸管吹一个肥皂泡，当把堵住上管口的手指松开时，肥皂泡就会缩小，直至成为一个液滴（图 7-6）。显然，肥皂泡受到一个向内的压力。

在系统平衡时，平液面的内外压力是相等的（图 7-7a），而弯曲液面内外两侧存在压力差（图 7-7b，c）。液面的弯曲使系统的表面积增大，表面吉布斯能也增大，因而系统有缩小表面、降低系统吉布斯能的趋势，并由此产生一个附加压力。对于凸液面，附加压力的方向指向液体内部（图 7-7b），此时液体内部分子受到的压力大于外部压力；对于凹液面，附加压力的方向指向液体外部（图 7-7c），此时液体内部分子受到的压力小于外部的压力。

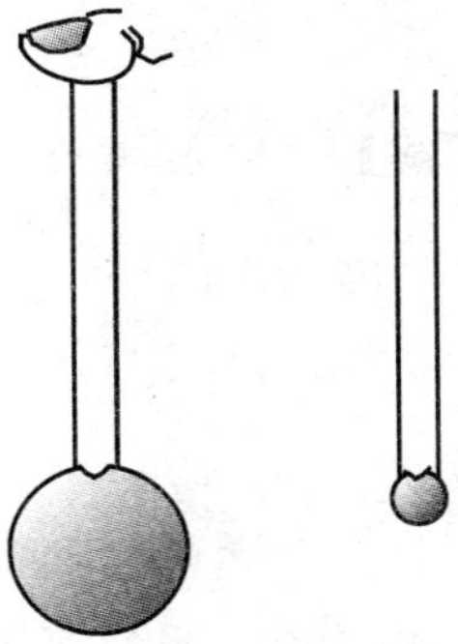

图 7-6　弯曲液面的附加压力

弯曲液面的附加压力　弯曲液面内外的压力差，附加压力用符号 Δp 表示。

$$p(\mathrm{l}) = p(\mathrm{g}) + \Delta p \tag{7-6}$$

曲面附加压力的方向总是指向曲面的球心。当曲面附加压力的方向和气体压力的方向一致时为正；反之，曲面附加压力的方向和液体压力的方向一致时为负。

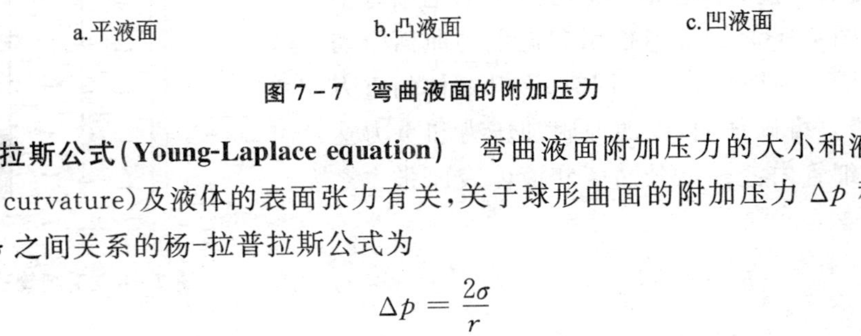

图 7-7　弯曲液面的附加压力

杨-拉普拉斯公式（Young-Laplace equation）　弯曲液面附加压力的大小和液面的曲率半径（radius of curvature）及液体的表面张力有关，关于球形曲面的附加压力 Δp 和曲率半径 r 及表面张力 σ 之间关系的杨-拉普拉斯公式为

$$\Delta p = \frac{2\sigma}{r} \tag{7-7}$$

关于杨-拉普拉斯公式的讨论：

（1）曲面附加压力和液体的表面张力成正比，不同的液体表面张力不同，在曲率半径相同时，表面张力较大的液体受到的附加压力也较大。

(2) 凸形曲面的曲率半径 $r>0$，所产生的附加压力 Δp 也大于零，即凸液面下液体的压力大于外压，等于外压加上指向液体内部的曲面附加压力之和($p_{外}+\Delta p$)。若液面为凹形，曲率半径 $r<0$，则曲面附加压力 Δp 小于零，即凹液面下液体的压力小于外压，等于外压减去指向气体的曲面附加压力。

(3) 曲面附加压力和曲率半径的大小成反比，曲率半径越小，所产生的附加压力越大。

【例 7-4】 在一根不均匀的玻璃毛细管中有一滴水(见下图)。已知 20℃ 时水的表面张力 $\sigma_{水}=72.83\times10^{-3}\,\mathrm{N\cdot m^{-1}}$，毛细管两端的半径 $r_1=0.8\times10^{-3}\,\mathrm{m}$，$r_2=2\times10^{-3}\,\mathrm{m}$。

(1) 分别计算 20℃ 时水滴两端的曲面附加压力；

(2) 达到平衡后，水滴的位置有何变化？

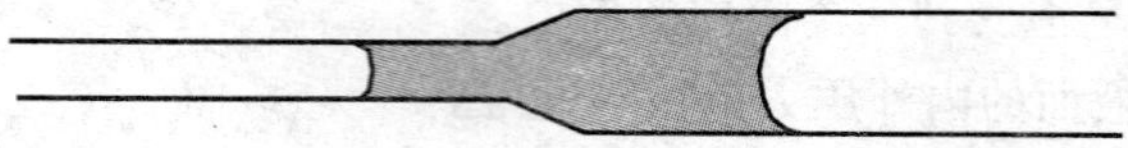

【解】 (1) 根据杨-拉普拉斯公式 $\Delta p=\dfrac{2\sigma}{r}$ 计算曲面附加压力

$$\Delta p_1=\frac{2\sigma}{r_1}=\frac{2\times72.83\times10^{-3}}{0.8\times10^{-3}}=182.2\ \mathrm{Pa}$$

$$\Delta p_2=\frac{2\sigma}{r_2}=\frac{2\times72.83\times10^{-3}}{2\times10^{-3}}=72.88\ \mathrm{Pa}$$

(2) 凹液面的曲面附加压力是指向空气，左边的曲率半径较小，Δp 较大；右边的曲率半径较大，Δp 较小。液滴受附加压力的作用，会向左移动，直至两边压力相等。

毛细管现象(capillary phenomenon) 当液体在毛细管中形成弯液面时，液体会沿着毛细管上升或下降，导致毛细管内液面和外液面产生高度差，这种现象称毛细管现象。液面上升或下降的高度是弯曲液面的附加压力和液柱重力达到平衡的位置。毛细管现象是证明表面张力存在的一个典型的例子。

毛细管现象不仅发生在毛细管内，物料堆积产生的毛细间隙等也会出现。将一张纸的一端浸在水中，整张纸都会湿；土壤深层的水分会沿着堆砌的土块、沙砾之间的间隙向上扩散，被植物的根吸收；身体上的汗水会被棉布纤维吸收向外蒸发等。这些都是毛细管现象的作用。

毛细管公式 设液体在曲率半径为 r 的毛细管中形成凹液面(图 7-8)，液面弯曲引起向上的曲面附加压力，使液体沿着毛细管上升。同时，上升液体的重力又使液面下降。可以证明，在曲面附加压力和重力达到平衡后，毛细管内液柱上升高度和液体表面张力之间的关系为

$$h=\frac{2\sigma\cos\theta}{\rho_{液}gR} \qquad (7-8)$$

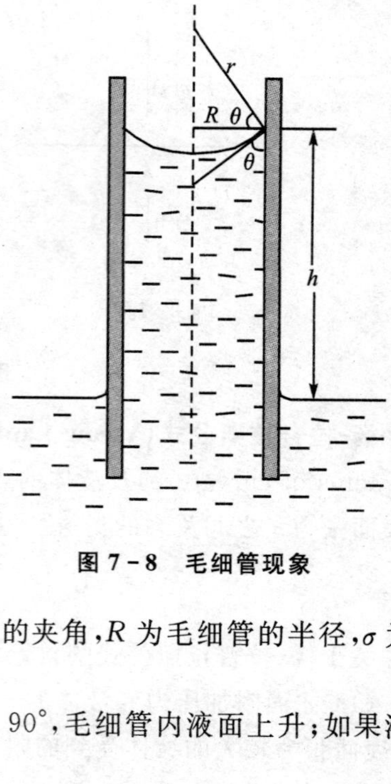

图 7-8 毛细管现象

式中 h 为毛细管内液面上升高度，θ 为液面与毛细管壁之间的夹角，R 为毛细管的半径，σ 为液体的表面张力。

可以看出，如果液体可以润湿管壁，是凹形液面，θ 小于 90°，毛细管内液面上升；如果液体

不能润湿管壁，形成凸液面，θ 大于 90°，则液面下降，低于正常液面；若液体对毛细管壁完全润湿，$\theta=0°$，此时公式(7-8)可简化为

$$h=\frac{2\sigma}{\rho_{液}gR} \tag{7-9}$$

【例 7-5】 水对玻璃完全润湿。将一根直径为 1mm 的玻璃毛细管插入水中，试计算 25℃时水面上升的高度。已知 25℃时水的表面张力为 $72\times10^{-3}\,N\cdot m^{-1}$，水的密度为 $1\times10^{3}\,kg\cdot m^{-3}$。

【解】 完全润湿，接触角为 0°。水面升高

$$h=\frac{2\sigma}{\rho_{液}gR}=\frac{2\times72\times10^{-3}}{1\times10^{3}\times9.8\times0.5\times10^{-3}}=29\times10^{-3}\text{ m}$$

毛细管中的水面比外水面高出 2.9 mm。

*二、弯曲液面的蒸气压

温度一定时，纯液体的蒸气压为定值。但是液面弯曲，情况就不一样了。由于表面张力的作用，会使弯曲液面的蒸气压发生改变，不同于正常平液面的蒸气压。

开尔文公式 当液体形成球形弯曲液面时，弯曲液面的蒸气压 p_r 和液体正常蒸气压 p^* 之间的关系式

$$\ln\frac{p_r}{p^*}=\frac{2\sigma M}{\rho RTr} \tag{7-10}$$

式中 M 为液体的摩尔质量，ρ 为液体的密度，r 为球形液面的曲率半径。

该式用热力学的基本原理推导得出了在指定温度下液体的蒸气压和表面张力、曲率半径之间的关系。根据开尔文公式可以得知：

(1) 液面的曲率半径越小，它的蒸气压相对正常蒸气压改变越大。

(2) 凸液面的液体(如小液滴)，曲率半径为正值，其蒸气压大于正常蒸气压，曲率半径越小，蒸气压越大。

(3) 凹液面的液体(如玻璃毛细管中水的液面)，曲率半径为负值，其蒸气压小于正常蒸气压，曲率半径的绝对值越小，蒸气压越小。

【例 7-6】 在 298.15K 时，水的饱和蒸气压为 2337.8Pa，密度为 $0.9982\times10^{3}\,kg\cdot m^{-3}$，表面张力为 $72.75\times10^{-3}\,N\cdot m^{-1}$。试利用开尔文公式计算：

(1) 在 298.15K 时半径为 10^{-8}m 的球形水滴的蒸气压 p_r；

(2) 如果是半径为 10^{-8}m 的小气泡，蒸气压 p_r 又是多少？

【解】 根据开尔文公式 $\ln\frac{p_r}{p^*}=\frac{2\sigma M}{\rho RTr}$

(1) 水的摩尔质量 $M=18.0\times10^{-3}\,mol\cdot kg^{-1}$，当 $r=10^{-8}$ m 时，对于液滴，凸形液面 $r=10^{-8}$m，代入公式得

$$\ln\frac{p_r}{2337.8}=\frac{2\times72.75\times10^{-3}\times18.0\times10^{-3}}{8.314\times298.15\times998.2\times10^{-8}}$$

$$p_r=2598.8\text{ Pa}$$

(2) 对于气泡，凹形液面 $r=-10^{-8}$m

$$\ln\frac{p_r}{2337.8}=\frac{2\times72.75\times10^{-3}\times18.0\times10^{-3}}{8.314\times298.15\times998.2\times(-10^{-8})}$$

$$p_r = 2103.0\ \text{Pa}$$

表 7-3 列出了液滴或气泡半径与蒸气压的关系。从表中的数据可以看出，当液体的曲率半径较大时，蒸气压的改变并不明显，当曲率半径小于 10^{-8} m 时，蒸气压的变化超过 10%；当曲率半径减小至 10^{-9} m 时，蒸气压的变化已有 3 倍之多。生物制品对温度很敏感，过高的温度往往会影响产品的质量，在一些食品和药物的加工中常采用喷雾干燥的方法。由于小液滴的蒸气压较高，可以在低于正常沸点的温度下迅速干燥物料。

表 7-3　液滴(气泡)半径与蒸气压的关系

r/m		10^{-5}	10^{-6}	10^{-7}	10^{-8}	10^{-9}
p_r/p^*	小液滴	1.0001	1.001	1.011	1.114	2.937
	小气泡	0.9999	0.9989	0.9897	0.8977	0.3405

微小晶体的溶解度　将开尔文公式用于固体可以导出晶体颗粒大小和溶解度之间的关系。根据亨利公式，溶质的蒸气压和其在溶液中的活度成正比：

$$p_B = ka_B$$

将其代入开尔文公式，可得：

$$\ln\frac{a_r}{a_{正常}} = \frac{2\sigma_{sl}M}{\rho RTr} \tag{7-11}$$

式中 a_r 和 $a_{正常}$ 分别为微小晶体及普通晶体与饱和溶液成平衡时的活度(溶解度)，σ_{sl} 为固液界面张力，ρ 为晶体密度，r 为微小晶体的半径，M 是晶体的摩尔质量。根据式(7-11)可以看出：在指定温度时，晶体溶解度和其粒子半径成反比，晶体颗粒越小，溶解度越大。

在制剂学上常利用微小晶体有较大溶解度的性质，将难溶性药物进行微粉化处理，可以增加药物的溶解度，从而提高药物的生物利用度，降低药物用量。例如使地高辛的粒径控制在 3.7μm 左右，既可增加其在胃肠液中的溶解度，又可提高其溶解速度，增加了药物的吸收。又如口服灰黄霉素在同样疗效情况下，粒径为 2.6μm 的用量仅为粒径 10μm 用量的一半。在实验室中也常用该原理来制备结晶，将新生成沉淀的饱和溶液长时间地放置，使较小的晶体逐渐溶解，较大的晶体长大，由此得到较大的晶体，这种方法称作陈化。

第三节　铺展与润湿

铺展与润湿是常见的表面现象，它们的存在也是表面张力的作用。

一、液体的铺展

铺展　液体在另外一种不互溶的液体表面自动展开成膜的过程称铺展(spreading)。

设液体 A 与液体 B 不互溶，A 的密度小于 B，A 可能在 B 表面缩成液滴，也有可能在 B 的表面铺展(图 7-9)。A 在 B 表面铺展的过程中液体 B 的表面消失，形成了液体 A 的表面和 A、B 之间的新界面。在一定的温度、压力下，可逆铺展单位表面积时，系统表面吉布斯能的增量为：

$$\Delta G_{T,p} = \sigma_A + \sigma_{A,B} - \sigma_B \tag{7-12}$$

当 $\Delta G_{T,p} \leqslant 0$ 时，液体 A 可以在液体 B 表面铺展。

铺展系数　铺展系数定义为

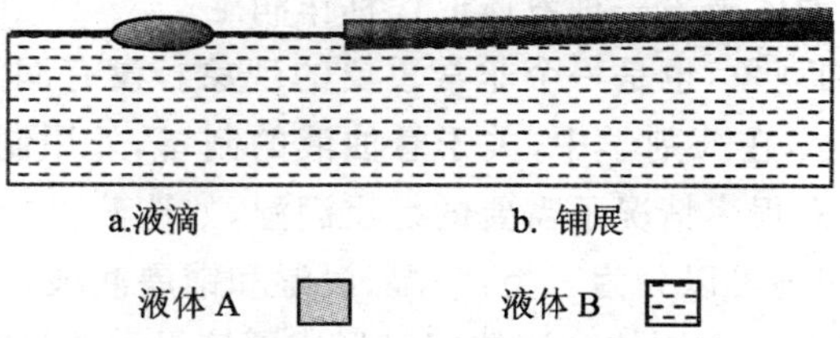

图 7-9 液体的铺展

$$S = -\Delta G_{T,p} \quad 或 \quad S = \sigma_B - \sigma_A - \sigma_{A,B} \tag{7-13}$$

在实际应用中用铺展系数 S 判断液体能否铺展。当 $S \geqslant 0$ 时，液体 A 可以在液体 B 表面铺展。

实际上两种液体完全不互溶的情况很少见，常常是接触后相互溶解而达到饱和。在这种情况下，判断两种液体相互关系所用的表面张力数据应改为相互饱和后的液体的表面张力。

【例 7-7】 20℃时，将一滴己醇滴在洁净的水面上，已知有关的表面张力数据为：$\sigma_{水} = 72.8 \times 10^{-3}\,N \cdot m^{-1}$，$\sigma_{己醇} = 24.8 \times 10^{-3}\,N \cdot m^{-1}$，$\sigma_{醇-水} = 6.8 \times 10^{-3}\,N \cdot m^{-1}$；当己醇和水相互饱和后，$\sigma'_{水} = 28.5 \times 10^{-3}\,N \cdot m^{-1}$，$\sigma'_{己醇} = \sigma_{己醇}$，$\sigma'_{醇-水} = \sigma_{醇-水}$。试问：

(1) 己醇在水面上开始和终了的形状。

(2) 若将水滴在己醇表面会出现什么情况？

【解】 (1) $S_{己醇-水} = \sigma_{水} - \sigma_{己醇} - \sigma_{醇-水}$

$$= (72.8 - 24.8 - 6.8) \times 10^{-3} = 41.2 \times 10^{-3}\,N \cdot m^{-1} > 0$$

开始时己醇在水面上铺展成膜。

$$S'_{己醇-水} = \sigma'_{水} + \sigma'_{己醇} - \sigma'_{醇-水}$$

$$= (28.5 - 24.8 - 6.8) \times 10^{-3} = -2.9 \times 10^{-3}\,N \cdot m^{-1} < 0$$

已经在水面上铺展的己醇又缩回成透镜状液滴。

(2) $S_{水-己醇} = \sigma_{己醇} - \sigma_{水} - \sigma_{醇-水}$

$$= (24.8 - 72.8 - 6.8) \times 10^{-3} = -60.8 \times 10^{-3}\,N \cdot m^{-1} < 0$$

开始时水在己醇表面上形成液滴。

$$S'_{己醇-水} = \sigma'_{水} + \sigma'_{己醇} - \sigma'_{醇-水}$$

$$= (24.8 - 28.5 - 6.8) \times 10^{-3} = -10.5 \times 10^{-3}\,N \cdot m^{-1} < 0$$

平衡后水在己醇表面上仍为液滴状。

部分液体的铺展系数见表 7-4。

表 7-4 室温下部分有机物在水面上的铺展系数（$N \cdot m^{-1}$）

化合物	$\sigma_{油} \times 10^3$	$\sigma_{油水} \times 10^3$	$\sigma'_{油} \times 10^3$	$\sigma'_{油} \times 10^3$	$S \times 10^3$	$S' \times 10^3$
二硫化碳	32.4	48.6	31.8	70.49	−8.9	−9.9
正庚醇	26.8	7.9	26.4	28.53	37.8	−5.8
二碘甲烷	50.6	45.8	50.5	62.2	−23.9	−34.2
苯	28.88	35.07	28.82	62.36	8.84	−1.49

二、固体表面的润湿

润湿(wetting) 通常是指水取代固体表面的气体或其它液体。广义上也把固体表面的气体被液体取代,或一种液体被另一种液体取代称作润湿。

润湿是一个很常见的现象,也是一个非常重要的现象。没有润湿就没有生命。生产活动中洗涤、印染、注水采油等,在药剂学中,关于悬浊液的制备,外用制剂在皮肤、黏膜表面的黏附,都与此关系密切。还有很多情况下需要的是反润湿,如选矿、防水织物等。

固体润湿的类型 润湿可以分为三类:沾湿、浸湿和铺展润湿。

沾湿(adhesional wetting) 固体和液体接触形成固液界面的过程(图 7-10)。

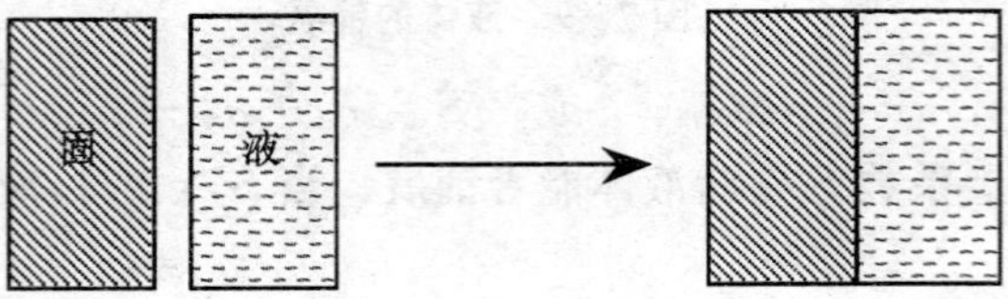

图 7-10 沾湿过程示意图

在充满水蒸气的浴室中,水蒸气附着在玻璃镜面的过程就是沾湿。

浸湿(immersional wetting) 固体浸入液体中,形成固液界面的过程(图 7-11)。

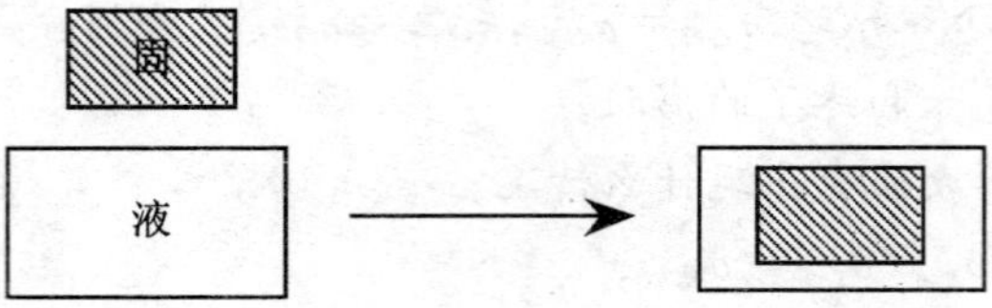

图 7-11 浸湿过程示意图

在制备悬浊液的过程中,需要把固体粉末分散到液体中,这个过程是浸湿。

铺展润湿(spreading wetting) 液体铺展在固体表面而形成固液界面的过程(图 7-12)。

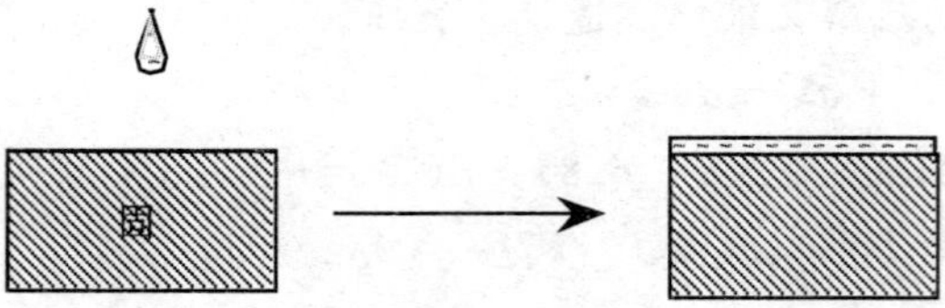

图 7-12 铺展润湿过程示意图

将液态药物喷洒在皮肤表面,如果药液能在皮肤表面铺展润湿,药物就能最大限度地和皮肤接触,达到最好的疗效。铺展润湿的标准是润湿的最高标准,能够将固体铺展润湿的液体,一定能够沾湿或浸湿固体。

接触角(contact angle) 液滴在固体表面处于平衡状态,气液界面与固液界面的夹角为 θ(图 7-13),θ 即接触角。

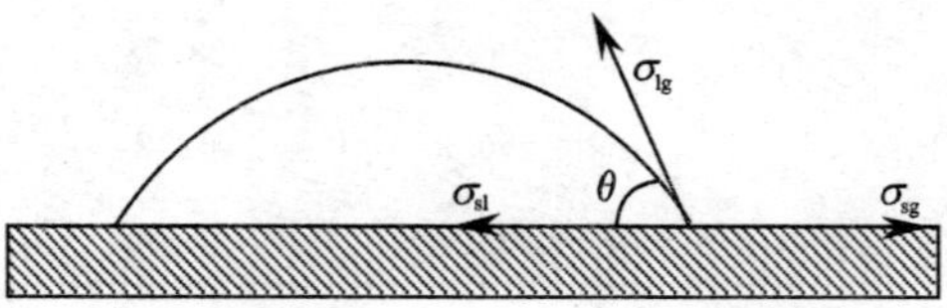

图 7-13 接触角

润湿公式 接触角和表面张力之间的关系公式

$$\sigma_{sg} - \sigma_{sl} = \sigma_{lg}\cos\theta \qquad (7-14)$$

式中 σ_{sg}、σ_{sl}和 σ_{lg}分别为固气、固液和气液之间的界面张力。该公式也称杨公式。该公式不仅适用于固液界面，也适用于密度相差较大、互不相溶的液体之间的界面。

使用润湿公式时要注意：由于接触角 θ 是从 0°至 180°，所以 $-1 \leqslant \cos\theta \leqslant 1$。但是表面张力是一个没有限度的正值，因此$(\sigma_{sg}-\sigma_{sl})/\sigma_{lg}$的值也没有限度。一般认为当 $\cos\theta \geqslant 1$ 时，$\theta = 0°$，完全不润湿；$\cos\theta \leqslant -1$ 时，$\theta = 180°$，完全润湿。

固体表面张力的数据不容易测得，因此经常应用接触角来判断润湿状况：

沾湿　　$\theta \leqslant 180°$

浸湿　　$\theta \leqslant 90°$

铺展润湿　　$\theta = 0°$

润湿的一般条件　在讨论润湿性时，一般是把 90°的接触角做为是否润湿的标准：$\theta > 90°$不润湿，$\theta < 90°$为润湿。

【例 7-8】 298K 时，已知有关的界面张力数据如下：$\sigma_{水} = 72.8 \times 10^{-3}\,N\cdot m^{-1}$、$\sigma_{苯} = 28.9 \times 10^{-3}\,N\cdot m^{-1}$、$\sigma_{汞} = 471.6 \times 10^{-3}\,N\cdot m^{-1}$，$\sigma_{汞-水} = 375 \times 10^{-3}\,N\cdot m^{-1}$。$\sigma_{汞-苯} = 362 \times 10^{-3}\,N\cdot m^{-1}$ 及 $\sigma_{水-苯} = 32.6 \times 10^{-3}\,N\cdot m^{-1}$。试问：

(1) 水在汞表面的接触角是多少？

(2) 若将一滴水滴入苯和汞之间的界面上，其接触角 θ 为多少？

【解】 (1) 水在汞表面的接触角

$$\cos\theta = \frac{\sigma_{汞} - \sigma_{汞-水}}{\sigma_{水}} = \frac{(471.6 - 375) \times 10^{-3}}{72.8 \times 10^{-3}} = 1.3269$$

$$\theta = 0°$$

水在汞表面可以铺展润湿。

(2) 水在苯-汞界面上的接触角

$$\cos\theta = \frac{\sigma_{苯-汞} - \sigma_{汞-水}}{\sigma_{水-苯}} = \frac{(362 - 375) \times 10^{-3}}{32.6 \times 10^{-3}} = -0.3988$$

$$\theta = 113.5°$$

表 7-5 是部分药物及辅料粉末与水的接触角。

表 7-5　部分药物及辅料粉末与水的接触角(水中已饱和了待测物)

物　质	接触角	物　质	接触角
碳酸钙	58°	非那西丁	78°
硬脂酸钙	115°	地高辛	49°
硬脂酸	98°	巴比妥	70°
水杨酸	103°	磺胺噻唑	53°
氯霉素	59°	磺胺嘧啶	71°
氨茶碱	47°	安定	83°
硼酸	74°	咖啡因	43°
消炎痛	90°	强的松	63°

第四节　溶液的表面吸附

一、溶液的表面张力和浓度之间的关系

在质量一定的单组分系统中，温度、压力确定了，系统的性质也就确定了。在指定的温度、压力下，纯液体有确定的表面张力。多组分系统的性质和组成有关，在同一个温度下，溶液的表面张力随溶质的种类和浓度的变化而改变。溶质的加入使溶液的表面张力与纯溶剂相比发生了变化，这种改变是由于溶液中分子间的相互作用力和纯溶剂不同。表面张力的变化和溶剂、溶质的种类有关，也和溶液的浓度有关。水是最常用的溶剂，本节主要讨论在水溶液中溶质对溶液表面张力的影响。在恒温条件下，溶液的表面张力和浓度之间的关系曲线称溶液表面张力等温线。根据表面张力随浓度改变的方向和幅度的不同，可将不同溶质稀水溶液的表面张力等温线(surface tension isotherm curve)大致分为三种类型(图 7－14)。

第一种类型是表面张力随溶液浓度增加而变大(图 7－14 曲线Ⅰ)。属于这一类型的溶质有无机盐类等强电解质(如 NaCl)及多羟基有机物(如蔗糖、甘油)等。这类物质的离子或分子和水分子有强烈的亲和力。质点间相互作用力的增加，使增加液体表面需要对系统做更多的功，结果是表面张力的增大。这类物质是非表面活性物质(surface inactive agent)，也叫表面惰性物质。

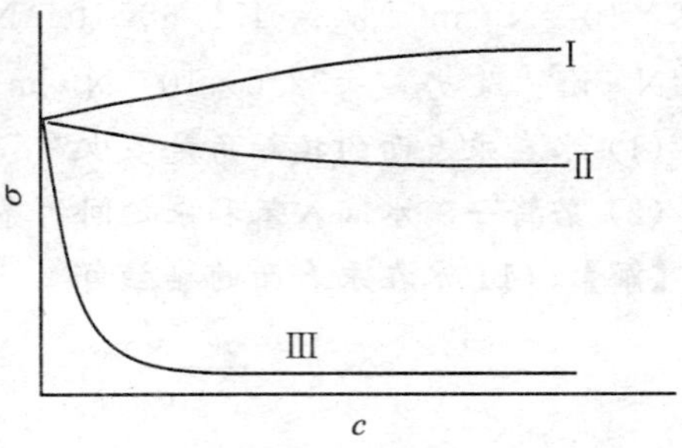

图 7－14　水溶液表面张力和浓度的关系

第二种类型是表面张力随浓度增加而减小(图 7－14 曲线Ⅱ)。属于这一类的物质是一些分子量较小的极性有机化合物，如小分子的醇、醛、酯等。它们的存在降低了溶液的表面张力。它们是具有表面活性的物质。

第三种类型的物质在较低浓度时，随着浓度的增加，溶液的表面张力急剧下降，达到一定浓度后，浓度的改变不再引起表面张力的明显变化(图 7－14 曲线Ⅲ)。这些只需很低浓度就能显著地降低溶液表面张力的物质被称为表面活性物质(surface active agent)或表面活性剂(surfactant)。表面活性剂之所以具有这样的性质，是因为它们的分子结构有一个共同的特点：同时具有强的亲水基团和强的憎水基团。亲水基团一般是有机酸盐、季铵盐、无机酸酯盐或聚醚、多醇等，憎水基团一般为长链(多为碳氢链)。性质完全相反的两种基团存在于一个分子的两端，使其拥有一种特殊性质：具有分布在两相界面的极大趋势，因而表面活性非常强。

有一些经验公式描述表面张力和浓度之间的关系，希什科夫斯基(Szyszkowski)公式比较成功地表示了第Ⅱ类曲线：

$$\frac{\sigma_0 - \sigma}{\sigma_0} = b\ln\left(1 + \frac{c}{a}\right) \tag{7-15}$$

式中 c 为溶液浓度，σ_0 和 σ 分别表示溶剂和溶液的表面张力。a 和 b 为经验常数，同系物中 b 值相同，a 值的大小和碳链的长度有关，随碳原子数的增加而下降。该经验式适用于低浓度表面活性物质的溶液。

二、溶液的表面吸附

溶液的表面吸附 溶液的表面层浓度和本体浓度之间存在一个固定的差值，这种现象被称为溶液的表面吸附。

根据热力学第二定律，使系统的吉布斯能处于最低状态是系统的自发趋势。对于系统的相界面，在指定的温度、压力下，$G_{表面}=\sigma A$，缩小表面积 A 或降低表面张力 σ，都可以减小 $G_{表面}$，从而降低系统的吉布斯能。对于纯液体，指定温度下表面张力为一定值。系统只能通过缩小表面积来使系统吉布斯能降低。而对于多组分系统，溶液的表面张力不仅是温度的函数，还和组成相关，调节界面层物质的浓度以降低系统的吉布斯能是必然的趋势。溶液不仅会自发使表面积缩到最小，还会尽可能改变表面浓度使表面张力降到最低，从而降低系统的吉布斯能。

浓度增加使表面张力增大的溶质会自发地从表面层进入溶液内部，使表面浓度降低，以此来降低系统的吉布斯能。浓度增加使表面张力降低的溶质正好相反，它们更多地进入表面层，使系统吉布斯能降低。这样，溶液本体和表面层之间产生浓度差。浓度差的存在又迫使溶质分子向低浓度的部分扩散，以使浓度趋向一致。这两种相反的过程达到平衡后，溶液的表面层浓度和本体浓度之间会有一个固定的差值，这种现象被称为溶液的表面吸附。溶液的表面层浓度大于溶液本体浓度的称为正吸附；反之，溶液表面层浓度小于溶液本体浓度的称为负吸附。

*三、吉布斯吸附等温式

吉布斯吸附等温式(Gibbs absorption isotherm equation) 在指定温度下溶液的表面吸附量和表面张力、组成之间的定量关系式。这个公式是表面物理化学的重要公式之一，是吉布斯用热力学方法对溶液的表面吸附现象进行研究并导出的公式：

$$\Gamma=-\frac{1}{RT}\left(\frac{\partial\sigma}{\partial\ln c}\right)_T$$

或

$$\Gamma=-\frac{c}{RT}\left(\frac{\partial\sigma}{\partial c}\right)_T \qquad (7-16)$$

式中 c 为溶液的浓度，σ 为溶液的表面张力。Γ 称表面超量(surface excess)或表面吸附量。需要注意：Γ 定义为单位面积的表面层中所含溶质物质的量与相同量溶剂的本体溶液中溶质物质的量之差，是单位表面积上的吸附量，Γ 的单位是 $mol\cdot m^{-2}$。$\left(\frac{\partial\sigma}{\partial c}\right)_T$ 称为表面活度(surface activity)，即表面张力随浓度的变化率。

吉布斯吸附等温式不仅适用于溶液表面，同时也适用于任意两相界面。在应用于其它相界面时，公式中的各物理量要换成相应系统和界面的数据。

从吉布斯吸附等温式可以看出：

当 $\left(\frac{\partial\sigma}{\partial c}\right)_T<0$，即溶质的浓度增加而溶液的表面张力却降低时，$\Gamma>0$，溶液表面正吸附，即溶质在表面层的浓度大于溶液本体浓度。

当 $\left(\frac{\partial\sigma}{\partial c}\right)_T>0$，即溶质的浓度增加，溶液的表面张力也随之增大时，$\Gamma<0$，溶液表面负吸附，即溶质在表面层的浓度小于溶液本体浓度。

【例 7-9】 已知不同浓度下苯基丙酸溶液的表面张力 σ 为：

$c/\text{g}\cdot\text{kg}^{-1}$	3.50	4.00	4.50
$\sigma/\text{N}\cdot\text{m}^{-1}$	0.056	0.054	0.052

试用吉布斯公式计算表面吸附量。

【解】 由于数据点较少，用平均值：$\dfrac{\Delta\sigma}{\Delta c}=\left(\dfrac{\partial\sigma}{\partial c}\right)_T$

$$\Delta\sigma=\frac{(0.054-0.056)+(0.052-0.054)}{2}=-0.020\ \text{N}\cdot\text{m}^{-1}$$

$$\Delta c=\frac{(4.00-3.50)+(4.50-4.00)}{2}=0.50\ \text{g}\cdot\text{kg}^{-1}$$

$$\frac{\text{d}\sigma}{\text{d}c}=\frac{\Delta\sigma}{\Delta c}=\frac{-0.020}{0.50}=-0.40\ \text{N}\cdot\text{m}^{-1}/\text{g}\cdot\text{kg}^{-1}$$

根据吉布斯公式 $\varGamma=-\dfrac{c}{RT}\left(\dfrac{\partial\sigma}{\partial c}\right)_T$，代入数据得

$$\varGamma=\frac{-4.00}{8.314\times298.15}\times(-0.04)=6.45\times10^{-6}\ \text{mol}\cdot\text{m}^{-2}$$

【例 7-10】 292.15K 时，丁酸水溶液的表面张力 σ 和浓度之间的关系可以用下式表示

$$\sigma=\sigma_0-a\ln(1+bc)$$

式中 σ_0 为纯净水的表面张力，a 和 b 皆为常数。

(1) 写出丁酸溶液在浓度极稀时表面吸附量 $\varGamma$ 与浓度 c 的关系。

(2) 若已知 $a=13.1\times10^{-3}\text{N}\cdot\text{m}^{-1}$，$b=19.62\text{dm}^3\cdot\text{mol}^{-1}$，试计算当 $c=0.200\text{mol}\cdot\text{dm}^{-3}$ 时的吸附量。

(3) 当浓度很大时，求丁酸在溶液表面的饱和吸附量 $\varGamma_\text{m}$。

(4) 假定饱和吸附时表面上丁酸呈单分子层吸附，计算在液面上每个丁酸分子的横截面积。

【解】 (1) 将式 $\sigma=\sigma_0-a\ln(1+bc)$ 微分，代入吉布斯公式

$$\left(\frac{\partial\sigma}{\partial c}\right)_T=-a\cdot\frac{b}{1+bc}$$

$$\varGamma=-\frac{c}{RT}\left(\frac{\partial\sigma}{\partial c}\right)_T=\frac{a}{RT}\cdot\frac{bc}{(1+bc)}$$

(2) 当 $c=0.200\ \text{mol}\cdot\text{dm}^{-3}$ 时

$$\varGamma=\frac{a}{RT}\cdot\frac{bc}{(1+bc)}$$

$$=\frac{13.1\times10^{-3}}{8.314\times292.15}\times\frac{19.62\times0.200}{(1+19.62\times0.200)}=4.30\times10^{-6}\ \text{mol}\cdot\text{m}^{-2}$$

(3) 当浓度很大时，$bc\gg1$

$$\varGamma=\frac{a}{RT}\cdot\frac{bc}{(1+bc)}=\frac{a}{RT}=\varGamma_\text{m}$$

这时的表面吸附量为常数 $\varGamma_\text{m}$，$\varGamma_\text{m}$ 称饱和吸附量。由于溶液本体浓度远远低于饱和吸附时的表面层浓度，可以忽略本体浓度，将 $\varGamma_\text{m}$ 近似看作是饱和吸附时表面层的浓度。

根据(1)所得关系式可以做出 $\varGamma\sim c$ 曲线（图 7-15）。

从图 7－15 可以看到当浓度足够大时，$\Gamma\sim c$ 曲线的末端已是水平线，此时 $\Gamma=\Gamma_m$。

$$\text{因为 } bc \gg 1 \qquad \text{所以} \frac{bc}{1+bc}=1$$

$$\Gamma_m=\frac{a}{RT}=\frac{13.1\times10^{-3}}{8.314\times292.15}=5.393\times10^{-6}\ \text{mol}\cdot\text{m}^{-2}$$

(4) 表面超量 Γ 是表面层浓度和溶液本体浓度之差，但当饱和吸附时，表面活性物质在表面层的浓度远远大于溶液本体浓度，因此可以把 Γ 当作单位表面上溶质的物质的量。据此可以计算出每个分子在溶液表面占据的横截面积 $A=\frac{1}{\Gamma_m L}$

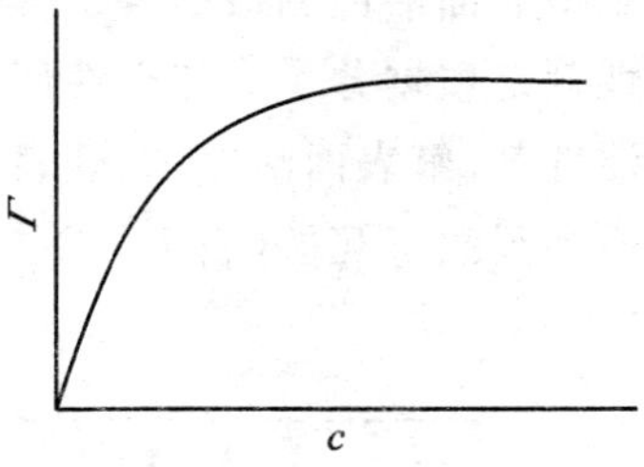

图 7－15　$\Gamma\sim c$ 曲线

$$A_{\text{丁酸}}=\frac{1}{\Gamma_m L}$$

$$=\frac{1}{5.393\times10^{-6}\times6.022\times10^{23}}$$

$$=30.79\times10^{-20}\ \text{m}^2$$

第五节　表面活性剂

一、表面活性剂

表面活性剂(surfactant)　在水中只要加入很少量就可以极大地降低溶液表面张力的物质(图 7－14 曲线Ⅲ)。

表面活性剂的这一性质具有重要的实用意义，在石油、纺织、造纸、涂料、印刷、医药、食品、农业、环境保护等各行各业都得到广泛的应用。表面活性剂和我们的生活也是密不可分的，比如肥皂就是生活中最常用的也是最古老的表面活性剂。当溶液中的表面活性剂超过一定浓度后，会在溶液中形成分子有序聚集体，从而产生重要的功效。表面活性剂的这一特性具有重要的应用价值。同时，这一特性和生命现象密切相关，使表面活性剂成为生命科学及仿生技术的重要载体。

表面活性剂的结构特点　表面活性剂一般是由长链(多为烃链)的亲油基团和亲水基团构成的不对称有机化合物分子(图 7－16)。这种结构的分子也称作两亲分子。当把表面活性剂分散在水中时，分子亲油的一端和水分子相排斥，这使表面活性剂分子更多地集中在相界面，分子亲水的一端在水中，分子亲油的一端向着空气或其它极性较弱的一相。表面活性剂所有的特性和各种独特的作用都是源于它这种特殊的结构。

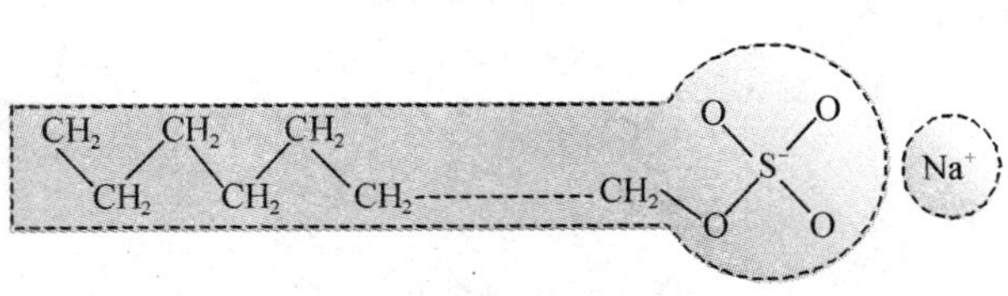

图 7－16　十二烷基硫酸钠分子结构示意图

*二、表面活性剂的分类

表面活性剂分子亲油基团的差别主要表现在链结构的变化，差别较小，对表面活性剂性质影响不大；而它的亲水基团变化较大，分类一般以此为依据。

表面活性剂分子根据其溶于水后亲水基团是否电离，可分为离子型和非离子型两大类。其中离子型表面活性剂又可以根据它在水溶液中所带电性分为阴离子型、阳离子型和两性型。非离子型表面活性剂根据其亲水基团的不同分为聚氧乙烯型和多元醇型。还有一些新型的表面活性剂是根据分子的非极性部分分类的。除此以外还有一些特殊的表面活性剂，如高分子表面活性剂、氟表面活性剂、硅表面活性剂等。根据来源的不同表面活性剂还可以分为合成、半合成和天然等几类（表 7-6）。

表 7-6　表面活性剂的分类

分　类	举　例	
阴离子型表面活性剂	$R—COONa$	羧酸盐
	$R—OSO_3Na$	硫酸酯盐
	$R—SO_3Na$	磺酸盐
	$R—OPO_3Na_2$	磷酸酯盐
阳离子型表面活性剂	$R—NH_2 \cdot HCl$	伯胺盐
	$R—NH(CH_3) \cdot HCl$	仲胺盐
	$R—N(CH_3)_2 \cdot HCl$	叔胺盐
	$R_1R_2R_3R_4N^+ \cdot Cl^-$	季铵盐
	$R—C_5H_5N^+$	吡啶衍生物
两性表面活性剂	$R—NHCH_2-CH_2COOH$	氨基酸型
	$R—N^+(CH_3)_2CH_2COO^-$	甜菜碱型
	$R—N^+(CH_3)(CH_3)—CH_2COO^-$	牛磺酸
	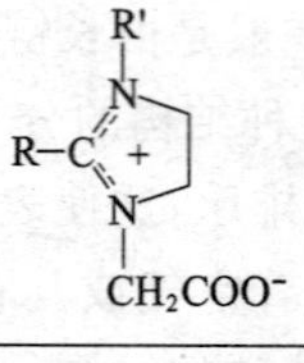	咪唑啉
非离子表面活性剂	$R—O—(CH_2CH_2O)_nH$	聚氧乙烯型
	$R—COOCH_2C(CH_2OH)_3$	多元醇型
其它	氟表面活性剂	
	硅表面活性剂	
	高分子表面活性剂	

(一) 阴离子型表面活性剂

(1) 羧酸盐（R—COOM）　一般为脂肪酸的钠盐，比如肥皂。此类表面活性剂在 pH 小于

7 的溶液中不稳定，在盐水中不易溶，所以不适于在硬水、酸、碱性溶液中应用。这类表面活性剂一般由天然动、植物油脂制成。

(2) 磺酸盐($R—SO_3M$)　包括烷基磺酸盐和烷基苯磺酸盐。洗衣粉中用的表面活性剂多为烷基苯磺酸钠，如十二烷基苯磺酸钠：

这类表面活性剂耐硬水、酸、碱，表面活性大，去污力强。在它的烷基中若有多个支链时不易被降解，容易污染环境。烷基苯磺酸盐多用作润湿剂、分散剂等。

(3) 硫酸酯盐($R—OSO_3M$)　用高级醇($C_{12}\sim C_{14}$)经硫酸酯化、中和制得。这类表面活性剂具有较好的乳化和起泡能力，如用作牙膏起泡剂的十二烷基硫酸钠($C_{12}H_{25}OSO_3Na$)。此类表面活性剂分子的长链中含碳原子数大于 14 时在常温下不易溶于水。

(4) 磷酸酯盐　有单酯盐($R—OPO_3M_2$)和双酯盐($R_1R_2O_2PO_2M$)两种，如十六醇磷酸酯二钠盐($C_{16}H_{33}OPO_3Na_2$)。此类表面活性剂为低泡表面活性剂，常用作乳化剂、抗静电剂、抗蚀剂等。

(二) 阳离子型表面活性剂

阳离子型表面活性剂绝大部分是含氮的化合物。最常用的为季铵盐($R_1R_2R_3R_4N^+$)和吡啶衍生物($R—C_5H_5N^+$)。这类表面活性剂不受 pH 影响，有很强的杀菌能力，也有一定毒性，其水溶液常用作消毒、杀菌剂，如医院中用于外科手术及医疗器械消毒的洁尔灭(氯化苄铵)系列：

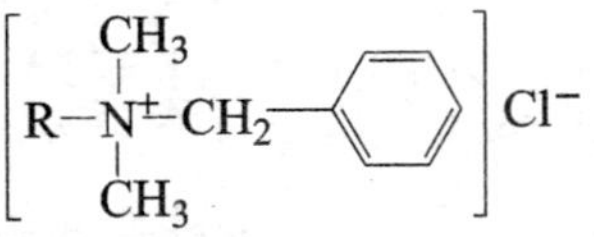

洁尔灭($R = C_8H_{17}\sim C_{18}H_{31}$)

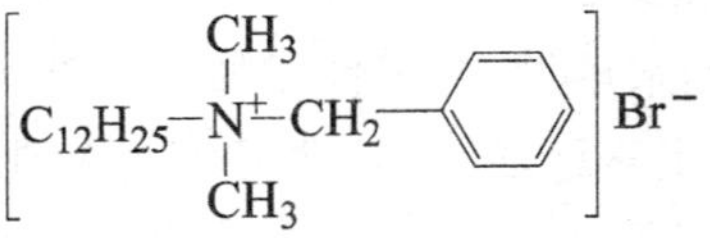

新洁尔灭

吡啶类有氯化十六烷基吡啶、溴化十四烷基吡啶(消毒净)等。

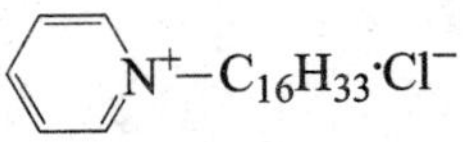

氯化十六烷基吡啶

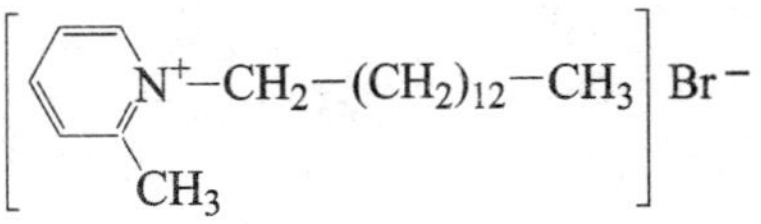

消毒净

它耐酸、碱，无刺激性，对金属、橡胶和塑料等都没有腐蚀作用。阳离子型表面活性剂易吸附于固体表面，因此在药物分析中常用其吸附在药物表面以增加仪器的灵敏度，在工业中被作为矿物浮选剂、织物柔软剂、抗静电剂、染料分散剂等而广泛使用。

(三) 两性表面活性剂

两性表面活性剂的碱性基主要是胺基或季铵基，酸性基主要是羧基和磺酸基，常用的有氨基丙酸($R—NHCH_2—CH_2COOH$)、甜菜碱[$R—N^+(CH_3)_2CH_2COO^-$]、牛磺酸和咪唑啉四大类型：

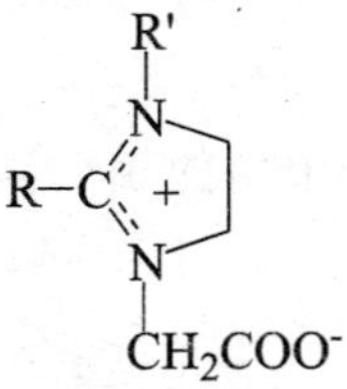

咪唑啉

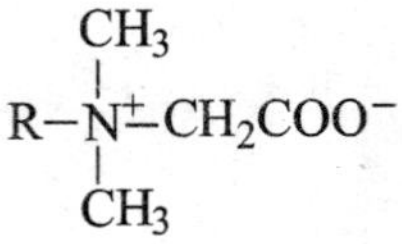

牛磺酸

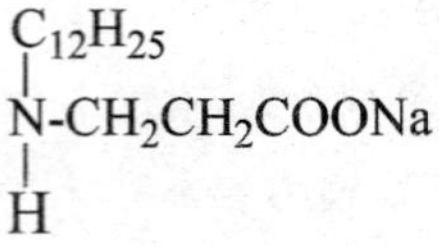

十二烷基氨基丙酸钠

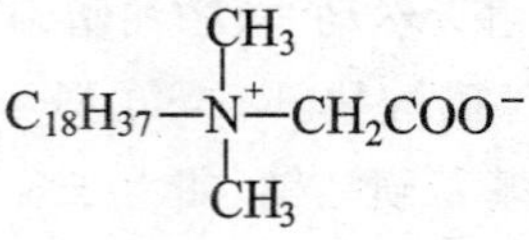

十八烷基二甲基甜菜碱

两性表面活性剂的性质随 pH 而变，易溶于水、酸、碱、盐溶液，不易溶于有机溶剂。相对于阳离子型表面活性剂，此类表面活性剂杀菌作用柔和，刺激性也比较小。这类表面活性剂还有防金属腐蚀和表面抗静电作用，常用作杀菌剂、防蚀剂、分散剂、纤维柔软剂、抗静电剂、O/W 乳化剂、铺展剂等。

(四) 非离子表面活性剂

非离子表面活性剂是从 20 世纪 30 年代开始应用的，由于这类表面活性剂有很多优越的性能，因而发展非常迅速，尤其是在医药、食品等领域。非离子表面活性剂是具有一定数量含氧基团的长链分子，它的极性基团不带电。由于这类分子不电离，所以稳定性高，不易受到强酸、强碱及盐的影响。这类表面活性剂与其它类型的表面活性剂相容性好，在水和有机溶剂中均溶解。由于分子不电离，因此这类表面活性剂在固体表面不产生强吸附。随着温度的升高，很多此类表面活性剂在水中不溶。非离子表面活性剂主要包括聚氧乙烯类化合物、亚砜类化合物、氮氧类化合物以及多元醇类化合物等。近年发展起来的聚氧乙烯和聚氧丙烯整体共聚物也属于此类表面活性剂。

(1) 脂肪醇聚氧乙烯醚[$R—O—(C_2H_4O)_n—H$]　这类表面活性剂稳定性好，易被生物降解，有较好的水溶性、润湿性。如苄泽类(Brijs)，是由 C_8 以上的脂肪醇与 2～24 个环氧乙烷单位加成的醚类表面活性剂，常用作乳化剂或增溶剂。

(2) 烷基苯酚聚氧乙烯醚[$R—C_6H_4—O—(C_2H_4O)_n—H$]　它的性质和脂肪醇聚氧乙烯醚相似，稳定性好，不怕强酸、强碱、高温，但毒性较大，不易被生物降解。这类表面活性剂常用作乳化剂、润湿剂、分散剂等，如乳化剂 OP-9[壬基酚聚氧乙烯(9)醚]：

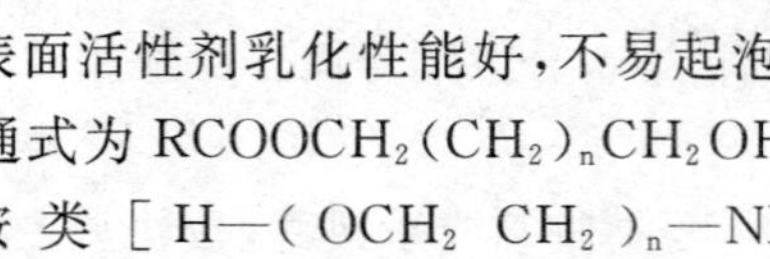

OP-9

(3) 脂肪酸聚氧乙烯酯[$R\overset{\overset{O}{\|}}{C}O—(CH_2CH_2O)_n—H$]　它的分子中含有酯键，易水解，在酸、碱水溶液中不稳定。这类表面活性剂乳化性能好，不易起泡，常用作乳化剂、分散剂，如卖泽类(Myrj)表面活性剂，它的通式为 $RCOOCH_2(CH_2)_nCH_2OH$。

(4) 聚氧乙烯烷基胺类[$H—(OCH_2CH_2)_n—NR—(CH_2CH_2O)_m—H$ 或 $RR'N—(CH_2CH_2O)_n—H$]　这类表面活性剂同时具有非离子表面活性剂和阳离子型表面活性剂的一些特征。

(5) 多元醇类　这类表面活性剂是甘油、季戊四醇、蔗糖、失水山梨醇等的衍生物，多不溶于水。由于无毒，常被用于医药及食品中，在药物制剂中常用的司盘、吐温类就属于此类表面活性剂。

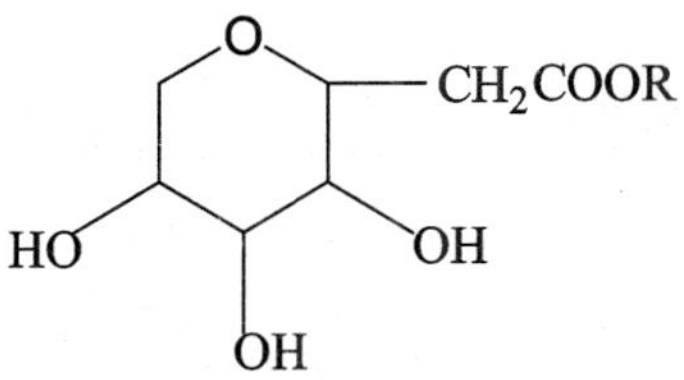

司盘（Span）

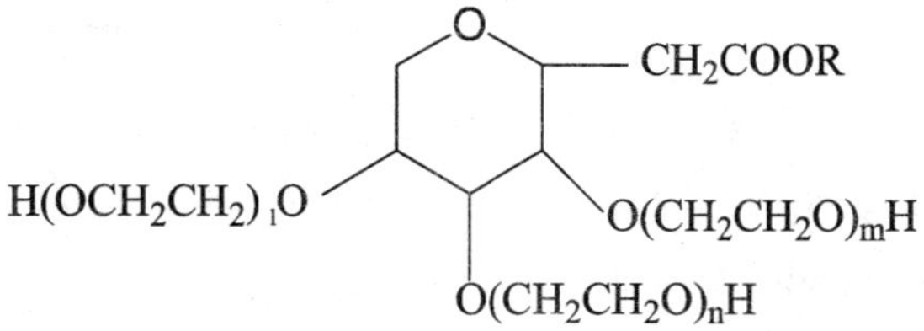

吐温（Tween）

(6) 聚氧烯烃整体共聚表面活性剂[$HO—(CH_2CH_2CH_2O)_m—(CH_2CH_2O)_n—H$]　这是一类新型的高分子表面活性剂，商品名为普朗尼克(Plurnic)。这是环氧丙烷和环氧乙烷的共聚物，控制聚氧丙烯(亲油)和聚氧乙烯(亲水)的比例及分子量，不同的聚合方式可得到不同性能的表面活性剂。此类表面活性剂无味、无臭、无毒、无刺激性、稳定性好，与酸、碱、金属离子均不起作用，是药学中广泛应用的表面活性剂。

(五) 其它

(1) 氟表面活性剂　它的憎水基团为碳氟链，憎水作用强，同时也憎油。此类表面活性剂能极大地降低表面张力，表面活性非常强。它的分子结构稳定，耐高温，不怕强酸、强碱和强氧化剂。

(2) 硅表面活性剂　聚硅氧烷又名硅酮，它的憎水链是由硅氧烷链组成的，由于疏水性强，较短的硅氧烷链就使化合物具有表面活性。

(3) 高分子表面活性剂　这是分子量在2000～3000以上的表面活性物质，包括天然高分子化合物(如水溶性蛋白质、树脂、海藻酸钠等)和合成高分子化合物(如聚乙烯醇、部分水解的聚丙烯酰胺等)。一般来说，高分子表面活性剂降低表面张力的能力较小，乳化能力强，多数不形成胶束，溶液的黏度大，常用作胶体和乳状液的稳定剂。这类表面活性剂的毒性很小，甚至无毒。

三、表面活性剂在界面的吸附

由于分子结构的特点，表面活性剂分子容易定向吸附在溶液表面，因此只需很小的浓度就可以极大地降低溶液的表面张力(图7-14曲线Ⅲ)。

表面活性剂具有降低表面吉布斯能的作用，它的水溶液的表面张力随浓度的变化关系$d\sigma/dc<0$。根据吉布斯溶液吸附理论，表面活性剂分子趋向于分布在溶液表面，形成正吸附。当表面活性剂溶于水后，分子中的亲油基团受到水分子的排斥，当达到一定浓度时，分布在液面的表面活性剂分子，其亲水基团伸向水中，亲油基团趋向于伸向气相，形成定向排列(图7-17)。

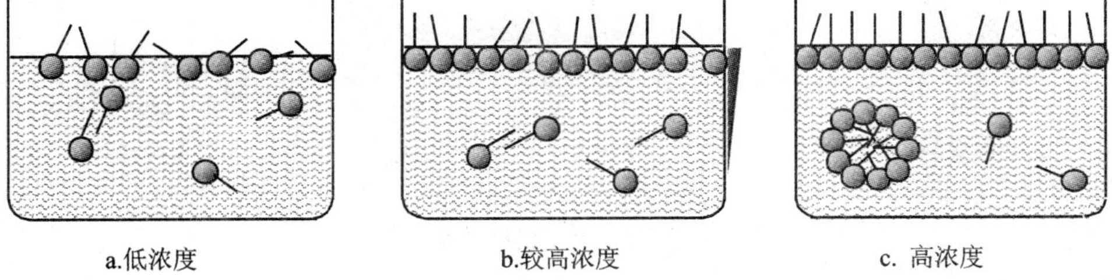

图7-17　表面活性剂分子在溶液表面的吸附

四、胶 束

当表面活性剂的浓度达到一定值时，表面活性剂分子在溶液中的状态发生了变化，形成疏水基向内，亲水基向外的多分子聚集体(图 7－17c)。

胶束(micelle)　也称胶团，表面活性剂分子在溶液中形成的疏水基向内、亲水基向外的多分子聚集体。

临界胶束浓度(critical micelle concentration)　形成胶束的最低浓度被称作临界胶束浓度，简称 CMC。

当表面活性剂的浓度达到一定值时，增加浓度不再引起表面张力的继续降低。不仅如此，溶液的很多和表面活性剂单个分子相关的物理性质，如电导率、渗透压、蒸气压、光学性质、去污能力等随浓度的变化关系曲线，都在一个很窄的浓度范围内出现明显的转折点(图 7－18)。很显然，此时的表面活性剂分子在溶液中的状态已经发生了变化。在低浓度的水溶液中，表面活性剂主要是以单个分子或离子的状态存在，同时还可能有一些二聚体、三聚体。当浓度增加到一定程度时，表面活性剂分子在溶液中形成疏水基向内，亲水基向外的多分子聚集体胶束，继续增加表面活性剂的浓度，只会改变胶束的形态，使胶束增大或增加胶束的数目，溶液中表面活性剂单个分子的数目不再增加。由于降低表面张力的作用是由表面活性剂分子引起的，所形成胶束的外表面只有亲水基，失去了两亲性也就不再具有表面活性，不能继续降低表面张力了。

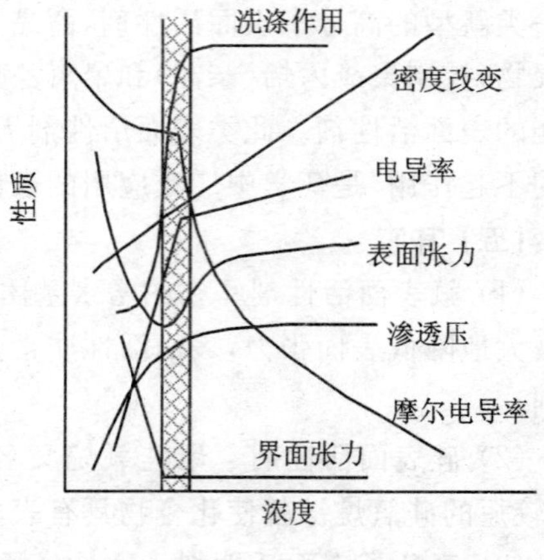

图 7－18　胶束形成前后溶液性质的变化

CMC 是表面活性剂的一个重要参数，可作为表面活性剂性质(表面活性)的一种量度。

胶束的结构　胶束是一些憎水基团向内、亲水基团向外的多分子聚集体，有各种形状。当浓度略大于 CMC 时胶束是球形的。随着浓度的增加，胶束的形状逐渐变得复杂，成为棒状、层状等(图 7－19)。

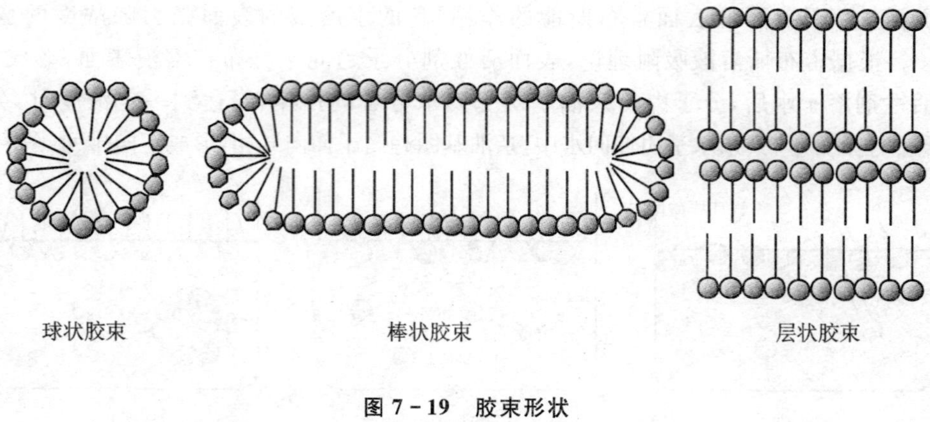

图 7－19　胶束形状

胶束很小，球形胶束的直径在 3nm 左右，大约为两个分子疏水链的长度。向内的疏水链形成了胶束的内核。内核近似液态，类似于液体的烃类。疏水链可自由地做无序运动。胶束外壳是由溶剂化的极性基团组成的。

五、表面活性剂的亲水亲油平衡值

亲水亲油平衡值(hydrophile and lipophile balance values) 衡量表面活性剂分子亲水性和亲油性相对强弱的物理量,简称 HLB 值。

在实际应用中有一个很重要的问题,就是如何选择合适的表面活性剂。表面活性剂的独特性质是由其独特的分子结构决定的。亲水基团和亲油基团相对集中地存在于同一分子的两端,它们的结构和相对位置决定了表面活性剂的亲水性和亲油性。亲水性和亲油性是影响表面活性剂性能的主要原因。当分子中的亲水基团的极性较强而亲油的碳氢链比较短时,整个分子的亲水性就强;反之,如果分子中的亲水基团的极性较弱而碳氢链比较长,整个分子的亲水性就弱。它们之间的平衡关系对表面活性剂降低表面张力的能力尤为重要。最初提出用亲水亲油平衡值,即 HLB 值是来衡量非离子表面活性剂分子亲水性和亲油性的相对强弱。以完全疏水的碳氢化合物石蜡的 HLB=0,完全亲水的聚乙二醇的 HLB=20 作为标准,然后按亲水性强弱可以大致确定其它表面活性剂的 HLB 值,并估计它们的应用范围。表面活性剂的 HLB 值越小,亲油性越强; HLB 值越大,亲水性越强;HLB 值在 10 附近,亲水亲油能力均衡。以后又将这一方法扩展至离子型表面活性剂,并增加了一个标准:十二烷基硫酸钠的 HLB=40。不同的 HLB 值的表面活性剂具有不同用途。

常用的表面活性剂的 HLB 值可以查到。表 7-7 给出了部分表面活性剂的 HLB 值和性能之间的一般关系。

表 7-7 部分表面活性剂的 HLB 值及其应用

化学组成	名　称	HLB 值	应用范围
碳氢化合物	石蜡	0	HLB 1～3
直链脂肪酸	油酸	1	消沫剂
失水山梨醇三油酸酯	Span 85	1.8	
失水山梨醇单油酸酯	Span 80	4.3	
丙二醇单月桂酸酯	Atlas G-917	4.5	
失水山梨醇单硬脂酸酯	Span 60	4.7	HLB 3～8
甘油单硬脂酸酯	Aldo 28	5.5	W/O 乳化剂
失水山梨醇单棕榈酸酯	Span 40	6.7	
阿拉伯胶	阿拉伯胶	8.0	
失水山梨醇单月桂酸酯	Span 20	8.6	
明胶	明胶	9.8	
甲基纤维素	甲基纤维素	10.5	HLB 7～11
聚氧乙烯硬脂酸酯	Myrj 45	11.1	润湿剂,铺展剂
西黄蓍胶	西黄蓍胶	13.2	HLB 8～18
聚氧乙烯蓖麻油	Atlas G-1794	13.3	O/W 乳化剂
聚氧乙烯植物油	Emulphor EL-719	13.3	

续表 7-7

化学组成	名　称	HLB 值	应用范围
聚氧乙烯失水山梨醇单硬脂酸酯	Tween 80	14.9	HLB 13～16
聚氧乙烯硬脂酸酯	Myrj 49	15.0	去污剂
聚氧乙烯失水山梨醇单油酸酯	Tween 60	15.0	
聚氧乙烯失水山梨醇单棕榈酸酯	Tween 40	15.6	
聚醚 F68	Plurnics F68	16	
聚氧乙烯单硬脂酸酯	Myrj 51	16	
聚氧乙烯失水山梨醇单月桂酸酯	Tween 20	16.7	
聚氧乙烯 40 硬脂酸酯	Myrj 52	16.9	
辛基苯酚聚氧乙烯 30 醚	OP 30	17	HLB 16 以上
聚氧乙烯单硬脂酸酯	Myrj 53	17.9	增溶剂
油酸钠	油酸钠	18	
聚乙二醇	聚乙二醇	20	
油酸钾	油酸钾	20	
十二烷基硫酸钠	十二烷基硫酸钠	40	

HLB 值的测定和计算　测定表面活性剂 HLB 值的方法很多，如表面张力法、浊度法、乳化法、滴定法、铺展系数法、气相色谱法、核磁共振法等。这些方法一般较繁琐，花费时间也比较长。这里只介绍几个简单的估算方法。

(1) 根据表面活性剂在水中的溶解情况，用浊度法估计表面活性剂 HLB 值的范围。在水中溶解较好的表面活性剂 HLB 值较高；相反，亲油性较强的表面活性剂在水中溶解度小，HLB 值也较低(表 7-8)。

表 7-8　表面活性剂的 HLB 值与其在水中的溶解情况

HLB 值范围	在水中的溶解情况
1～4	不分散
3～6	分散的不好
6～8	剧烈振荡后呈乳状分散体
8～10	稳定的乳状分散体
10～13	半透明至透明的分散体
>13	透明溶液

(2) 根据表面活性剂分子的结构计算 HLB 值，这是由戴维斯(Davies)提出来的方法。他认为可以把表面活性剂分子分解成一些基团，这些基团对 HLB 值的贡献是确定的，表面活性剂的 HLB 值是分子中这些基团各自作用的总和。表 7-9 列出了部分基团的 HLB 值。将这些数据代入式(7-17)，就可以计算出表面活性剂分子的 HLB 值。

$$\text{HLB} = 7 + \sum(\text{亲水基的 HLB 值}) - \sum(\text{亲油基的 HLB 值}) \tag{7-17}$$

表 7-9　某些基团的 HLB 值

基团名称	HLB 值	基团名称	HLB 值
$—SO_4Na$	38.7	$—OH$	0.5
—COOK	21.1	$—(C_2H_4O)—$	0.33
—COONa	19.1	—CH—	0.475
$—SO_3Na$	11	$—CH_2—$	0.475
—N(叔胺)	9.4	$—CH_3$	0.475
酯(自由)	2.4	═CH—	0.475
—COOH	2.1	$—(C_3H_6O)—$	0.15
—OH	1.9	$—CF_3$	0.87
—O—	1.3	$—CF_2—$	0.87

【例 7-11】 计算十二烷基硫酸钠的 HLB 值。

【解】 十二烷基硫酸钠可分解成$—SO_4Na$、$—CH_3$和 11 个$—CH_2—$，将表 7-9 中的数据代入式(7-17)：

$$HLB=7+38.7-12\times0.475=40$$

十二烷基硫酸钠的 HLB 值为 40。

(3) 用质量百分数可以计算含有聚氧乙烯基的非离子表面活性剂的 HLB 值。

$$HLB=\frac{亲水基质量}{总质量}\times20\% \qquad (7-18)$$

【例 7-12】 计算 OP-9[壬基酚聚氧乙烯(9)醚]的 HLB 值。

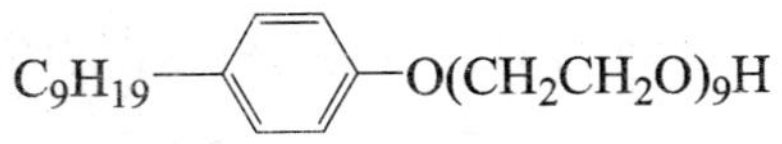

【解】 亲水基质量($C_9H_{19}—C_6H_4—$)=413，亲油基质量[$—O(CH_2CH_2O)_9H$]=203，代入式(7-18)得

$$HLB=\frac{413}{413+203}\times20\%=13.4$$

实测 HLB 值为 13.0。

以上计算方法只是为在实际应用中选择表面活性剂提供一个参考，确切的 HLB 值还需要由实验测定。

混合表面活性剂 HLB 值的计算　一般认为 HLB 值具有加和性，根据这个性质可以用混合不同表面活性剂的方法得到所需要的 HLB 值。

$$HLB_{(A+B)}=\frac{HLB_A\cdot w_A+HLB_B\cdot w_B}{w_A+w_B} \qquad (7-19)$$

w_A、w_B分别为两种表面活性剂 A、B 的质量分数。

【例 7-13】 用 40%的司盘 20(HLB=8.6)和 60%的吐温 80(HLB=14.9)混合，计算所得到混合表面活性剂的 HLB 值。

【解】 根据式(7-19)

$$HLB=\frac{8.6\times0.4+14.9\times0.6}{1}=12.4$$

混合表面活性剂的 HLB=12.4。

第六节　表面活性剂的几种重要作用

表面活性剂能在界面定向吸附，极大地降低表面张力，并能在溶液中形成胶束。这些独特的性质，使其具有重要的实际应用价值。下面介绍表面活性剂的几种重要作用。

一、增溶作用

表面活性剂使不溶或微溶于水的有机化合物的溶解度显著增加，这种现象称作增溶作用(solubilization)。例如室温下苯在水中的溶解度为 0.07%，在 10%的油酸钠水溶液中的溶解度上升至 7%，溶解度增加了约 100 倍。增溶作用发生在达到临界胶束浓度以后的表面活性剂溶液中，可以推断，增溶作用是和胶束的存在密切相关的。

增溶和溶解不同，增溶是使溶质以不同的形式分散在胶束中，而溶解是使溶质以分子形式分散在溶剂中。

表面活性剂作为增溶剂(solubilizing agent)，它的 HLB 值应在 15 以上。非离子表面活性剂形成的胶束较大，增溶能力一般比较强。由于不同化学结构的物质被增溶时进入胶束的不同位置，因此选择增溶剂时还要考虑被增溶物的结构。

利用表面活性剂的增溶作用来提高油溶性药物的溶解度是制药工业中常用的方法。在药学中常选用的增溶剂有吐温类、聚氧乙烯蓖麻油等。如氯霉素在水中的溶解度为 0.25%，加入 20%吐温 80 后，溶解度可增大到 2.5%以上。其他如脂溶性维生素、甾体激素类、磺胺类、抗生素类以及镇静剂、止痛剂等均可通过增溶作用而制成具有较高浓度的澄清液供内服、外用甚至注射用。增溶在中药提取物制剂中也有重要的意义。一些生理现象也与增溶作用有关，例如小肠不能直接吸收脂肪，但却能通过胆汁对脂肪的增溶而将其吸收。

二、润湿作用

液体能否润湿固体取决于固、液、气之间各界面张力的相对大小。表面活性剂分子能定向地吸附在固液界面上，降低固液界面张力，使接触角减小，改善润湿程度(图 7－20 a)。反之，表面活性剂也能使固体表面由润湿转变为不润湿。此时表面活性剂的极性基吸附在固体表面，非极性基伸向水中。这样，原来与水润湿良好的固体表面变为与水不润湿的表面(图 7－20 b)，此过程称为去润湿作用或憎水化。

a. 表面活性剂的润湿作用

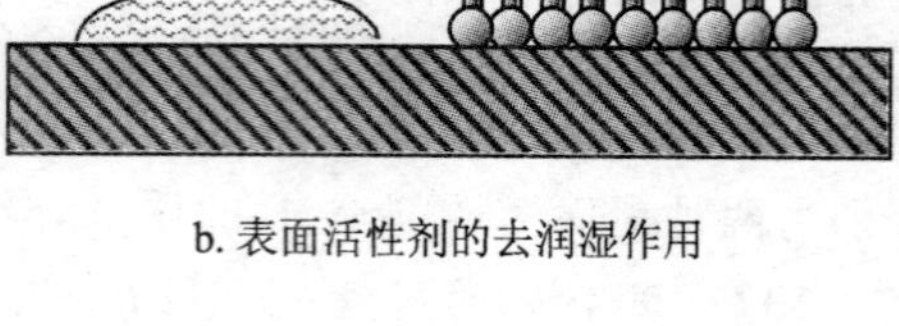

b. 表面活性剂的去润湿作用

图 7－20　表面活性剂的润湿和去润湿作用

通常选用阴离子型和非离子型的表面活性剂作为润湿剂，如十二烷基苯磺酸钠、十二醇硫酸钠、油酸丁酯硫酸钠等。作为润湿剂或去润湿剂的表面活性剂必须对固体有很强的吸附作用。碳链较短、有分支或亲水基团处于中间位置的表面活性剂分子，能比较牢固地吸附在固体表面，常作为润湿剂使用。一般润湿剂的 HLB 值在 7～11 之间。非离子表面活性剂中比较常用的有聚氧乙烯(10)异辛基苯酚醚及低级醇的环氧乙烷加成物等，它们对于酸、碱、盐不敏感，一般起泡也较少。

在药物制剂中广泛应用了表面活性剂的润湿作用。表面活性剂作为外用软膏基质可以使药物很好地润湿皮肤，有利于药物吸收。在片剂中加入表面活性剂可以使药物颗粒表面易被润湿，利于颗粒的结合和压片。在喷洒的农药中加入润湿剂后，能增加农药对枝叶和虫体表面的润湿程度，使药液在这些表面均匀铺展，提高了接触面积和接触时间，增加杀虫效果。还有彩色胶卷中的感光剂涂布等都是与润湿有关的实例。

阳离子型表面活性剂常用作去润湿剂。一般固体在水中时，表面多带有负电荷。表面活性剂分子中带有正电荷的亲水端吸附在固体表面，使原来亲水的固体表面转变为憎水性表面。采矿中的泡沫浮游选矿法使用了去润湿剂，加入表面活性剂使矿物粉末表面和水的接触角增大，憎水化的矿物粉末会附着在气泡上浮出水面，和沉在水下的矿渣分开。防水布的制备过程中，通过对纤维织物进行防湿剂处理，使水-布之间的接触角加大，达到去润湿的效果。对于氧化硅和玻璃，二甲基二氯硅烷是一种很好的防水材料，常在针剂安瓿内壁涂上一薄层此种材料，使玻璃内壁成为憎水表面，当用针筒抽吸针剂时药液就不易残留黏附在玻璃内壁上。

表面活性剂还可以在制备悬浮液时用作分散剂。将固体粉末在液体中分散，粉末往往很快就聚沉了。加入表面活性剂后，能使悬浮的粉末稳定性增加。表面活性剂分子吸附在固-液界面，降低了固液界面张力，使体系的热力学不稳定性降低。

三、乳化与破乳作用

分散相和分散介质都是液体的分散体系称为乳状液(emulsion)。一般情况下乳状液有一相为水相(水或水溶液)，另一相为与水不相溶的有机相，统称为油相。分散相为油相，分散介质为水相的乳液被称作“水包油”(O/W)型乳液(图 7－21a)；反之，分散相为水相，分散介质为油相的为“油包水”(W/O)型乳液(图 7－21b)。乳状液分散相的直径在 10^{-7}～10^{-4} m，属于粗分散体系。

乳状液的外观与分散相质点大小相关(表 7－10)。

表 7－10　乳状液的外观和分散相质点的大小

液珠大小	外　观
大滴	可分辨出两相
＞1μm	乳白色乳状液
0.1～1μm	蓝白色乳状液
0.05～0.1μm	灰色半透明状
＜0.05μm	透明液

乳状液是热力学不稳定体系。大量相界面的增加，使体系吉布斯能增加。被分散成微小液滴的液体很容易聚结成大液滴，最终出现分层。纯水和油混合不能形成稳定的乳状液，只有在体系中加入能分散于两相界面的物质，才能形成比较稳定的乳状液。加入表面活性剂可以使界面能下降，最多可能下降至原界面能的 1%，从而使分散过程所需克服的能量降低，使液体的分散变得容易。

表面活性剂在降低油水界面张力的同时，根据吉布斯吸附原理，必然会在界面吸附。当表面活性剂的浓度增高至一定程度，一般占总重量的1%～10%时，在界面定向排列的分子已经足够紧密，形成了有一定机械强度的膜。膜的存在使微小液滴相碰时不会破裂而形成大液滴，这就使乳状液能稳定存在。

阴离子型、阳离子型或非离子型表面活性剂都可以充当乳化剂。非离子型表面活性剂的加入常会引起溶液黏度的增加，从而使乳状液更加稳定。离子型表面活性剂还可以在液滴外形成双电层结构，由于静电排斥作用使液滴保持一定距离，从而使乳状液更加稳定。阴离子型表面活性剂应用最普遍。非离子型表面活性剂由于不受介质pH的影响、可以在硬水中使用、无毒等优点，越来越多地被用作乳化剂，特别是在食品、医药等行业。

不同的HLB值的乳化剂可以制备不同类型的乳状液。制备水包油型(O/W)乳状液要使用亲水型表面活性剂，HLB值一般在8～18之间；制备油包水(W/O)型乳状液要使用亲油型表面活性剂，HLB值在3～6之间。例如吐温类(HLB 15～17)常用来制备O/W型乳状液，司盘类(HLB 2～8)被用来制备W/O型乳状液。乳状液在药物制剂中用途广泛，一些在水中溶解性能不好的药物常被制成乳状液，用于口服、注射等。

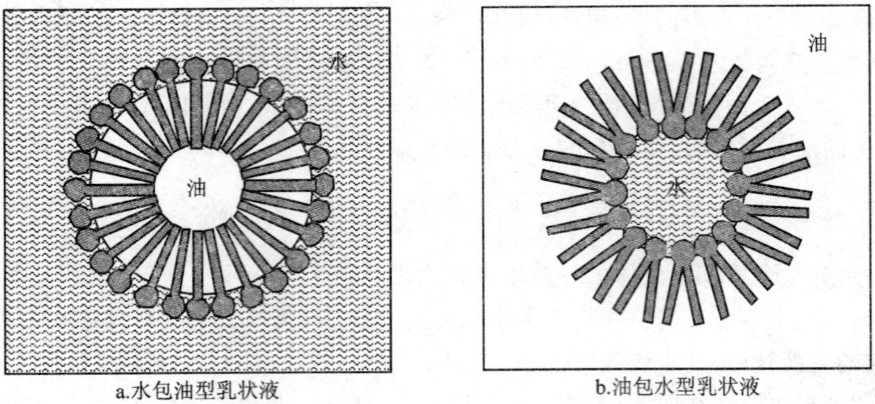

图7-21　乳状液示意图

有时人们希望乳状液的油、水分离，这就是破乳。

表面活性剂也可以起到破乳的作用，称其为破乳剂。在乳状液中加入相反的乳化剂，如在水包油型乳状液中加入油包水型乳化剂，或在油包水型乳状液中加入水包油型乳化剂，会使原来稳定的乳状液变得不稳定而被破坏。还可以在乳状液中加入表面活性更强但分子链较短的表面活性剂，它们把原来的乳化剂分子顶替，但由于这些分子的链较短，不能形成牢固的膜，乳状液就被破坏了。

由于形成双电层而稳定的乳状液，可以用加入电解质的方法破乳。电解质的加入使液滴间原有的静电斥力下降而聚沉，最终导致乳状液被破坏。

也可以用物理机械的方法破乳。常用的方法有电沉降、超声、过滤等。加热会加速液滴运动，降低介质黏度，也是破乳的一个方法。

四、起泡和消泡作用

分散相为气体、分散介质为液体的分散体系称为泡沫，是热力学不稳定体系。由于气体和液体的密度相差太大，气体很容易上升至液体表面，液膜中的液体下沉，气体外逸，导致气泡破裂。

要形成稳定的泡沫必须加入起泡剂，表面活性剂是最常用的起泡剂(图 7－22)。表面活性剂使泡沫稳定的原因主要有以下几个方面：

(1) 降低了气-液界面张力。

(2) 在泡沫表面形成了坚固的表面膜。

(3) 形成的表面膜有一定的表面黏度，使双层膜中的液体不易流走。

(4) 表面活性剂分子向外的极性基团溶剂化，也起到了固定液膜的作用。

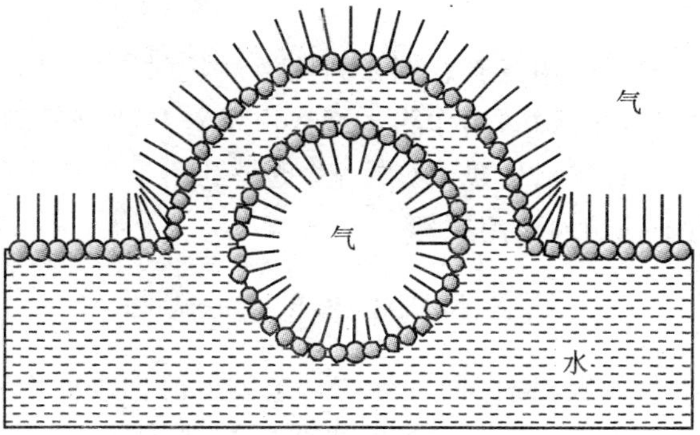

图 7－22 表面活性剂的起泡作用

作为起泡剂的表面活性剂的 HLB 值一般在 8～18 之间。起泡剂一般都是直链分子，烃链部分较长，一般含有 12～16 个碳原子，这样有利于在气泡外形成坚固的膜，如皂素类、蛋白质类和合成洗涤剂等。起泡作用常用于泡沫灭火、矿物的浮选分离及水处理工程中的离子浮选。此外，医学上用起泡剂使胃充气扩张，便于 X 射线透视检查等。

在某些情况下产生大量泡沫往往是有害的，如在医药工业中我们经常碰到发酵、中草药提取、蒸发过程中产生泡沫，大量泡沫的存在给生产带来危害，这时就需要进行消泡。向产生泡沫的体系中加入消泡剂可以消除泡沫，常用的消泡剂多数是表面活性剂。一些表面活性强、溶解度较小、分子链较短或有支链的分子被用作消泡剂。这些分子很容易吸附在气泡表面，置换原来的起泡剂分子，这些较小的或有支链的分子不能形成坚固的膜，于是气体外泄，泡沫被破坏，起到了消泡作用。

五、洗涤作用

将表面活性剂用作洗涤剂已经有很长的历史了，用肥皂洗涤衣物是人们对表面活性剂的最早应用。

洗涤去污作用是一个复杂的过程，它与润湿、乳化、增溶和起泡作用都有关系。污垢一般是由油脂和灰尘构成，黏附在固体的表面。表面活性剂分子能吸附在固体和污物之间的界面上，使固体和污垢之间的结合变弱，加上机械振动、搅拌等作用，使污垢从固体表面脱落。吸附在固体表面的表面活性剂分子所形成的吸附膜还可以防止污物重新沉积在固体表面。表面活性剂分子还会吸附在洗脱的污垢表面，使其悬浮在水中，然后被水冲走。泡沫中往往携带大量被表面活性剂包裹的污物，胶束能增溶一些有机不溶物，它们都对洗涤去污有一定的作用。

用作洗涤剂的表面活性剂 HLB 值一般在 13～16 之间。洗涤剂中一般还要加入无机或有机助剂，帮助使污垢悬浮，易于清除。近几十年来，以烷基硫酸盐、烷基芳基磺酸盐及聚氧乙烯型非离子表面活性剂为原料制成各种合成洗涤剂，大大提高了洗涤去污能力。

第七节 气体在固体表面上的吸附

在多相体系中，其中一相为固体的界面是非常重要并且常见的界面。固体表面的润湿、吸附等，都是具有重要意义的界面现象。和液体表面相同，表面层的分子（或原子）和内部分子（或原子）所处的状态不同，周围分子对表面层分子的作用力不对称，固体表面也存在表面能。当气体或液体分子经过固体表面时会发生吸附。一般情况下，吸附会导致固体表面吉布斯能的降低。

固体表面吸附具有重要的应用意义。例如利用活性炭对空气中的有机分子的吸附作用，可以用来净化空气；还可以放入冰箱，用作除臭剂。由于对某些有机物的吸附作用，活性炭还被用来对溶液脱色。医学上口服活性炭治疗胃病，也是利用了活性炭的吸附作用。硅胶对水分子的吸附，是硅胶作为干燥剂的应用原理。

一、固体对气体吸附的一般概念

具有吸附能力的固体称作**吸附剂**（adsorbent），被吸附的物质称作**吸附质**（adsorbate）。表面吸附情况和吸附剂的表面性质、组成、结构及吸附质的性质有关。在一定条件下，吸附质的量随吸附剂表面积的增加而加大，粉末状或多孔性物质拥有巨大的表面积，这一类固体往往具有良好的吸附性能。

当气体在固体表面达到吸附平衡后，用单位质量吸附剂所吸附气体在标准状态下（$p^{\ominus}$，0℃）所占的体积 V 或所吸附气体物质的量 n 来表示吸附量 Γ，即

$$\Gamma=V/m \quad 或 \quad \Gamma=n/m$$

式中 m 为吸附剂的质量，吸附量 Γ 的单位为 $m^3 \cdot kg^{-1}$ 或 $mol \cdot kg^{-1}$。

吸附等温线（absorption isotherm） 保持温度恒定时，吸附质平衡分压 p 与吸附量 Γ 之间的关系曲线。从实验中得到的吸附等温线被 Brunauer 归纳为五种类型(图 7 - 23)。图 7 - 23 中纵坐标是吸附量，横坐标 p/p^* 是吸附平衡时的相对压力，p 为吸附平衡时的气体压力，p^* 为温度 T 时该气体的饱和蒸气压。

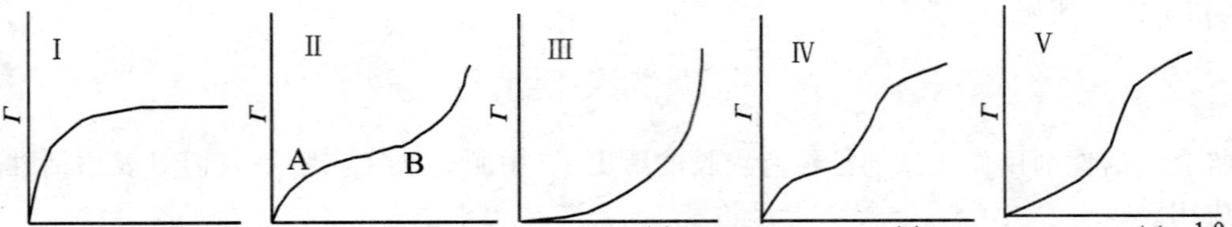

图 7 - 23 吸附等温线的五种类型

曲线 I 为单分子层吸附，也称兰格缪尔吸附等温线（Langmuir absorption isotherm），包括化学吸附和单分子层的物理吸附。此类吸附随着气体压力的增大，吸附量逐渐增加，直至趋向于饱和——固体表面完全覆盖单分子层的气体分子。

除了曲线 I 以外的各类吸附均为多分子层吸附。

由于固体表面原子的不可流动性，表面原子的剩余力场不仅有范德华力，也有化学键力。按固体表面对被吸附气体分子作用力的不同，可将吸附分为两大类。

物理吸附（physisorption） 固体表面与被吸附分子之间的作用力是范德华引力，这类吸

附称为物理吸附。

物理吸附和气体在固体表面发生的液化相类似，吸附热和气相液化的焓变相近，相对较小。物理吸附一般发生在较低温度（低于临界温度），低温时吸附现象明显。气体的物理吸附没有选择性，气体可以吸附在任何固体的表面。物理吸附可以是单分子层（monolayer）吸附，也可以是多分子层（multilayer）吸附。这种吸附能很快达到平衡，并且是可逆的。

化学吸附（chemisorption） 固体表面的分子和被吸附的气体分子之间发生了某种化学作用，形成化学键，这类吸附称为化学吸附。

化学吸附和化学反应相类似，当发生化学吸附时，它们之间的作用力是化学键力，所以吸附热较大，接近于化学反应的热效应。化学吸附具有较高的选择性，一般是单分子层吸附。通常化学吸附是不可逆的，解吸附很困难，常伴有化学变化。和化学反应相似，化学吸附也需要活化能，当吸附温度比较高时吸附现象明显。

表 7－11 列出了两种吸附的特点。

表 7－11　物理吸附与化学吸附的比较

	物理吸附	化学吸附
吸附力	范德华力	化学键力
吸附热	较小，接近于液化热 （$<40\text{kJ}\cdot\text{mol}^{-1}$）	较大，接近于化学反应热 （$80\sim400\text{kJ}\cdot\text{mol}^{-1}$）
选择性	无	有
吸附稳定性	不稳定，容易解吸	比较稳定，不易解吸
分子层	单分子层或多分子层	单分子层
吸附速率	较快，不受温度影响，一般不需活化能	较慢，温度升高则速度加快，需活化能

在一定条件下，物理吸附和化学吸附往往同时发生。因此很难将两类吸附截然分开。例如氧在钨表面的吸附会同时出现三种情况：有的氧是以原子态被吸附在钨表面（化学吸附）；有的氧则是以分子状态被吸附在钨表面（物理吸附），还有一些氧分子被吸附在氧原子上。很多情况下温度的改变也会改变吸附的性质，如一氧化碳在钯上的吸附，在低温时的吸附是物理吸附，升高温度出现化学吸附，直至完全转化为化学吸附。

二、弗仑因德立希吸附等温式

弗仑因德立希吸附等温式是一个描述Ⅰ型吸附等温线的经验公式。当吸附量为 Γ，吸附平衡压力为 p 时：

$$\Gamma = kp^{\frac{1}{n}} \tag{7-20}$$

式中 k 和 n（$n>1$）都是经验常数，它们与吸附剂、吸附质的种类、温度等因素有关。

将式（7－20）取对数可得一直线方程：

$$\ln\Gamma = \ln k + \frac{1}{n}\ln p \tag{7-21}$$

以 $\ln\Gamma$ 对 $\ln p$ 作图，直线的截距是 $\ln k$，直线的斜率是 $1/n$。弗仑因德立希公式只适用于中等压力，在低压和高压部分 $\ln\Gamma$ 和 $\ln p$ 之间不能得到很好的线性关系。

三、单分子层吸附理论——兰格缪尔吸附等温式

1916 年兰格缪尔(Irving Langmuir)根据大量的实验事实提出了单分子层吸附理论(theory of monolayer adsorption),他用动力学理论推导出固体对气体的单分子层吸附等温式。该理论的基本假设是:

(1) 气体分子在固体表面的吸附是气体分子在固体表面聚集和逃逸的平衡,是一个动态平衡(图 7-24)。

(2) 固体表面对气体分子的吸附是单分子层的,当气体分子碰撞到固体的空白表面才可能被吸附,已经吸附了气体分子的固体表面不能再吸附其它气体分子。

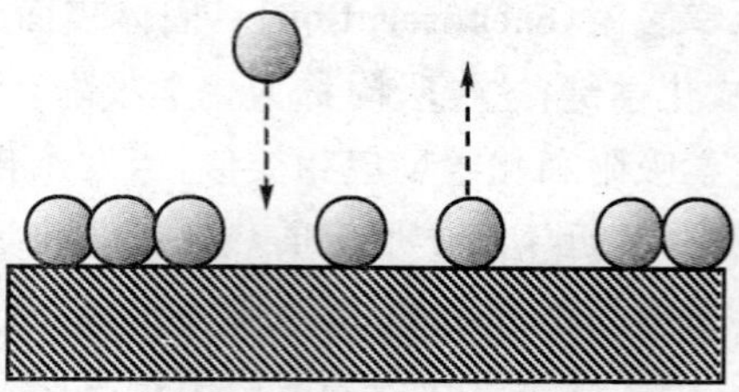

图 7-24　气体在固体表面的单分子层吸附

(3) 被吸附分子之间无作用力,因此气体的吸附和解吸附不受周围被吸附分子的影响。

(4) 固体表面是均匀的,表面各处的吸附能力相同,吸附热是常数,不随覆盖程度而改变。

兰格缪尔吸附等温式(Langmuir adsorption isotherm equation)　定量地表示表面覆盖度 θ 与平衡压力 p 之间关系的公式。

$$\theta = \frac{bp}{1+bp} \tag{7-22}$$

式中 θ 为在一定温度下已吸附气体分子的固体表面积分数,也称固体的**表面覆盖度**(coverage of surface);b 称作**吸附平衡常数**(equilibrium constant of adsorption),也称吸附系数,它是温度和吸附热的函数,代表了固体表面吸附气体能力的强弱程度。

用 V 表示被吸附气体的实际吸附体积,V_m 表示吸满一层分子($\theta=1$)的吸附量(饱和吸附量),则 $\theta=V/V_m$。代入式(7-22)中得

$$V = \frac{V_m bp}{1+bp} \tag{7-23}$$

或用 Γ_m 代表单分子层饱和吸附时的吸附量,Γ 代表压力为 p 时的实际吸附量,则表面被覆盖的分数为 $\theta=\frac{\Gamma}{\Gamma_m}$,同理可得:

$$\Gamma = \frac{\Gamma_m bp}{1+bp} \tag{7-24}$$

从式(7-24)可以得知:

(1) 在压力很低或吸附很弱时,$bp \ll 1$,$\Gamma=\Gamma_m bp$,Γ 与 p 呈直线关系,即图 7-25 中的低压部分。

(2) 在压力足够高或吸附很强时,$bp \gg 1$,$\Gamma=\Gamma_m$。这时吸附量为常数,不随压力而变化,固体表面已完成对气体的单分子层饱和吸附,即图 7-25 中的高压部分。

(3) 在中等压力或吸附适中时,Γ 与 p 为曲线关系。符合兰格缪尔公式的一般形式 $\Gamma=\Gamma_m \frac{bp}{1+bp}$,即图 7-25 中的曲线中段。

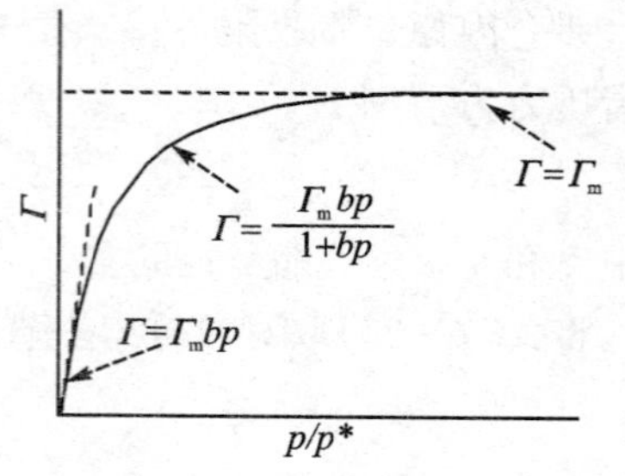

图 7-25　兰格缪尔吸附等温线

实际应用时要将兰格缪尔公式线性化。将式(7-23)取倒数得

$$\frac{1}{V}=\frac{1}{bV_{m}p}+\frac{1}{V_{m}} \quad (7-25)$$

或

$$\frac{p}{V}=\frac{1}{bV_{m}}+\frac{p}{V_{m}}$$

以 p/V 对 p 作图，如果为一条直线，说明该体系符合兰格缪尔吸附公式。根据直线斜率和截距可以求出兰格缪尔公式中的两个常数 b 和 V_m。

吸附剂固体的表面积应等于每个气体分子所占面积 A 与分子个数 N 的乘积：

因为
$$N=nL=\frac{V_{m}p}{RT}\cdot L$$

所以固体的表面积
$$A_{固}=\frac{LAV_{m}p}{RT}$$

固体比表面
$$a_{m}=\frac{LAV_{m}p}{RTm} \quad (7-26)$$

式中 n 为被吸附气体物质的量，L 为阿伏伽德罗常数，m 为固体吸附剂的质量，V_m 为换算成标准状态(273.15 K，101.325 kPa)下被吸附气体的体积，A 为被吸附气体分子的截面积，$A_{固}$ 为固体吸附剂的总表面积。

如果用吸附量计算固体的比表面积，则式(7-26)改为

$$a_{m}=\frac{LA\Gamma_{m}p}{RT}$$

【例 7-14】 用活性炭吸附 $CHCl_3$ 符合兰格缪尔吸附等温式，在 273.15K 时某活性炭样品的饱和吸附量为 $9.38\times10^{-2}\,m^3\cdot kg^{-1}$，已知当 $CHCl_3$ 的分压为 13.4kPa 时的平衡吸附量为 $8.25\times10^{-2}\,m^3\cdot kg^{-1}$。试计算：

(1) 兰格缪尔吸附等温式中的常数 b。

(2) $CHCl_3$ 的分压为 6.67kPa 时的平衡吸附量。

(3) 已知 $CHCl_3$ 分子的横截面积为 $0.32\times10^{-18}\,m^2$，该活性炭的比表面。

【解】 (1) 兰格缪尔吸附等温式为 $\Gamma=\frac{\Gamma_{m}bp}{1+bp}$

代入题中所给数据

$$8.25\times10^{-2}=\frac{9.38\times10^{-2}\times b\times13.4\times10^{3}}{1+b\times13.4\times10^{3}}$$

$$b=5.448\times10^{-4}\ Pa^{-1}$$

(2) 当 p=6.67 kPa 时

$$\Gamma=\frac{9.38\times10^{-2}\times5.448\times10^{-4}\times6.67\times10^{3}}{1+5.448\times10^{-4}\times6.67\times10^{3}}=7.36\times10^{-2}\ m^{3}\cdot kg^{-1}$$

(3) 根据 $a_{m}=\frac{LA\Gamma_{m}p}{RT}$

$$a_{m}=\frac{6.022\times10^{23}\times0.32\times10^{-18}\times9.38\times10^{-2}\times101325}{8.314\times273.15}$$
$$=8.06\times10^{5}\ m^{2}\cdot kg^{-1}=806\ m^{2}\cdot g^{-1}$$

*四、多分子层吸附理论——BET 公式

大多数固体对气体的吸附为物理吸附，物理吸附基本上都是多分子层吸附。兰格缪尔吸

附等温式较好地解释了图 7－23 中第Ⅰ类型吸附等温线。但兰格缪尔模型过于简单，是一个理想的吸附模型，完全符合这一模型的情况不多。大部分物理吸附是多分子层的，因此该理论对图 7－23 中第Ⅱ～Ⅴ类型吸附等温式不能给予解释。在兰格缪尔吸附理论的基础上，1938 年布鲁诺(Brunauer)、埃米特(Emmet)和泰勒(Teller)三人提出了多分子层的吸附理论(theory of adsorption of polymolecular layer)，简称 BET 吸附理论。他们将兰格缪尔的方法推广到多分子层吸附。该理论保留了兰格缪尔理论中关于表面是均匀的、被吸附的分子之间无相互作用力等假设，并认为：

(1) 固体对气体的吸附是多分子层的，兰格缪尔公式可应用于每一吸附层。

(2) 第一层的吸附是固体表面对气体分子的吸附，而其它各层吸附则发生在相同的分子之间，这两种吸附是完全不同的，因此这两种过程的热效应也不同，除第一层以外，其它各层的吸附热都相同，等于该气体的凝聚热，而第一层的吸附热有不同的值。

(3) 吸附和解吸附都只发生在最外层的表面(图 7－26)。

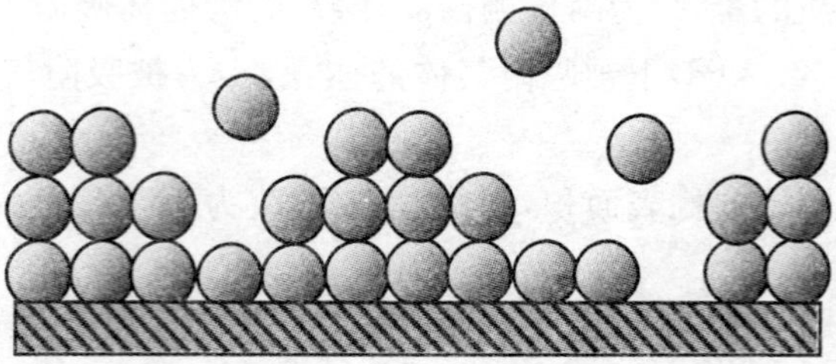

图 7－26　多分子层吸附示意图

根据以上假设，他们推导出多分子层吸附等温式：

$$V = V_m \frac{Cp}{(p^* - p)\left[1 + (C-1)\dfrac{p}{p^*}\right]} \tag{7-27}$$

式中 V 为在吸附平衡压力 p 下的被吸附气体的体积，V_m 是在固体表面铺满一层气体分子所需气体的体积(单分子层饱和吸附体积)，p^* 为指定温度下气体的饱和蒸气压，C 是和吸附热与凝聚热之差有关的常数。式(7－27)被称为 BET 吸附等温式(BET adsorption isotherm equation)。由于其中包括两个常数 C 和 V_m，所以又称为 BET 二常数公式。BET 公式适用于单分子层及多分子层吸附。实验表明，BET 公式能较好地描述图 7－23 中第Ⅰ～Ⅲ类三种吸附等温线，是研究物理吸附时应用最多的公式。BET 公式最主要的应用是测量固体的比表面。比表面是粉末状或多孔固体的一个重要性质。虽然测定比表面的方法有多种，但 BET 法操作简单，数据可靠，直到目前仍被公认为是最经典的方法。在应用时，要把 BET 公式直线化：

$$\frac{p}{V(p^* - p)} = \frac{1}{V_m C} + \frac{C-1}{V_m C} \cdot \frac{p}{p^*}$$

或

$$\frac{x}{V(1-x)} = \frac{1}{V_m C} + \frac{(C-1)x}{V_m C} \tag{7-28}$$

式中 $x = p/p^*$。以 $\dfrac{p}{V(p^* - p)}$ 对 p/p^* 作图应得到一条直线，直线的截距为 $\dfrac{1}{V_m C}$，斜率为 $\dfrac{C-1}{V_m C}$。因此 $V_m = \dfrac{1}{\text{截距}+\text{斜率}}$。

【例 7－15】 用 BET 法测高岭土样品的比表面。高岭土在 －197℃ 时吸附氮气的数据如下：

$10^{-4}\times p/\text{Pa}$	0.957	1.528	2.096	2.405	2.926
$10^{6}\times V/\text{m}^3$	1.200	1.370	1.563	1.677	1.879

表中 p 为达到吸附平衡时 N_2 的压力，V 是吸附平衡时 N_2 的体积，已换算成在标准状态下(273.15K，101.325kPa)的体积。样品重 0.0289g，已知氮气在 −195℃ 时的饱和蒸气压为 111.057 kPa，试计算高岭土样品的比表面。

【解】 根据 BET 公式 $\dfrac{p}{V(p^*-p)}=\dfrac{1}{V_mC}+\dfrac{C-1}{V_mC}\cdot\dfrac{p}{p^*}$，将实验数据处理作表：

p/p^*	0.0862	0.1376	0.1887	0.2166	0.2636
$\dfrac{p}{V(p^*-p)}\Big/10^4\ \text{m}^{-3}$	7.86	11.65	14.88	16.48	19.04

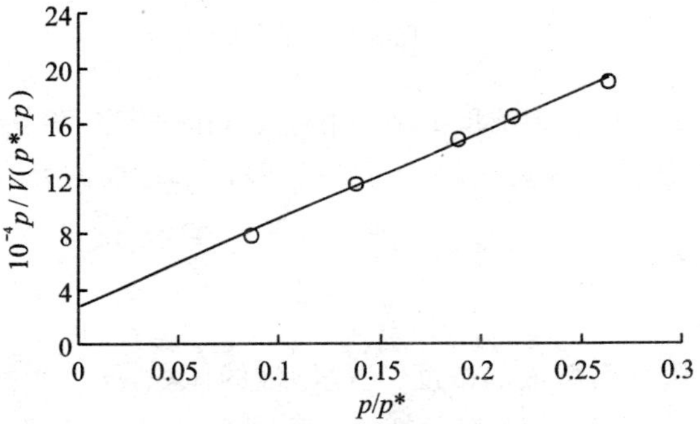

图 7－27 高岭土样品对 N_2 的吸附

以$\dfrac{p}{V(p^*-p)}$对 p/p^* 作图(图 7－27)，截距 $a=2.7448\times10^4$，斜率 $b=6.2940\times10^5$

$$V_m=\frac{1}{a+b}=1.522\times10^{-6}\ \text{m}^3$$

$$a_m=\frac{pV_m}{RT}\cdot\frac{L\cdot a_{N_2}}{m}$$

$$=\frac{101325\times1.522\times10^{-6}}{8.314\times273.15}\times\frac{6.022\times10^{23}\times16.2\times10^{-20}}{0.0289}$$

$$=229.3\ \text{m}^2\cdot\text{g}^{-1}$$

高岭土样品的比表面积为 229.3 $\text{m}^2\cdot\text{g}^{-1}$。

*第八节　固体自溶液中的吸附

一、吸附特点

固体自溶液中的吸附是最常见的吸附现象之一，并且有广泛的应用，例如液体的净化、脱色、色谱分析等。在固液界面，体系有自发降低表面能的趋势，这是产生固液界面吸附的根本原因。在固液界面上的液体分子受到固体分子的作用力大于所受到的液体分子的作用力，液体分子会向固液界面密集以降低表面能，这就是固体对液体的吸附。溶质分子和溶剂分子都会被固体吸附，因此溶液吸附规律比较复杂，至今没有像固体对气体的吸附那样完整的吸附理论。

固体对气体的吸附主要决定于固体表面与气体分子之间作用力的相互强弱，而固体自溶液中的吸附则有固体表面与溶质分子之间的作用力，固体表面与溶剂分子之间的作用力以及在溶液中溶质分子之间、溶剂分子之间、溶质分子与溶剂分子之间的作用力。固体自溶液中的吸附是溶液中各组分竞争吸附的净结果。若固体表面上的溶质浓度比溶液本体浓度大，就是正吸附，反之就是负吸附。

固体自溶液中的吸附速度一般比对气体的吸附速度慢得多。由于液体分子之间距离近，相互作用力强，所以吸附质分子的扩散速度比气体分子的扩散速度慢很多。在溶液中，固体表面总有一层液膜，溶质分子必须通过这层膜才能被吸附。多孔性固体的吸附速度更低，往往需要更长的时间才能使溶液达到吸附平衡。

二、吸附量的测定

将定量的吸附剂与一定量已知浓度的溶液相混合，在一定温度下振摇达到平衡。澄清后，测定溶液的浓度，固体对溶质的表观吸附量可以按式(7－29)根据吸附前后溶液浓度的变化计算出来：

$$\Gamma_{表观} = \frac{(c_0 - c)V}{m} \tag{7-29}$$

式中 c_0 和 c 分别表示吸附前后溶液的浓度，V 是溶液的体积，m 为吸附剂质量。

上述计算没有考虑吸附剂对溶剂的吸附，通常称为表观吸附量(apparent adsorption quantity)或相对吸附量，根据式(7－29)计算的吸附量是假定对溶剂的吸附量为零时对溶质的吸附量。虽然固体同时吸附溶剂和溶质，但在稀溶液中，由于吸附引起溶剂量减少而造成的浓度变化可以忽略。式(7－29)计算所得出的结果可以近似地代表固体对溶质的吸附情况。在浓溶液中，由于溶剂被吸附而引起的溶液浓度变化明显，甚至可以看到溶质的表观吸附为负吸附。

三、吸附经验公式

吸附剂在溶液中对非电解质的吸附在固体自溶液中的吸附中研究和应用较多。吸附等温线的形状(图 7－28)与固体-气体吸附等温线很相似。第Ⅰ类型等温线的形状与前述的固体-气体吸附等温线Ⅰ型(图 7－23)相似，第Ⅱ类型溶液吸附等温线与固-气吸附等温线(图 7－23)Ⅱ、Ⅲ型相似，如石墨和碳黑自水中吸附溶解度有限的苯酚、戊酸等。

气体吸附公式也可应用于溶液吸附，只要以浓度代替原来公式中的压力即可。处理自稀溶液的吸附时，最常用的公式是弗仑因德立希公式和兰格缪尔公式。例如活性炭从水中吸附低级脂肪酸、从苯中吸附苯甲酸等均符合弗仑因德立希吸附等温式：

$$\Gamma = kc^{\frac{1}{n}} \tag{7-30}$$

高岭土从水溶液中吸附番木鳖碱、阿托品符合兰格缪尔吸附等温式：

$$\frac{c}{\Gamma} = \frac{c}{\Gamma_m} + \frac{1}{b\Gamma_m} \tag{7-31}$$

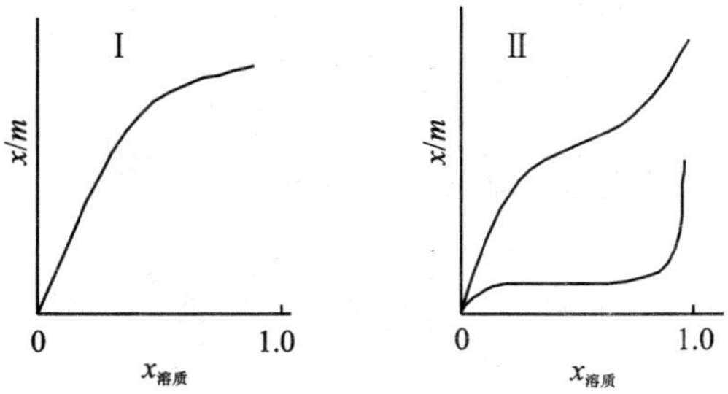

图 7－28　固体-溶液吸附曲线

弗仑因德立希等温线和兰格缪尔等温线的区别在于，弗仑因德立希等温线在低浓度时不为直线，并且在高浓度时不存在饱和。当固体自溶液中的吸附具有多层吸附特征时，可以用 BET 公式来进行处理。这些公式在这里仅能当作经验公式使用，只是由于它们和实验数据吻合，没有理论意义。

【例 7－16】 在 18℃时，用血炭从含有苯甲酸的苯溶液中吸附苯甲酸。实验测出每千克血炭的吸附量 $\frac{x}{m}$ 与苯甲酸的平衡浓度 c 的数据如下：

$c/\text{mol}\cdot\text{L}^{-1}$	2.82×10^{-3}	6.17×10^{-3}	2.57×10^{-2}	5.01×10^{-2}	0.121	0.282	0.742
$\Gamma/\text{mol}\cdot\text{kg}^{-1}$	0.269	0.355	0.631	0.776	1.21	1.55	2.19

试用图解法求弗仑因德立希吸附等温式中的常数 k 及 n。

【解】 根据弗仑因德立希吸附等温式 $\ln\Gamma=\ln k+\frac{1}{n}\ln c$，题给数据处理如下：

$\ln c$	−5.871	−5.008	−3.661	−2.994	−2.112	−1.226	−0.298
$\ln\Gamma$	−1.313	−1.036	−0.460	−0.254	0.191	0.438	0.784

用 $\ln\Gamma$ 对 $\ln c$ 作图（图 7－29），截距为 $0.926=\ln k$，$k=2.52$

$$斜率为\ 0.382=\frac{1}{n},\ n=2.62$$

所求弗仑因德立希吸附等温式为

$$\Gamma=2.52c^{1/2.62}$$

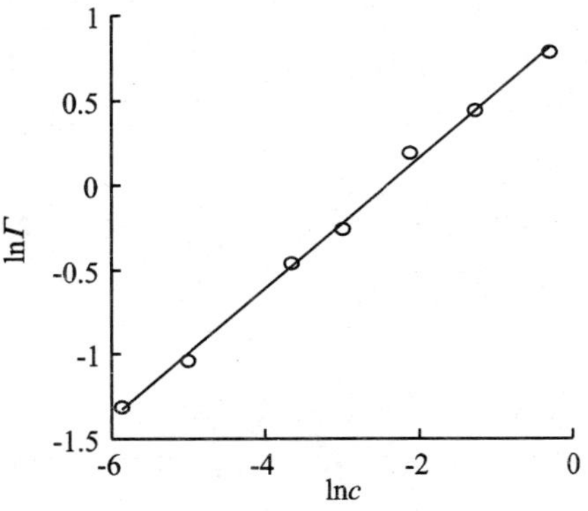

图 7－29　苯溶液中血炭对苯甲酸的吸附

习　题

1. 设有一个边长为 1m 的正方形固体，若将该固体分割成边长为 10^{-6} m 的微小固体颗粒，体系的表面积增大了多少倍？

2. 试计算在 25℃时，将 1mol 水形成直径为 10^{-7} m 的小水滴时的比表面积和表面吉布斯能的增量。已知 25℃时水的密度为 997 kg · m^{-3}，表面张力为 72×10^{-3} N · m^{-1}。

3. 制备粒子直径为 1.0×10^{-7} m 的汞溶胶，若溶胶中汞的体积质量浓度为 0.1 kg · m^{-3}，(1) 问 1 dm^3 溶胶中含有汞粒子的表面积有多大？增加的表面吉布斯能为多少？已知汞-水界面张力为 375×10^{-3} N · m^{-1}，汞的密度为 13.6×10^{3} kg · m^{-3}。(2) 若加入表面活性剂后，使汞-水界面张力降低为 84×10^{-3} N · m^{-1}，制备同样的溶胶理论上可以少做多少功？

4. 关闭连通玻璃管中间的阀门(右图 a)，在玻璃管的两端分别吹出 2 个肥皂泡，泡的半径分别为 $r_A=1\times10^{-2}$ m，$r_B=3\times10^{-2}$ m。

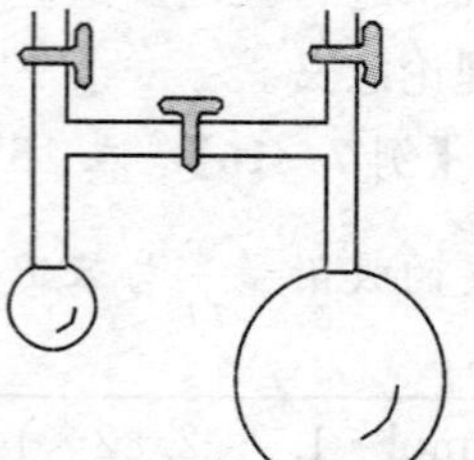

a

(1) 设在该条件下肥皂水的表面张力 $\sigma=4.2\times10^{-3}$ N · m^{-1}，分别计算两个肥皂泡所产生的曲面附加压力。

(2) 打开连通阀门，两个肥皂泡的大小会发生什么变化？为什么？

5. 玻璃管内有一滴液体(右图 b)，小心加热玻璃管的一端。

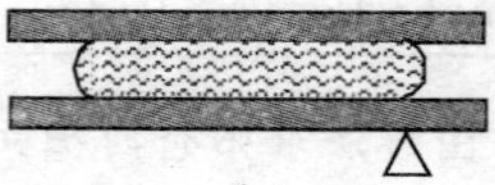

b

(1) 受热后，液体的表面张力会发生什么变化？

(2) 玻璃管中的液体在一端受热后会向哪个方向移动？

6. 水对玻璃表面完全润湿，而汞和玻璃表面的夹角为 140°，将一根直径为 0.8mm 的玻璃毛细管分别垂直插入上述两种液体中，试分别计算毛细管中液面的位置。已知水和汞的密度分别为 1.00×10^{3} kg · m^{-3} 和 13.6×10^{3} kg · m^{-3}，表面张力分别为 72×10^{-3} N · m^{-1} 和 486×10^{-3} N · m^{-1}。

7. 计算 20℃时直径为 10^{-8} m 的水滴的蒸气压。已知 20℃时水的表面张力为 72.88×10^{-3} N · m^{-1}，密度为 998 kg · m^{-3}，蒸气压为 2.355 kPa。

8. 将 NaCl 溶于乙醇，当 NaCl 晶体的粒径为多大时，溶解度增大 10%？已知 298K 时 NaCl 和乙醇之间的界面张力为 97.1×10^{-3} N · m^{-1}，NaCl 的密度为 2.17×10^{3} kg · m^{-3}。

9. 20℃时水和异戊醇的表面张力分别为 $\sigma_{水}=72.8\times10^{-3}$ N · m^{-1} 和 $\sigma_{醇}=24.1\times10^{-3}$ N · m^{-1}，它们相互饱和后的表面张力分别为 $\sigma'_{水}=27.6\times10^{-3}$ N · m^{-1} 和 $\sigma'_{醇}=24.6$ N · m^{-1}，水与异戊醇之间的界面张力为 $\sigma_{醇-水}=\sigma'_{醇-水}=4.7\times10^{-3}$ N · m^{-1}。根据所给数据推测，如果将一滴异戊醇滴在水面上会出现什么现象？

10. 20℃时水和聚乙烯(PE)的表面张力分别为 $\sigma_{水}=72.75\times10^{-3}$ N · m^{-1}、$\sigma_{PE}=32.7\times10^{-3}$ N · m^{-1}，水与聚乙烯之间的界面张力 $\sigma_{水-PE}=52.6\times10^{-3}$ N · m^{-1}。试问若将一滴水滴在聚乙烯的表面，其接触角 θ 为多少？

11. 20℃时测量水在聚苯乙烯(PS)表面的接触角为 102.4°，已知 20℃时水和聚苯乙烯的表面张力分别为 $\sigma_{水}=72.8\times10^{-3}$ N · m^{-1}、$\sigma_{PS}=28.6\times10^{-3}$ N · m^{-1}，求水和聚苯乙烯之间的界面张力。

12. 298.15K 时，乙醇水溶液的表面张力 σ 与乙醇浓度 c 的关系为

$$\sigma=0.072-5.00\times10^{-4}c+2.00\times10^{-4}c^2\ \mathrm{N\cdot m^{-1}}$$

试计算 $c=0.500\ \mathrm{mol\cdot l^{-1}}$时的表面超量。

13. 实验测定 25℃醋酸水溶液的浓度和表面张力的数据如下：

$c/\mathrm{kg\cdot 100kg^{-1}}$	0	0.23	0.55	0.81	1.00
$\sigma\times10^3/\mathrm{N\cdot m^{-1}}$	71.4	70.6	69.3	68.6	68.0

计算浓度为 0.4%(m/m)的醋酸水溶液的表面吸附量 Γ。

14. (1) 将 25g 司盘 60(HLB=4.7)和 15g 吐温 20(HLB=16.7)混合，计算混合后表面活性剂的 HLB 值。

(2) 若用上述司盘 60 和吐温 20 配制 HLB=13.7 的混合表面活性剂，它们的比例是多少?

15. 在低温下 CO 气体在活性炭表面上的吸附符合兰格缪尔吸附等温式。273.15K 时，当 CO 气体的压力为 13.5 kPa 时，测量 CO 气体在活性炭表面上的平衡吸附量(已换算成标准状况下的体积)为 $8.54\times10^{-3}\mathrm{m^3\cdot kg^{-1}}$，若吸附系数 $b=2.02\times10^{-5}\ \mathrm{Pa^{-1}}$，计算：

(1) CO 气体在活性炭表面上的饱和吸附量。

(2) 当 CO 气体的压力为 50 kPa 时，CO 气体在活性炭表面上的平衡吸附量。

16. 在液氮温度用 0.1065g 硅胶对 N_2 进行吸附，不同平衡压力下被硅胶吸附的 N_2 体积(已换算成标准状况)的实验数据如下：

$p\times10^{-4}/\mathrm{Pa}$	0.732	1.300	1.793	2.411	2.893
$V\times10^6/\mathrm{m^3}$	3.782	4.031	4.247	4.682	5.106

该吸附体系符合 BET 公式。若液氮的蒸气压为 101.3 kPa，N_2 分子的横截面积为 16.2 $\mathrm{m^2}$，试计算该硅胶样品的比表面积。

17. 活性炭可以吸附溶液中的染料。在 293K 时用 1.00g 活性炭分别吸附不同初浓度溶液中的亚甲基蓝，平衡后测溶液中剩余染料的浓度，所得数据如下：

$c_0/\ \mathrm{kg\cdot m^{-3}}$	0.05	0.10	0.15	0.20	0.25
$c\times10^3/\mathrm{kg\cdot m^{-3}}$	0.27	0.43	0.56	0.67	0.82

(1) 根据实验数据绘制吸附等温线。

(2) 该吸附体系更适合弗仑因德立希吸附等温式，根据题给数据计算弗仑因德立希吸附等温式的两个常数 k 与 n。写出适合该体系的吸附等温式。

习题答案

1. 10^6

2. $6.018\times10^4\ \mathrm{m^2\cdot kg^{-1}}$，78 J

3. (1) $0.44\mathrm{m^2}$，0.165J (2) 0.128J

4. (1) 168Pa，56Pa

6. $3.67\times10^{-2}\mathrm{m}$，$-1.40\times10^{-2}\mathrm{m}$

7. 2.923kPa

8. $r=2.2\times10^{-8}$m

10. 105.9°

11. 44.2×10^{-3} N·m^{-1}

12. 6.05×10^{-8} mol·m^{-2}

13. 5.52×10^{-7} mol·m^{-2}

14. (1) 9.2 (2) 1:3

15. (1) 3.986×10^{-3} m^3·kg^{-1} (2) 2.003×10^{-3} m^3·kg^{-1}

16. 150 m^2·g^{-1}

17. 9.25×10^6, 0.68

第八章 胶体分散系统

一种或几种物质以一定的分散度分散在另一种物质中所形成的系统称分散系统(disperse system)。系统中被分散的物质称作分散相(disperse phase),连续的部分称为分散介质(disperse medium)。自然界存在各种各样的分散系统,例如空气是 N_2、O_2 等气体的分散系统;海水主要是 NaCl 等以分子、离子等形式分散所形成的分散系统;牛奶主要是动物脂肪和水形成的液-液分散系统;泥浆是大大小小的沙砾和水形成的固-液分散系统等。几乎所有的药物制剂都是分散系统。

胶体是一类特殊的分散系统。1861 年英国科学家格雷厄姆(Thomas Graham)首先提出了"胶体"这一名词。他在研究物质在水溶液中的扩散时发现:有两类物质,一类能通过半透膜,扩散速度很快,当把溶剂蒸发后析出晶体;还有一类物质不能通过半透膜,扩散速度很慢,溶剂蒸发后得到的是黏稠的胶状物。由此他认为可以把物质分为两大类,前一种物质是"晶体"(crystal),后一类物质被称作"胶体"(colloid)。随着科学的发展,人们发现这种对物质的分类方法并不正确。只要选择适当的分散介质,任何一种晶体物质都可以被分散制成胶体。胶体只是物质存在的一种特殊状态。胶体是一种高度分散的系统,分散相质点粒径在 10^{-9}～10^{-7} m 范围。虽然物质分为晶体和胶体的看法已经被认为是错误的了,但是格雷厄姆提出的"胶体"一词一直沿用至今,胶体是物质的一种特定的分散状态的概念已被人们普遍接受。格雷厄姆被公认为是胶体化学的创始人。

胶体分散系统在自然界普遍存在,并且具有广泛的应用性,如在建材、冶金、石油、塑料、食品等工业以及农业、环境保护等领域。医药领域也和胶体分散系统有密切的联系。生命体本身就是复杂的分散系统,很多生理现象和胶体性质直接相关。在药物的提取、合成、制剂和使用中,都会遇到大量的胶体分散系统。了解有关胶体的知识对于医药工作者是非常重要的。随着现代科学仪器的发展,为胶体的研究又提供了新的手段。新材料、新技术的使用,如纳米材料的出现和不断完善,进一步推动了胶体科学的进步。

传统胶体化学的研究对象主要是溶胶和高分子溶液。溶胶是分散度很高的多相系统,这一类系统具有一些独特的性质。高分子溶液虽然是真溶液,但由于其质点粒径范围和溶胶相同,有一些和溶胶相同的性质,故放在本章一起讨论。

第一节 分散系统分类及基本特性

一、分散系统的分类

按分散度分类 分散系统有很多性质和系统的分散度直接相关。按照分散相质点的大小可将分散系统分为三大类:分子分散系统(真溶液)、胶体分散系统和粗分散系统(表 8-1)。分散系统的很多性质是和粒子大小有关的,比如动力性质,用这种分类方法讨论很方便。但是这种分类方法界限比较模糊,也不够准确。比如粗分散系统有些性质和胶体相似;高分子溶液是热力学稳定的真溶液,按分散相质点的大小,却被归入热力学不稳定的胶体分散系统中。

表 8-1　按分散相质点大小对分散系统分类

分散系统类型	粒子大小(m)	粒子特点
粗分散系统（悬浮体、乳状液等）	$>10^{-7}$	不能透过滤纸和半透膜，不扩散，一般显微镜下可见
胶体分散系统（溶胶）	$10^{-7}\sim10^{-9}$	能透过滤纸，不能通过半透膜，扩散慢，超显微镜下可见
分子分散系统（溶液）	$<10^{-9}$	能透过滤纸和半透膜，扩散快，超显微镜下不可见

按聚集状态分类　按分散相和分散介质不同的聚集状态对系统进行分类也是一种常见的分类方法。根据分散介质的不同可将系统分为气溶胶、液溶胶和固溶胶（表 8-2）。

表 8-2　按聚集状态对分散系统分类

分散介质/分散相	名　称	实　例
气/液	气溶胶	雾
气/固		烟
液/气		泡沫
液/液	液溶胶	乳、原油
液/固		溶胶
固/气		泡沫塑料
固/液	固溶胶	珍珠
固/固		合金、有色玻璃

历史上还曾经根据分散相和分散介质之间亲和力的不同，将分散系统分为亲液胶体和憎液胶体。高分子溶液被归入亲液胶体；溶胶是多相分散系统，在介质中不溶，有明显的相界面，称作憎液胶体。尽管由于分子量很大，使高分子溶液有一些性质和溶胶相似，但它是均匀分散的真溶液，是热力学稳定、可逆的系统，因此和溶胶有着本质的区别。现在“亲液溶胶”这个词已经不再使用了。随着高分子科学、技术的发展，逐渐成为一个独立的科学分支。作为基础课教材，仍在本章介绍高分子溶液的物理化学性质。

二、分散系统的基本特性

这里讨论的分散系统是指不包括溶液在内的那些不均匀的多相分散系统，它们有如下共同的基本特性：

分散性　分散系统的性质和分散度直接相关。例如溶胶粒子的布朗运动、扩散慢、沉降、不能通过半透膜等性质，都是由溶胶粒子特殊的分散度决定的。正是由于溶胶粒子的大小为 $10^{-7}\sim10^{-9}$ m，溶胶才会有丁铎尔效应和动力学稳定性，分散度较大的粗分散系统则不具有这些性质。

多相性　在分散系统中，分散相粒子和分散介质之间有明显的相界面，是多相系统。溶液是均匀分散的单相系统，溶胶是固-液两相系统。溶胶的性质和溶液完全不同，多相性是它们之间的根本性区别。

聚结不稳定性　高度分散的多相系统有巨大的表面积和表面能。系统有缩小表面积、降低表面能的自发趋势，是热力学不稳定系统。系统中分散相粒子自发聚结的趋势被称作聚结不稳定性。

分散性、多相性和聚结不稳定性之间相互关联，它们是分散系统的基本特性，是讨论胶体分散系统性质的基础。

*第二节　溶胶的制备

胶体分散系统中分散相的粒子大小处于粗分散系统和分子分散系统之间，因此它的制备方法有两大类：由分子或原子凝聚成胶体的方法称作凝聚法(condensation method)；将大块物质分散成胶体的方法称作分散法(dispersion method)。一般方法制备的溶胶粒子多不均匀，具有多分散性。制备单分散溶胶是近年来胶体化学研究领域中的一个热点课题。单分散溶胶(monodispersed sol)是指胶粒的大小、形状和组成都相同的溶胶。胶体化学的很多理论都是建立在系统单分散性上的，应用于多分散胶体系统时会出现偏差。有了单分散溶胶，就有可能建立多分散系统的溶胶理论。单分散溶胶可以作为标准粒子用来校核各种研究胶体的仪器。单分散溶胶还可以用在感光材料、电子材料、涂料、特种陶瓷、催化剂、油墨、颜料等方面，使产品的质量得到提高。

一、溶胶的制备

分散法　这一类制备方法包括机械分散、电分散、超声波分散和胶溶等方法。

工业上有很多可以将大块物料粉碎成细小颗粒的机械设备，如球磨机、冲击式粉碎机、胶体磨等。图 8-1 是盘式胶体磨的示意图。将要分散的物料、分散介质和稳定剂从空心轴入口处加入，两个向着相反方向高速旋转的磨盘会产生巨大的切应力，将物料磨成细小的颗粒。这种方法一般能得到粒径为 1×10^{-6} m 大小的颗粒。随着颗粒的磨细，表面积越来越大，系统的表面能也大大增加，颗粒产生自发聚结的倾向。此时再磨下去，也不可能得到更细的颗粒了。在用机械分散物料制备胶体的过程中，一般要加入稳定剂保护已磨细的颗粒防止聚结。加入溶剂冲稀、及时分离出已磨细的颗粒等，都是常用的防止颗粒聚结的方法。这种粉碎的方法适用于易碎的物料。

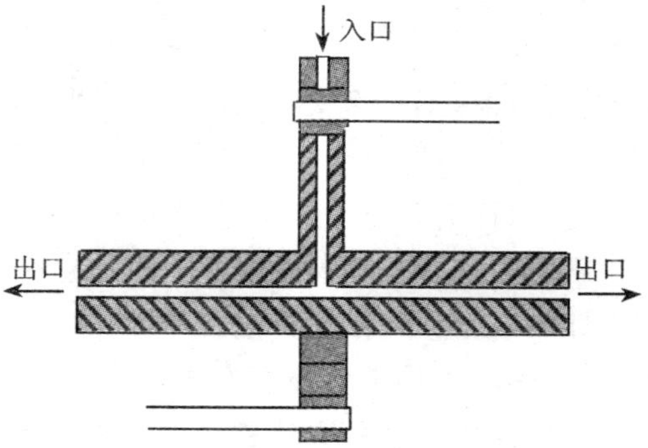

图 8-1　盘式胶体磨示意图

超声波法主要用来制备乳状液，在实验里也常用来制备溶胶。通过高频、高压交流电对石英片产生同频机械振荡，传入容器后，在液体局部产生相同频率的疏密交替波将物质粉碎。超声波粉碎法高效、迅速，可以将物质的粒径分散至 1.0×10^{-6} m 以下。图 8-2 是超声波装置示意图。

胶溶(peptization)法是在某些新生成的沉淀中加入适量的电解质稳定剂，使这些沉淀重新分散成溶胶。例如：

$$\mathrm{Fe(OH)_3}(\text{新鲜沉淀})\xrightarrow{\text{加 } \mathrm{FeCl_3}}\mathrm{Fe(OH)_3}(\text{溶胶})$$

该方法只适用于新生成的沉淀，沉淀在老化后就很难发生胶溶作用了。

电分散法主要用来制作金属溶胶。

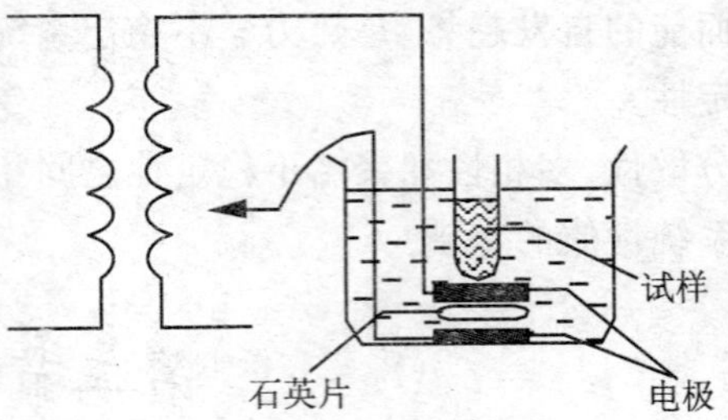

图 8-2　超声波装置

凝聚法　用物理或化学的方法可将分子或离子凝聚成溶胶粒子。

(1) 化学凝聚法　通过化学反应使难溶的生成物从溶剂中析出，控制反应的条件，就可以制成溶胶。例如，将 H_2S 通入 As_2O_3 稀溶液中，可得 As_2S_3 溶胶：

$$As_2O_3 + 3H_2S \longrightarrow As_2S_3(\text{溶胶}) + 3H_2O$$

(2) 物理凝聚法　利用蒸气骤冷，改换溶剂等方法将分子分散状态的物质凝聚成胶体粒子。例如，将汞蒸气通入冷水中可以制备汞溶胶；将钠蒸气和苯的蒸气同时冷凝后凝固在冷凝管壁上，升高温度后液化成为钠溶胶。

改换溶剂法是利用物质在不同溶剂中溶解度的悬殊差异制备溶胶的方法。例如，松香溶于乙醇，而它在水中溶解度很小，将松香的乙醇溶液滴入水中，析出微小的松香颗粒，形成松香水溶胶。

二、溶胶的净化

用化学凝聚法制备的溶胶通常都含有较多的电解质和其它杂质。少量的电解质可以起到稳定溶胶的作用，但过量的电解质会影响溶胶的稳定性，必须除去。常用的净化溶胶方法有以下几种：

渗析法(dialysis)　将溶胶放入装有半透膜的容器中，在半透膜的另一侧放入纯溶剂。溶胶颗粒比较大，不能通过半透膜，而溶剂分子和离子等可以通过，由于在膜的两侧杂质的浓度不同，膜内的离子和其它杂质会通过半透膜向外扩散迁移。在渗析过程中要不断地更换膜外的溶剂，这样溶胶中的电解质等杂质浓度会越来越低，最终达到净化的目的。这种方法称作渗析法。搅拌和适当地加热可以提高渗析的效率。图 8-3 是渗析装置示意图。

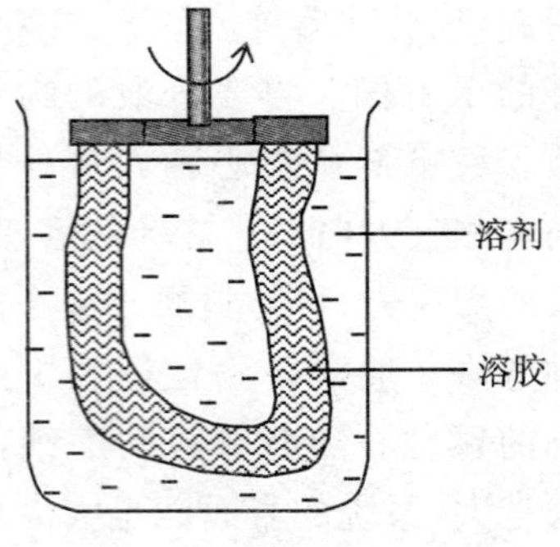

图 8-3　渗析装置示意图

为了加快渗析速度，可以在渗析装置上加上电场，溶胶中的离子在电场的作用下分别向与所带电荷相反电极的方向迁移。这种方法可以提高渗析速度，称作电渗析(electrodialysis)。电渗析的装置见图 8-4。

渗析的方法不仅用于净化溶胶，海水淡化、污水处理等也是利用了渗析的原理。渗析技术还广泛应用于化工、食品、医药等领域。人工肾就是一个体外血液渗析设备，它可以使肾功能衰竭患者的血液通过渗析除去血中的小分子有害物质。

超过滤法(ultra filtration method)　用半透膜过滤溶胶的方法。在布氏漏斗里铺上半透膜，在加压或抽滤时，可溶性杂质透过膜被除去。留在膜上的胶粒应立即分散在介质中，以避免聚结。可以在滤膜两侧放置电极，通入直流电，将电渗析和超过滤两种方法结合使用，称作电超过滤法。这样可以在比较缓和的条件下较快地除去溶胶内的多余电解质，提高净化效率。

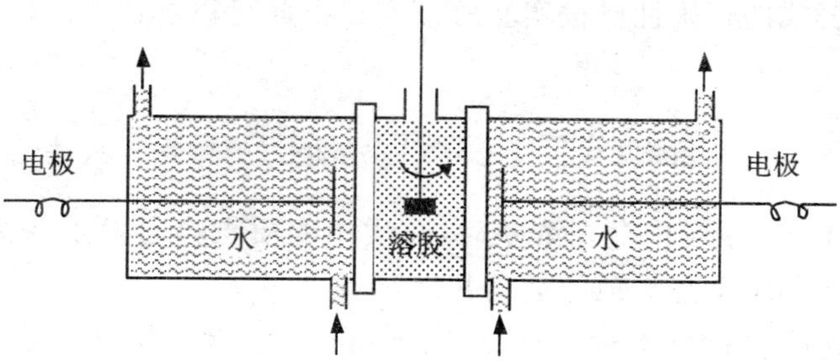

图 8-4　电渗析装置示意图

第三节　胶体分散系统的动力性质

溶胶粒子总是不停地做着不规则运动。溶胶的动力性质(kinetic properties)讨论的是溶胶粒子的不规则运动及由此引起的扩散、渗透压及沉降平衡等性质。

一、布朗运动

布朗运动(Brownian motion)　微粒在分散介质中所做的不规则运动。

1827 年英国植物学家布朗(Brown)在用显微镜观察花粉微粒时发现，悬浮在水面上的花粉粒子在不停地做不规则的“之”字形运动(图 8-5)。后来发现，不仅是花粉粒子，所有的微小颗粒都会有这种现象。微粒的这种运动被称作布朗运动。

布朗运动的本质　介质分子不断地热运动撞击着胶体粒子。由于胶粒较小，因而在某一瞬间受到各个方向以不同速度运动的介质分子的撞击力不能相互抵消，从而产生了某一个方向的合力使粒子运动，并不断改变着运动的方向(图 8-6)。这就是所观察到的布朗运动。大粒子质量较大，在瞬间受到撞击力相互抵消，所以没有布朗运动。正是液体分子的热运动引起了布朗运动。

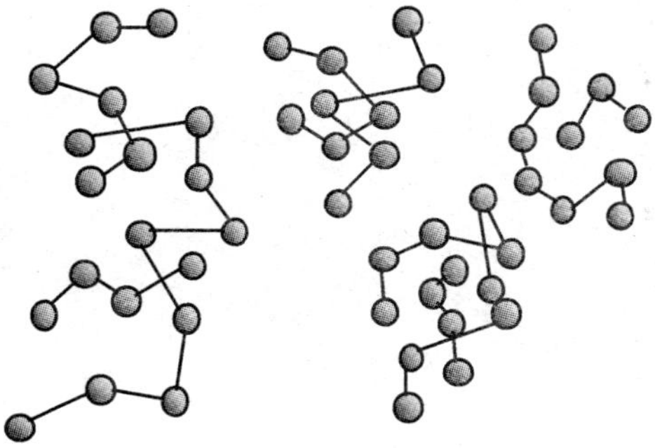

图 8-5　布朗运动

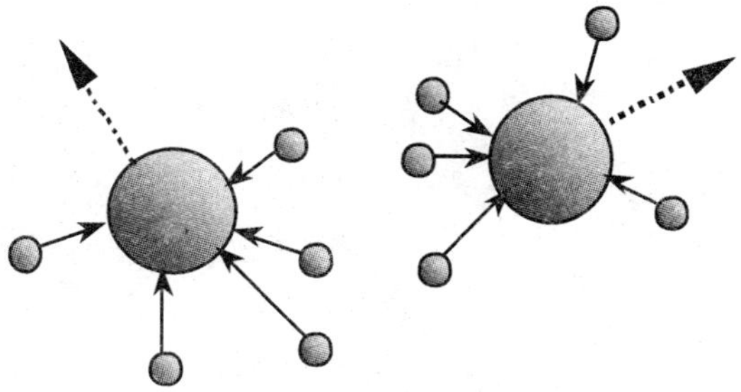

图 8-6　分子对胶体粒子的撞击

布朗运动公式　爱因斯坦(Einstein)根据分子运动论导出了粒子在布朗运动中位移和粒子大小之间的关系式：

$$\bar{x}=\sqrt{\frac{RT}{L}\cdot\frac{t}{3\pi\eta r}} \tag{8-1}$$

式中 $\bar{x}$ 是在 t 时间内粒子在 x 轴方向的平均位移，η 为介质黏度，r 为粒子半径，L 是阿伏伽德罗常数。爱因斯坦公式的正确性已被实验所证实。由此可以看出，布朗运动的本质就是质点的热运动。

二、扩散与渗透压

扩散(diffusion) 当系统中存在浓差时，介质中的质点会自发地从高浓度区域向低浓度区域迁移的现象。布朗运动是扩散的运动基础。

斐克第一扩散定律(Fick's first law of diffusion) 扩散速度 $\mathrm{d}m/\mathrm{d}t$ 与浓度梯度 $\mathrm{d}c/\mathrm{d}t$ 及截面的面积 A 成正比：

$$\frac{\mathrm{d}m}{\mathrm{d}t}=-DA\frac{\mathrm{d}c}{\mathrm{d}x}$$

式中 $\mathrm{d}m/\mathrm{d}t$ 为单位时间通过截面积 A 扩散的胶粒质量；$\mathrm{d}c/\mathrm{d}x$ 为溶胶系统中的浓度梯度；D 为扩散系数(diffusion coefficient)，是在单位浓度梯度下单位时间通过单位截面积的胶粒质量，单位是 $\mathrm{m}^2\cdot\mathrm{s}^{-1}$。

爱因斯坦导出了布朗运动的位移和扩散系数之间的关系：

$$\bar{x}=\sqrt{2Dt} \tag{8-2}$$

根据式(8-2)，可以通过测布朗运动的位移求出扩散系数。

将式(8-1)代入式(8-2)得：

$$D=\frac{RT}{L}\cdot\frac{1}{6\pi\eta r} \tag{8-3}$$

从式(8-3)可以看出，粒子的扩散能力和粒子的大小成反比，粒子半径越大，扩散能力越弱。胶体粒子比一般小分子大得多，这使得它的扩散能力远远小于小分子溶质。一般小分子或离子的扩散系数 D 约为 $10^{-9}\mathrm{m}^2\cdot\mathrm{s}^{-1}$，而溶胶粒子的为 $10^{-11}\sim10^{-13}\mathrm{m}^2\cdot\mathrm{s}^{-1}$。表 8-3 列出了部分物质的扩散系数。

表 8-3 部分物质的扩散系数

物　质	分子量	$D_{20,\mathrm{w}}{}^{*}/10^{-10}\mathrm{m}^2\cdot\mathrm{s}^{-1}$
甘氨酸	75	9.335
蔗糖	342	4.586
核糖核酸酶	13683	1.068
金溶胶	半径为 1.3 nm	1.63
人血红蛋白	62300	0.69
牛血清白蛋白	66500	0.603
纤维蛋白原	330000	0.197
金溶胶	半径为 40 nm	0.049
硒溶胶	半径为 55 nm	0.038

* $D_{20,\mathrm{w}}$是指 20℃在水中的扩散系数值

用式(8-3)可通过扩散系数的大小，求质点的粒径。若已知粒子的密度，还可以得到粒子的摩尔质量。

【例 8-1】 20℃做布朗运动实验，测得某溶胶胶粒在 20 s 平均位移为 $1.60\times10^{-5}\mathrm{m}$，若介质的黏度 $\eta=1.0\times10^{-3}\mathrm{kg}\cdot\mathrm{m}^{-1}\cdot\mathrm{s}^{-1}$，试计算：

(1) 该温度下胶粒的扩散系数；

(2) 胶粒的直径。

【解】 (1) 根据公式 $\bar{x}^2=2Dt$，$\bar{x}=1.60\times10^{-5}$ m，$t=20$ s

扩散系数 $$D=\frac{\bar{x}^2}{2t}=\frac{(1.60\times10^{-5})^2}{2\times20}=6.40\times10^{-12}\ \text{m}^2\cdot\text{s}^{-1}$$

(2) 胶粒的半径

$$\begin{aligned} r&=\frac{RT}{6\pi\eta DL}\\ &=\frac{8.314\times293.2}{6\times3.14\times1.0\times10^{-3}\times6.40\times10^{-12}\times6.022\times10^{23}}\\ &=3.36\times10^{-8}\ \text{m}\\ d&=2r=3.36\times10^{-8}\times2\\ &=6.72\times10^{-8}\ \text{m}\end{aligned}$$

渗透压(osmosis pressure) 用只允许溶剂分子通过而不允许溶质分子通过的半透膜将溶液和纯溶剂隔开，这时纯溶剂部分的溶剂分子会透过半透膜向另一侧扩散，这种现象称为渗透(osmosis)。

胶体粒子比溶剂分子大得多，不能通过半透膜，因此在溶胶和纯溶剂之间会产生渗透压，渗透压 π 的大小可以用稀溶液的渗透压公式计算：

$$\pi=cRT \tag{8-4}$$

式中 c 为溶胶的物质的量浓度，单位为 $\text{mol}\cdot\text{m}^{-3}$，$\pi$ 的单位为 Pa。

式(8-4)也可以写成渗透压和质量浓度的关系

$$\pi=\frac{\rho_B}{M_B}RT$$

式中 ρ_B 为质量浓度，单位为 $\text{kg}\cdot\text{m}^{-3}$。

【例 8-2】 As_2S_3 溶胶的浓度为 $\rho_B=1.0\ \text{kg}\cdot\text{m}^{-3}$，试计算溶胶的渗透压。设溶胶粒子为球形，半径 $r=1\times10^{-8}$ m。已知 As_2S_3 胶粒的密度 $\rho=2.8\times10^3\ \text{kg}\cdot\text{m}^{-3}$。

【解】 胶粒的摩尔质量

$$\begin{aligned} M_{胶粒}&=\rho\cdot V_m=\rho\cdot V\cdot L=\rho\cdot\frac{4}{3}\pi r^3L\\ &=2.8\times10^3\times\frac{4}{3}\times3.14\times(10^{-8})^3\times6.022\times10^{23}=7063\ \text{kg}\cdot\text{mol}^{-1}\end{aligned}$$

渗透压 $$\pi=\frac{\rho_B}{M_{胶粒}}RT=\frac{1.0\times8.314\times293.2}{7063}=0.345\ \text{Pa}$$

根据计算可以看到，由于溶胶粒子大、浓度小，它的渗透压很低，这么低的压力几乎无法测出。由于溶胶稳定性的缘故，一般溶胶浓度都很低，因此溶胶的渗透压也很低，一般很难测出来。由于同样的原因，溶胶的其它依数性如沸点升高、熔点降低等也很小。

三、沉降与沉降平衡

重力沉降(gravitational sedimentation) 在重力场中，当分散系统中的粒子密度大于分散介质时就会发生沉降。如果是粗分散系统，粒子较大，布朗运动很弱，不足以对抗重力，粒子会以一定的速度沉降至容器底部。

通过测定粒子的沉降速度，可以得到粒子的大小，该方法称作沉降分析。

设球形粒子半径为 r，且粒子密度 ρ 大于介质密度 ρ_0。粒子受到重力作用发生沉降，并在沉降过程中受到介质的阻力，当重力和阻力大小相等时，粒子以匀速下降。可以导出

$$r=\sqrt{\frac{9}{2}\cdot\frac{\eta v}{(\rho-\rho_0)g}} \tag{8-5}$$

或

$$v=\frac{2}{9}\cdot\frac{r^2(\rho-\rho_0)g}{\eta} \tag{8-6}$$

式中 η 为介质黏度，v 为粒子沉降速度。式(8－6)为球形粒子的重力沉降公式，适用于粒径小于 10^{-4} m 的粒子。

根据式(8－6)可以得出：沉降速度和粒子的粒径的平方成正比，粒径增大时沉降速度明显加快；沉降速度和密度成正比，粒子的密度和介质越接近，沉降越慢，系统越稳定；沉降速度和介质黏度成反比，增大介质黏度有利于分散系统的稳定。

沉降平衡(sedimentation equilibrium)　溶胶粒子比较小，布朗运动明显。它一方面受到重力作用而沉降，另一方面由于沉降使上、下部分的浓度发生变化而引起扩散作用，使浓度趋于均匀。当沉降和扩散这两种方向相反的作用力达到平衡时，系统中的粒子以一定的浓度梯度分布，这种平衡称作沉降平衡。

高度分布公式

$$\ln\frac{c_2}{c_1}=\frac{L}{RT}\cdot\frac{4}{3}\pi r^3(\rho-\rho_0)g(h_2-h_1) \tag{8-7}$$

式中 c_1、c_2 分别为胶粒在高度 h_1、h_2 处的浓度；ρ 和 ρ_0 分别为胶粒和介质的密度；g 为重力加速度，$\frac{4}{3}\pi r^3(\rho-\rho_0)g$ 为粒子在溶剂中所受到的重力；L 为阿伏伽德罗常数。

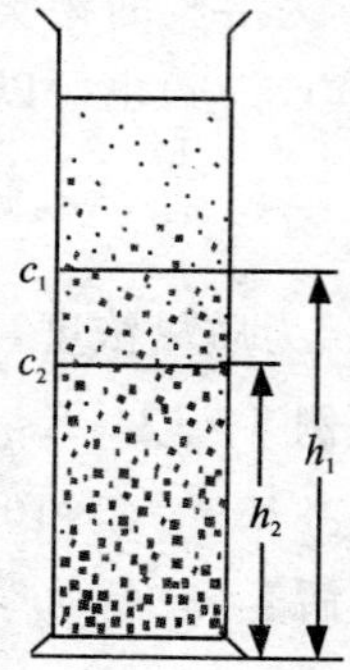

图 8－7　沉降平衡

达到平衡后的系统最下面部分浓度最大，随着高度的上升浓度逐渐减小(图 8－7)。这种浓度随高度分布的情况与大气层中气体的分布相似。

根据式(8－7)可以得知：粒子浓度随高度的变化程度和粒子的大小及密度有关。相同种类物质的溶胶，胶粒越大，浓度随高度的变化越大；不同种类物质的溶胶，物质的密度越大，浓度随高度的变化越大。

【例 8－3】　试计算 25℃ 时，粒径为 10^{-8} m 的金溶胶浓度降低一半时的高度。已知金和水的密度分别为 $19.32\times10^3\,\text{kg}\cdot\text{m}^{-3}$ 和 $1.0\times10^3\,\text{kg}\cdot\text{m}^{-3}$。

【解】　根据高度分布公式

$$\Delta h=\frac{RT\ln\frac{c_2}{c_1}}{L\cdot\frac{4}{3}\pi r^3(\rho-\rho_0)g}$$

$$=\frac{3}{4}\times\frac{8.314\times298.15\times\ln 2}{6.022\times10^{23}\times3.14\times(5\times10^{-9})^3\times(19.32-1.0)\times10^3\times9.8}$$

$$=0.03\text{ m}$$

该金溶胶高度升高 0.03 m 时，浓度下降了一半。

表 8-4 是一些分散系统中粒子浓度降低一半时高度的变化。从表中数据可以看到，由于密度不同，粒径相近的藤黄和金的分散系统，浓度下降一半时，高度相差了 150 倍；同样是金溶胶，粒径为 186 nm(1.86×10^{-7} m)的金溶胶浓度下降一半的高度是 2×10^{-7} m；而粒径为 1.86nm(1.86×10^{-9} m)的金溶胶需要 2.15 m 的高度差，浓度才降低一半。显然粒子的大小对溶胶的稳定性影响非常大。式(8-7)是达到沉降平衡后系统浓度和高度的关系，实际上达到平衡是需要时间的。外界条件如温度变化、振动等都会影响沉降平衡的建立。

表 8-4　不同粒径质点的高度分布

分散系统	粒子直径(m)	粒子浓度降低一半时的高度(m)
藤黄悬浮体	2.30×10^{-7}	3×10^{-5}
粗分散金溶胶	1.86×10^{-7}	2×10^{-7}
金溶胶	8.35×10^{-9}	2×10^{-2}
高分散金溶胶	1.86×10^{-9}	2.15
氧气	2.7×10^{-10}	5000

*四、离心沉降

溶胶粒子很小，在重力场中很难用测沉降速度的方法测求粒径。超离心机的问世，使沉降分析的方法能够用于胶体分散系统。

1924 年斯威伯格(Svedberg)最初创制的离心机转速为 $10^4\sim1.5\times10^4$ r/min。现在超离心机的转速已达到 $10\times10^4\sim16\times10^4$ r/min，其离心力约为重力场的 10^6 倍。在这样强的离心场中，胶体粒子也能很快地沉降。均分散胶体系统在超离心场的作用下，在沉降过程中可以看到一个清晰的界面，因此可以根据界面的移动速度计算粒子的大小。超离心机主要用于研究蛋白质、核酸、病毒等生物物质，它不仅用于测定生物大分子的摩尔质量，还可以用于分离、提纯各种细胞器及其它各种生物物质，是医学、生物学研究的重要工具。

离心沉降　在转动角速度为 ω 的离心场中，一个半径为 r、质量为 m 的球形粒子，当它离转轴的距离为 x 时(图 8-8)，会同时受到三种力的作用：离心力 、浮力和黏滞阻力。当合力为零时，粒子匀速沉降。据此可以得到离子半径

$$r=\sqrt{\frac{9}{2}\cdot\frac{\eta S}{(\rho-\rho_0)}} \tag{8-8}$$

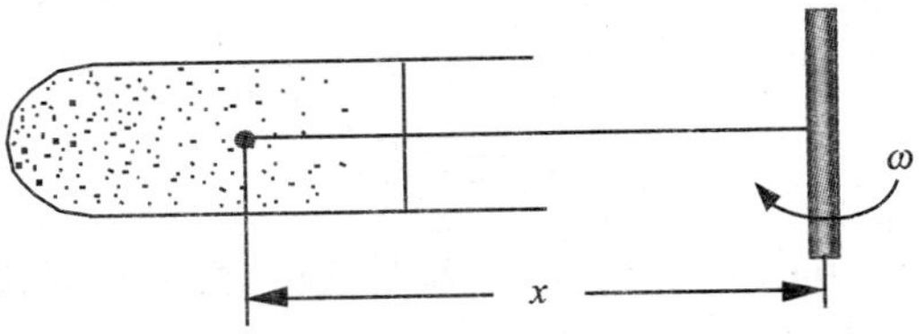

图 8-8　离心沉降

式中 η 为介质黏度；ρ 为粒子密度；ρ_0 为介质密度；S 为沉降系数，$S=\frac{\mathrm{d}x/\mathrm{d}t}{\omega^2 x}$，积分后 $S=\frac{\ln(x_2/x_1)}{\omega^2(t_2-t_1)}$，其中 x_1、x_2 分别为时间 t_1、t_2 时粒子和轴之间的距离。根据粒子在一定时间内沉降

的距离可以求出 S。测出不同时间界面距转轴的距离，即可用上式求出粒子的大小。

还可以根据沉降系数求出粒子的摩尔质量。

$$M=\frac{RTS}{D(1-\rho_0/\rho)} \tag{8-9}$$

式中 D 为溶胶粒子的扩散系数。

分别测得溶胶粒子的扩散系数 D 和沉降系数 S，就可以计算溶胶粒子或大分子的摩尔质量。

【例 8-4】 在 20℃时，某蛋白质样品在水中的沉降系数和扩散系数分别为 3.46×10^{-13} s 和 $5.44\times10^{-11}\ \mathrm{m^2\cdot s^{-1}}$。已知该样品的比容 $\bar{V}=0.632\times10^{-3}\ \mathrm{m^3\cdot kg^{-1}}$，水的密度 $\rho_{水}=0.9982\times10^3\mathrm{kg\cdot m^{-3}}$，计算该蛋白质样品的摩尔质量。

【解】 $S=3.46\times10^{-13}$ s, $D=5.44\times10^{-11}\mathrm{m^2\cdot s^{-1}}$

$$M=\frac{RTS}{D(1-\bar{V}\rho_0)}$$

$$=\frac{8.314\times293.2\times3.46\times10^{-13}}{5.44\times10^{-11}\times(1-0.632\times10^{-3}\times0.9982\times10^3)}=42.0\ \mathrm{kg\cdot mol^{-1}}$$

$$M_r=4.2\times10^4$$

该蛋白质样品的摩尔质量为 42 kg·mol^{-1}，相对摩尔质量为 4.2 万。

离心沉降平衡 如果将离心速度减慢，溶胶粒子也会在离心场中达到沉降平衡。一些粒径很小、密度和介质很接近的粒子，在目前所能达到的超离心力作用下，还不可能完全沉降，它们移动很慢，没有明显的界面，但可以形成沉降平衡。

当胶体粒子在离心场中达到沉降平衡时，可以根据平衡后的浓度分布求出胶体粒子的摩尔质量：

$$M=\frac{2RT\ln(c_2/c_1)}{(1-\rho_0/\rho)\omega^2(x_2^2-x_1^2)} \tag{8-10}$$

式中 c_1、c_2 分别为距轴心 x_1、x_2 处粒子的浓度。分别测出距轴心两个不同距离处粒子的浓度，就可以根据式(8-10)计算粒子的摩尔质量。

同样可以导出关于粒子半径的公式：

$$r=\sqrt[3]{\frac{3}{2}\cdot\frac{RT\ln(c_2/c_1)}{L\pi(\rho-\rho_0)\omega^2(x_2^2-x_1^2)}} \tag{8-11}$$

第四节　分散系统的光学性质

一、光散射

丁铎尔现象(Tyndall phenomena) 在暗背景下，当光束通过烟雾时，可以从侧面看到一个光柱，仔细观察，还可以看到许多细微亮点移动。这个现象称为丁铎尔现象。将一束光照射到暗背景下的溶胶时，可以看到同样的现象。

丁铎尔现象的本质是粒子对光的散射(scattering)。光是一种电磁波，当光照射到不均匀的介质时，电磁波使粒子中分子的外层电子做与入射光相同频率的强迫振动，这使粒子相当于一个新的光源，向各个方向发射与入射光频率相同的光，这就是光散射。当粒子的直径大于入射光的波长时，主要发生光的反射。当粒子的直径小于光的波长时，主要发生光的散射。胶体粒子的粒径小于光的波长，因此会出现光散射现象，而粒径较大的粗分散系统只有光的反射。

光散射公式 瑞利(Lord Rayleigh)提出了粒径小于 $\lambda/20$ 的非导体球形质点的光散射公式：

$$I = \frac{24\pi^3 \nu V^2}{\lambda^4}\left(\frac{n_2^2 - n_1^2}{n_1^2 + 2n_1^2}\right)^2 I_0 \qquad (8-12)$$

式中 I 和 I_0 分别为散射光和入射光的强度，λ 为入射光波长，V 是单个质点的体积，ν 为单位体积内的质点数，n_2 和 n_1 分别为分散相和分散介质的折射率。

根据瑞利公式可以得到如下结论：

(1) 散射光强和入射光波长的 4 次方成反比。用自然光作入射光，波长较短的蓝紫色光散射作用最强，而波长较长的橙红色光透射作用最强。因此，当用自然光照射颗粒很细的无色溶胶时，从侧面看到的是蓝紫色的光柱，而从正面看到的是橙红色的光。

(2) 分散相与分散介质的折射率相差越大，散射光越强。溶胶是多相系统，胶粒与分散介质之间光学性质的差别远远大于大分子溶质与溶剂之间的差别。因此，在质点大小相近的情况下，溶胶比高分子溶液的散射光强。

(3) 散射光强和分散系统的浓度成正比。对于指定的系统，其它条件都相同，分散相粒子密度为 ρ，浓度为 c 时，$\nu V = c/\rho$。因此散射光强度

$$I \propto cV \qquad (8-13)$$

当分散相质点大小相同时，散射光强度和分散相浓度成正比

$$\frac{I_1}{I_2} = \frac{c_1}{c_2}$$

浊度计就是根据此原理设计的。

(4) 散射光强和质点的体积成正比。体积越大($d<\lambda$)，散射光越强。根据式(8-13)，当浓度相同时，散射光强之比等于分散相质点的体积之比

$$\frac{I_1}{I_2} = \frac{V_1}{V_2} = \frac{r_1^3}{r_2^3}$$

对于分散相为相同物质的溶胶，当浓度相同时，可以通过测量散射光强度计算其胶粒粒径的大小。

光散射是溶胶的一个重要光学性质，对于透明液体，可以利用丁铎尔现象来鉴别其是否为溶胶。真溶液虽然也会发生光散射，但要弱得多。这是由于溶质分子较小，并且溶剂化作用也会使溶质与溶剂之间折射率的差值变小。因此很难直接观察到真溶液的散射光。

光散射法是研究分散系统性质的重要方法。测量光散射用的仪器是光散射光度计，一般采用激光光源。光散射法常被用来测量高分子化合物的摩尔质量、分散系统中分散相的粒径和粒度分布等。

二、溶胶的颜色

溶胶的颜色是由两个因素决定的：溶胶对光的吸收和光散射。物体对光有吸收，呈现的是被吸收色光的补色。例如金溶胶对绿光有选择性的吸收，因此金溶胶的颜色为红色。由于波长较短的光，散射光强度较大，所以粒子很小的透明溶胶呈浅蓝色透明乳光。一些对可见光吸收很弱的溶液，只呈现散射光的颜色，如 $AgCl$、$BaSO_4$ 溶胶。那些对可见光有明显吸收的溶胶有鲜艳的颜色，并且溶胶的颜色随粒子的大小发生变化。当粒子较小时，散射光很弱，溶胶的

颜色由其对光的吸收决定。随着粒子变大,散射光增强,溶胶的颜色发生变化。例如金溶胶,粒径很小的时候是红色,放置后质点逐渐变大,光散射作用也越来越强,溶胶的颜色逐渐由红色变成蓝色。

第五节 分散系统的电性质

分散在介质中的溶胶粒子都带有电荷,因此胶体分散系统具有电学性质。

一、电动现象

在多相分散系统中可以观察到下列电现象。

电泳(electrophoresis) 胶体粒子在外电场的作用下会在介质中做定向运动。

电泳现象是在 1809 年被发现的。Рейсс 做了一个实验,他在湿泥土上插了两个玻璃管,玻璃管的底部铺了细砂,上面灌入清水,然后通电。他发现泥土微粒向正极方向移动,使正极管中的水变混浊了(图 8-9)。显然泥土颗粒是带负电的。

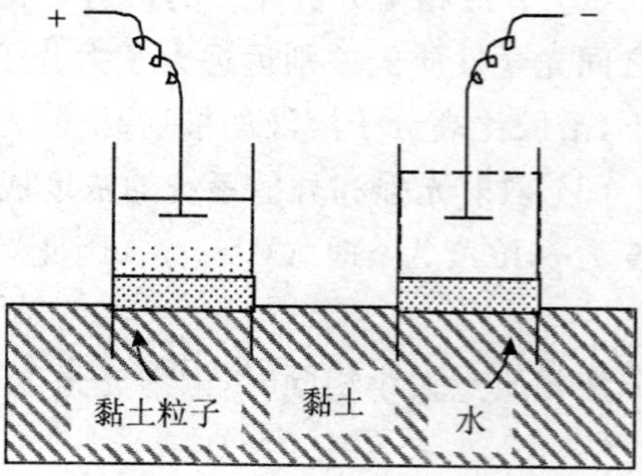

图 8-9 Рейсс 的电泳实验

图 8-10 是 U 形管界面移动电泳仪,这是研究胶粒电泳的经典仪器。用电泳法可以分离、检测生物大分子,在生物学和临床医学被广泛应用。工业上使用的静电除尘、电泳电镀等都是利用了分散系统的电泳性质。

电渗(electroosmosis) 在电场中,若固体不动,液体会向所带电荷相反电性的电极方向移动。这种固体不动、分散介质在外电场的作用下所做的定向流动称为电渗。

在 Рейсс 的实验中,除了可以观察到泥土颗粒的移动,还可以看到正极管的水面下降,负极管的水面升高。这种现象不仅发生在 Рейсс 的实验中。当固体和液体接触时,在两相界面处会分别带有不同电荷。用电渗管(图 8-11)可以直接观察电渗现象。当在电极上施加电压时,可以观察到毛细管中液面的移动。根据液面移动的方向和距离,可以了解液体所带电荷的性质及电渗速度。

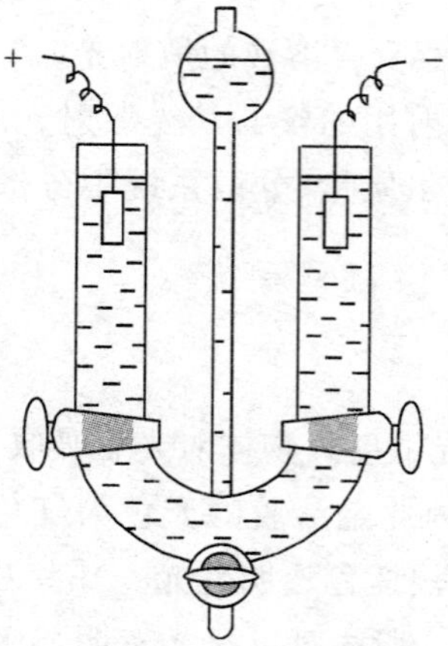

图 8-10 U 形管电泳仪

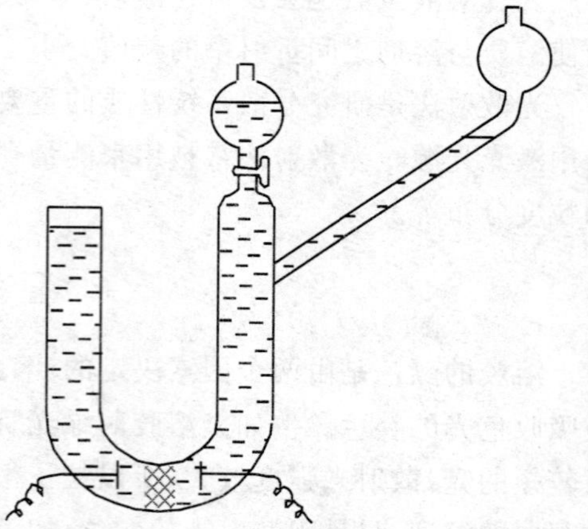

图 8-11 电渗管

流动电势(streaming potential) 在外力作用下,液体沿固体表面流动而产生的电势称为流动电势。它是和电渗相反的现象。因为固体和液体接触时,由于吸附等原因会带有电荷,当外力迫使液体流动时,就会在液体和固体表面之间产生电势差(图 8-12)。在工业生产中必须重视流动电势的存在。例如输油管道中液体燃料的流动会产生流动电势,高压下会产生火花,引起爆炸或火灾。因此要采取防护措施,比如输油管道接地、加入油溶性离子型表面活性剂以增加油性液体的电导率等。

沉降电势(sedimentation potential) 当分散相粒子在分散介质中快速沉降时,液体的表面和底层之间会出现电势差(图 8-13),称为沉降电势。它是和电泳相反的现象。

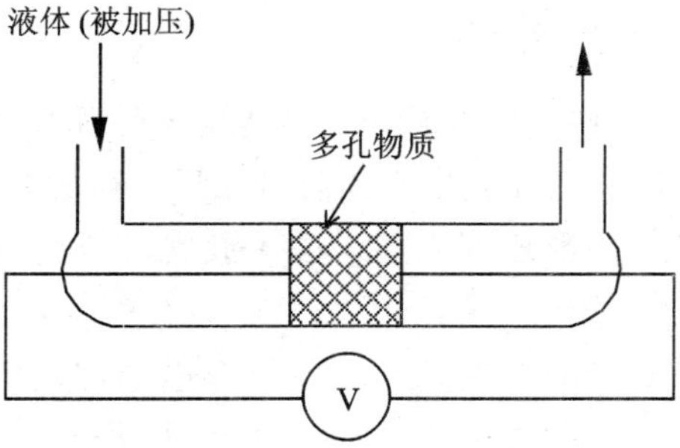

图 8-12 流动电势

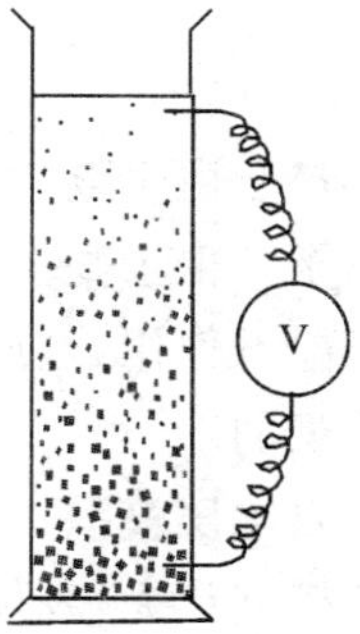

图 8-13 沉降电势

电泳、电渗、流动电势和沉降电势统称为电动现象(electrokinetic phenomenon),前两者是在外电场的作用下固、液两相之间发生相对移动,后两者是由于两相之间的相对移动而产生电场。电动现象不仅出现在固-液界面,液-液、气-液、气-固界面也存在这种现象。

二、胶粒表面电荷的来源

电动现象的存在说明了胶粒表面是带电的。胶体粒子表面电荷主要有以下几个来源:

吸附 悬浮在液体中的固体粒子很容易吸附溶液中的离子从而带电。根据所吸附离子的电性,确定粒子是带正电还是负电。一般情况下,正离子的水化能力远远大于负离子,因此水化能力较弱的负离子更容易被胶粒吸附,使胶体粒子带负电。

对于由难溶性晶体构成的胶体粒子,胶粒优先吸附与组成晶格的离子相同的那些离子。这被称为法金斯规则(Fajans's rule)。例如用 $AgNO_3$ 和 KI 制备 AgI 溶胶,当溶液中有过量的 $AgNO_3$ 时,AgI 颗粒的表面会吸附 Ag^+ 而带正电荷,当溶液中有过量的 KI 时,胶粒表面则吸附 I^- 而带负电荷。

电离 电离是大分子带电的主要原因。例如蛋白质分子中的羧基和氨基,在溶液不同的 pH 条件下,可分别电离成—COO^- 和—NH_3^+。当 pH 高于等电点(isoelectric point)时,蛋白质分子主要表现为羧基的电离,分子带负电;当 pH 低于等电点时,氨基的离子化使分子带正电。

有些溶胶粒子是由可电离的分子组成的,因此也会因电离而带电。例如硅胶表面上的 SiO_2,会和水反应生成硅酸 H_2SiO_3,随着溶液 pH 的不同,H_2SiO_3 可以发生碱性电离或酸性电离,硅胶粒子因此而带正、负电荷。

离子的不等量溶解 溶胶粒子是离子型固体时,如果正、负离子在介质中的溶解度不同,也会使胶粒带电。例如将 AgI 晶体放入纯水中,Ag^+ 比 I^- 的溶剂化作用强,这使 Ag^+ 的溶解

度大于 I^-。当溶液饱和后，胶粒表面会有过量 I^- 而带负电荷。

晶格取代 黏土粒子带电的原因是晶格取代。黏土由铝氧八面体和硅氧四面体组成。天然黏土中的高价离子 Al^{3+} 和 Si^{4+} 往往会有一部分被低价离子 Ca^{2+} 和 Mg^{2+} 取代，使黏土粒子带负电。

摩擦带电 在非水介质中，胶体粒子带电的原因可能和固体与液体之间的摩擦有关。两相接触时，由于对电子的亲和力不同，因而使电子从一相流入另一相。经验表明，在两种非导体组成的分散系统中，介电常数较大的一相带正电，另一相带负电。例如玻璃($\varepsilon=5\sim6$)在水($\varepsilon=81$)和丙酮($\varepsilon=21$)中带负电，在苯($\varepsilon=2$)中带正电。

三、胶团的双电层结构

胶体粒子由于电离、吸附等原因带有电荷，这些决定胶粒表面电势的电性和大小的粒子称作定位离子。由于整个分散系统是电中性的，因此在介质中必须有带相反电荷的离子，即反离子。由于静电作用，这些反离子被吸引在胶粒周围形成双电层。关于胶粒的双电层结构人们是逐渐认识的。

扩散双电层模型 该模型是由斯特恩(A. Stern)在前人关于胶体双电层理论的基础上提出的。该模型认为：胶体粒子表面均匀分布的电荷形成一个电层，和胶粒表面电荷数量相等的反离子形成另一个电层。由于静电引力和范德华力的共同作用，在固体表面附近一两个分子厚的区域内反离子被紧密地吸附在固体表面，形成紧密吸附层，也称作斯特恩层。其它反离子扩散分布至溶液内部(图 8-14a)。斯特恩层内水化反离子中心的位置称斯特恩面。在斯特恩面的净电势为 Ψ_d，称作斯特恩电势，低于固体的表面电势 Ψ_0。从固体表面至斯特恩面，电势从 Ψ_0 直线降低至 Ψ_d，扩散层的电势从 Ψ_d 一直降至零(图 8-14b)。

从切动面到液体内部电中性处的电势称为**动电势**(electrokinetic potential)或 ζ 电势(zeta potential)。ζ 电势可以通过电泳或电渗的方法测定得到。ζ 电势在固液相之间出现相对位移时才能表现出来，因此被称作动电势。溶液中离子的浓度会影响 ζ 电势。在溶胶中加入电解质后，溶液中离子浓度增大，由于热扩散作用会压缩反离子扩散层的厚度，将更多的反离子挤入切动面以内，从而使 ζ 电势降低(图 8-15)。

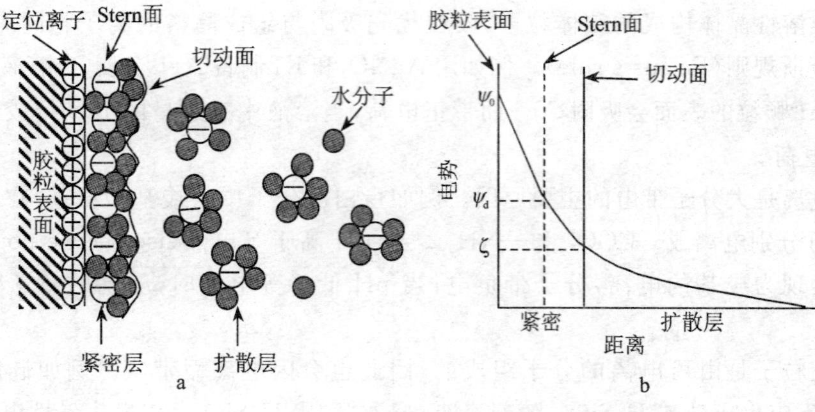

图 8-14 斯特恩双电层模型

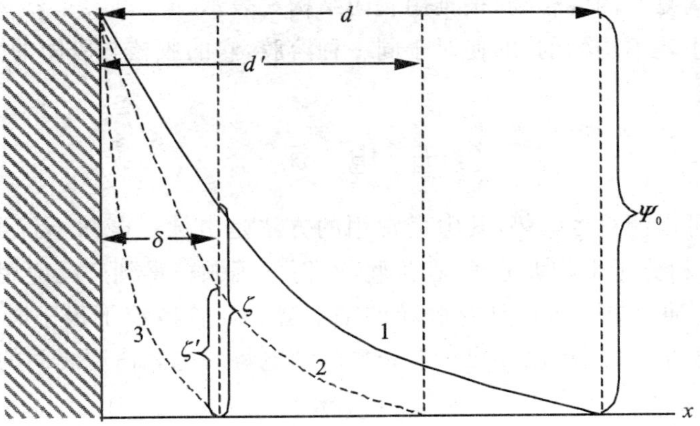

图 8-15　电解质对 ζ 电势的影响(电解质浓度 $c_1 < c_2 < c_3$)

四、胶团的结构

根据双电层理论可以了解胶团的结构。胶体粒子是由很多原子或分子聚集而成。胶体粒子的核心是由不溶性物质组成的**胶核**(colloidal nucleus)。绝大部分溶胶的胶核都具有晶体结构。在胶核表面吸附了定位离子,使其具有一定的表面电势。由于静电引力和扩散的共同作用,一部分溶剂化的反离子在它的周围形成紧密吸附层。胶核、定位离子和紧密层在电场作用下会以一个整体的形式向与其净电荷电性相反的电极运动,它们被称作**胶粒**(colloidal particle)。在溶胶中胶粒是独立的运动单位。另一部分反离子扩散到较远的距离,形成扩散层。胶粒和扩散层组成**胶团**(micelle)。胶团是电中性的。

以 AgI 溶胶为例。用 $AgNO_3$ 和 KI 制备 AgI 溶胶。如果 KI 过量,根据法金斯规则,I^- 被优先吸附,使胶粒带负电,而 K^+ 离子是反离子。如果胶核吸附了 n 个 I^-,胶团中就包括 n 个 K^+ 使胶团为电中性。其中 $(n-x)$ 个溶剂化的 K^+ 被吸附在紧密层,其余 x 个 K^+ 构成扩散层(图 8-16)。由 AgI 胶核、n 个定位离子 I^- 和紧密层的 $(n-x)$ 个反离子 K^+ 组成的胶粒带有 x 个负电荷,在外电场的作用下,向正极运动。如果 $AgNO_3$ 过量,定位离子就是 Ag^+,NO_3^- 作为反离子形成紧密层和扩散层,胶粒带正电。

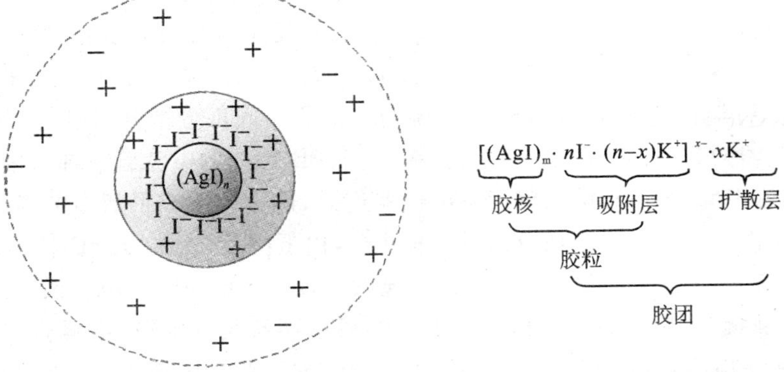

a. AgI胶团结构　　b. AgI胶团结构表示式

图 8-16　AgI 胶团结构

有些胶体是结构复杂的混合物，很难用胶团结构式表示。

胶体粒子的大小是不均匀的，即使对于同一种溶胶，它的胶核与胶团的大小形状也是不均一的，具有多分散性。

五、电　泳

根据电动现象可以测得 ζ 电势，其中最常用的方法是电泳。电泳不仅可以用来测求 ζ 电势，还可以用来分离和分析生物大分子，在生物学、医学等领域得到广泛应用。

ζ 电势的计算　通过电泳可以计算胶粒的动电势。当胶体粒子很小时，可以被近似地看作点电荷。根据静电学原理，可以导出球形胶粒的动电势和电泳速度之间的关系

$$\zeta = \frac{K\eta v}{4\varepsilon_0 \varepsilon_r E} \tag{8-14}$$

式中 η 为介质黏度；v 为粒子运动速度；K 是和形状有关的常数，当粒子为球形时 $K=6$，棒形粒子 $K=4$；ε_0 为真空绝对介电常数，$\varepsilon_0=8.85\times10^{-12}\ \mathrm{C^2\cdot N^{-1}\cdot m^{-2}}$；$\varepsilon_r$ 为介质的相对介电常数，水的 $\varepsilon_r=81$；E 为电场强度，等于两极间单位长度的电势降。

溶胶的 ζ 电势一般为几十毫伏，绝大多数在 0.03～0.06 V 之间。根据胶体粒子的泳动方向可以确定 ζ 电势的正负。

【例 8-5】　由电泳实验测知，Sb_2S_3 溶胶（设为球形粒子）在 210 V 电压下，两极间距离为 0.385 m 时通电 36 分 12 秒，溶液界面向正极移动 3.20×10^{-2} m。已知 $\varepsilon_0=8.85\times10^{-12}\ \mathrm{C^2\cdot N^{-1}\cdot m^{-2}}$，分散介质的相对介电常数 $\varepsilon_r=81$，黏度 $\eta=1.03\times10^{-3}\ \mathrm{Pa\cdot s}$，求算溶胶的 ζ 电势。

【解】　根据电泳公式

$$\begin{aligned}\zeta &= \frac{K\eta v}{4\varepsilon_0 \varepsilon_r E}\\ &= \frac{6\times1.03\times10^{-3}\times3.20\times10^{-2}/(36\times60+12)}{4\times81\times8.85\times10^{-12}\times210/0.385} = 0.0582\ \mathrm{V}\end{aligned}$$

该溶胶的动电势为 0.0582 V。

电泳实验　研究电泳的实验方法有很多种，常用的方法有界面电泳、区域电泳和显微电泳等。其中界面电泳主要用来测定较小胶粒的电泳速度；区域电泳主要是用来分离物质，而显微电泳可以用来测定较大粒子的泳动速度，一般是研究粗分散系统，如乳状液、悬浮体等。

(1) 界面电泳　测定溶胶或高分子溶液中分散相和分散介质之间的界面在电场中的移动速度，常用的仪器是 U 形管电泳仪(图 8-10)。有色或混浊的溶胶可以直接观测到界面在电场中的移动，无色溶胶和高分子溶液的界面移动需要用光学方法检测。提塞留斯(A. Tieslius)改进了 U 形管电泳仪(图 8-17)。他将电泳管中间部分断开，使电泳仪的 AA′、BB′部分可以相对仪器的其它部分做水平移动。在 AA′、BB′部分的电泳管中加入溶胶，其它部分加缓冲液，待温度平衡后，滑动电泳管使整个仪器连通，这样会形成很清晰的界面。提塞留斯用这样的方法首次将人的血清蛋白分离成 5 种成分：白蛋白及 α_1、α_2、β、γ 四种球蛋白。

(2) 显微电泳　比较大的颗粒电泳可以用显微镜直接观察到。所用的仪器是显微电泳仪(图 8-18)。将被测物装入水平的玻璃毛细管中，管的两端装有电极，电解质浓度较低、电流较小时可以用铂黑电极，浓度较高时应该选用 Cu /$CuSO_4$ 或 Ag /AgCl 等可逆电极。接通电源后直接用显微镜观测粒子的运动速度，并可以由此计算它的 ζ 电势。在毛细管中出现电泳的同时，也会有电渗现象发生。

显微电泳法的主要优点是使用样品量少，测定方法简单，特别是被测粒子是在本身所处的

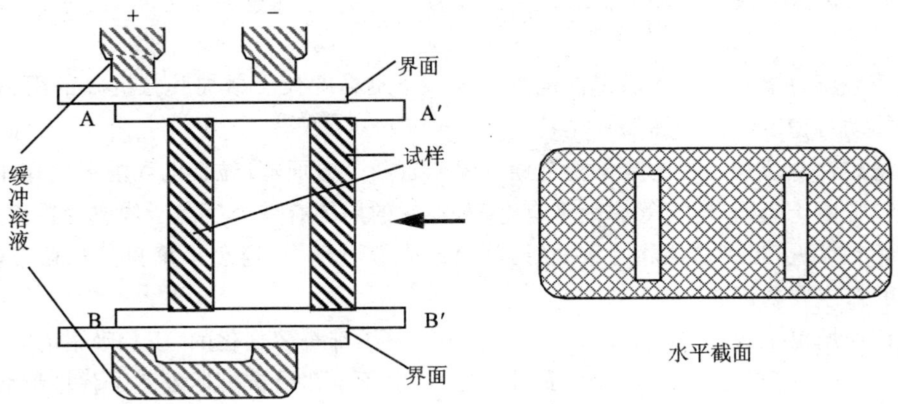

图 8-17　提塞留斯电泳仪

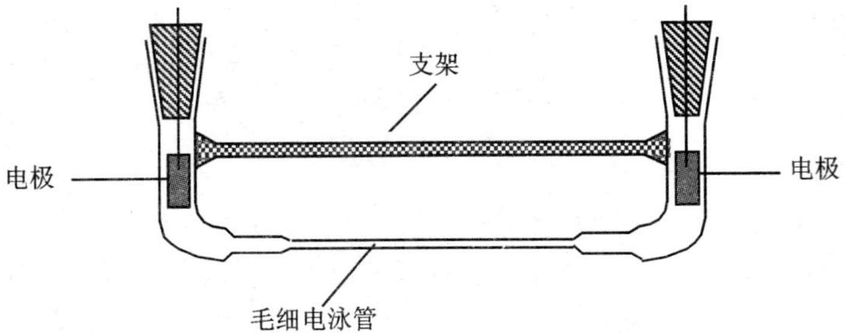

图 8-18　显微电泳仪

介质中被测定的，避免了其它因素的干扰。除了粒径较大的溶胶和粗分散系统外，生物体的某些物质如细菌、病毒、血细胞等，都可以用显微电泳法进行研究。

(3) 区域电泳　是用惰性的固体或凝胶作为支持物，让泳动物质在支持物的间隙中进行电泳。由于在支持物中进行的电泳过程复杂，因此区域电泳不是用来测电泳速度和动电势的，它只是一种分离技术。根据支持物的不同，区域电泳有纸电泳、琼脂电泳、淀粉凝胶电泳、聚丙烯酰胺凝胶电泳等。浓的凝胶电泳具有高分离能力，如聚丙烯酰胺凝胶电泳可以将血清分离得到25种成分，如果用界面电泳的方法只能分离出5种成分。由于区域电泳所用设备和测定方法都很简单，因此发展迅速，特别是在生物化学研究和临床医学诊断方面，成为不可或缺的重要技术手段。

第六节　溶胶的稳定性

胶体分散系统是一个比表面很大、表面能很高的热力学不稳定系统。分散相粒子有自动聚集(aggregation)变大、降低系统表面能的趋势。粒子聚集最终沉淀的过程称作聚沉(coagulation)。虽然是热力学不稳定系统，溶胶却能长时间稳定存在，有的甚至放置几十年不发生聚沉，主要原因是溶胶具有动力稳定性和聚集稳定性。

一、溶胶的稳定性

动力稳定性　溶胶是高度分散的系统，溶胶粒子很小，强烈的布朗运动阻碍了粒子在重力场中的下沉。因此溶胶具有动力稳定性。溶胶粒子越小，布朗运动就越剧烈，动力稳定性也就越强。

介质的性质对溶胶的动力稳定性也有影响。介质黏度大会增加胶粒沉降的阻力，从而增加了溶胶的动力稳定性。

聚集稳定性　溶胶具有的聚集稳定性主要来自两个方面：胶粒带电和溶剂化作用。

胶体粒子由于吸附、电离等原因带有电荷，在它的周围有一个反离子构成的扩散层。两个胶体粒子相互靠近，当扩散层相互重叠时，就会产生静电斥力，避免了聚集。胶粒带电是防止溶胶聚集的最主要的因素。

溶剂化作用也是溶胶稳定的因素，在水溶液中离子都是溶剂化的，胶粒吸附的溶剂化离子在它的周围形成一个水化层。当胶粒靠得太近时，由于水化层被挤压发生了弹性形变，所产生的弹力阻挡胶粒进一步靠近，从而防止了胶粒的聚集。

聚集稳定性是溶胶稳定的最重要的因素，因为一旦胶粒聚集，动力稳定性也就不存在了。在本节讨论的溶胶稳定性主要是聚集稳定性。

二、影响溶胶稳定性的因素

电解质的聚沉作用

溶胶对电解质非常敏感，少量的电解质就会使溶胶聚沉。在溶胶中加入电解质，由于离子浓度的增加，使扩散层被压缩，同时还有更多的反离子进入紧密层，导致 ζ 电势降低。当扩散层的反离子全部进入紧密层，ζ 电势降至零，此时溶胶最不稳定，自发聚沉。在所有影响溶胶稳定性的因素中，电解质对溶胶聚沉的影响最大。

电解质使溶胶聚沉，起主要作用的是反离子。电解质聚沉溶胶的能力主要由以下几个因素决定：

(1) 反离子的价数　电解质中反离子的价数越高，它的聚沉能力越强，不同电解质的聚沉能力和反离子价数的 6 次方成正比。对于某指定溶胶，当电解质中的反离子价数分别为 1、2、3 时，它们的聚沉能力之比约为：$1:2^6:3^6$。

这个规则称作舒尔茨-哈迪规则(Schulze-Hardy's rule)。这个规则只是一个近似规则。因为除了反离子的价数以外，还有其它因素也对电解质的聚沉能力有影响。

(2) 反离子大小　电解质中具有相同价数的反离子，它们的聚沉能力仍有不同，特别是一价反离子之间的差别比较明显。当反离子为一价正离子时，它们的聚沉能力大小顺序为：

$$H^+ > NH_4^+ > K^+ > Na^+ > Li^+$$

反离子为一价负离子时聚沉能力的顺序为：

$$F^- > Cl^- > Br^- > I^- > CNS^-$$

同价反离子聚沉能力的顺序称为感胶离子序(lyotropic series)。感胶离子序与水合离子半径从小到大的顺序基本一致。原因可能有两点：较小的水合离子更容易靠近胶体粒子，水化层的存在削弱了静电引力。高价反离子由于价数的影响更大，离子大小的影响相对不明显。

溶胶的相互聚沉

将两种带有相反电荷的溶胶混合，会出现相互聚沉。和少量电解质就能使溶胶聚沉不同，溶胶的相互聚沉和它们的比例有关。只有两者的总电荷量恰好相等时，溶胶才能完全相互聚沉。如果两种溶胶的量不相等时，则聚沉不完全或不聚沉。明矾净化水就是利用了溶胶的相互聚沉作用。明矾 $KAl(SO_4)_2 \cdot 12H_2O$ 在水中水解生成 $Al(OH)_3$ 溶胶，该溶胶带有正电荷，它和水中的泥土等荷负电的胶体粒子相互聚沉。聚沉时生成的絮状沉淀还会将水中的其它较大的杂质颗粒带着一起聚沉，使水得到净化。

高分子的作用

足够量的高分子化合物对溶胶有保护作用。高分子化合物吸附在胶粒表面，增加了胶粒和介质间的亲和力，降低了表面能，使溶胶稳定（图 8－19a）。带有高分子吸附层的胶粒相互接近时，吸附层的重叠会产生斥力，阻止胶粒聚集。如果被吸附的高分子化合物本身带有电荷，将增加胶粒间的静电斥力而使溶胶稳定。高分子溶液所具有的较大黏度，也是使溶胶稳定的一个因素。

利用高分子物质保护溶胶的例子很多，如墨汁中加入树胶，涂料、油墨中加入醇酸树脂等。在药物制剂中，杀菌剂蛋白银是用蛋白质保护的银溶胶；胃肠造影用的硫酸钡合剂是用阿拉伯胶保护的硫酸钡溶胶。

如果在溶胶中加入极少量的高分子物质，可以使溶胶快速生成疏松的絮状沉淀。高分子的这种作用称作絮凝（flocculation）作用，产生絮凝作用的高分子称作絮凝剂。这是由于当加入的高分子物质不足以将胶粒包裹起来时，这些链状的大分子就将胶粒连在一起，促进了溶胶的沉淀（图 8－19b），所以也把高分子的絮凝作用称作“桥联作用”。

a.大分子的保护作用　　b.大分子的絮凝作用

图 8－19　大分子对溶胶稳定性的影响

利用高分子对溶胶进行沉淀，具有迅速、彻底、沉淀疏松、过滤快、絮凝剂用量少等优点，因此被广泛用于污水处理、钻井泥浆、化工生产中的沉淀、过滤、洗涤等。

第七节　高分子溶液的特性

一般把相对摩尔质量大于 10^4 的分子叫作高分子（macromolecular）。由于分子很大，单个分子的大小就已经达到胶体质点大小的范围（10^{-9}～10^{-7} m）。因此，虽然高分子溶液是真溶液，但它的性质在很多方面和溶胶相似，如扩散慢、不能通过半透膜等。

自然界有很多天然大分子，如天然橡胶、淀粉、蛋白质、核酸等。自从出现了人工合成的高分子，如合成橡胶、合成纤维，特别是塑料，高分子已成为人类生产、生活不可或缺的物质。在医药领域，高分子化合物也起着非常重要的作用，如直接作为药物使用的胃蛋白酶、胰岛素、催产素等，作为药物制剂辅料的高分子化合物更是多得不胜列举，医用人造器官也离不开高分子材料。高分子科学发展迅速，现在已成为一个独立的学科，并在国民经济中占有重要的地位。

一、高分子化合物的结构特点

高分子化合物的主要结构类型为链状分子，这类分子是由共价键将一个个相同或不同的结构单元连接起来而形成的。比如纤维素是由葡萄糖结构单元通过缩醛键连接成的链状高分子;合成高分子聚苯乙烯是由苯乙烯结构单元重复连接而成的。这些重复的结构单元称**链节**。聚合物分子中重复单元的个数称**聚合度**。

高分子化合物的主链以碳链为主,有些链除 C 以外还有 N、O、S 等原子,如聚酰胺、聚酯、聚醚等。元素高分子主链不含 C,如聚硅氧乙烷。

合成高分子中重复的结构单元称**单体**(monomer),由一种单体组成的高聚物是均聚物,由两种或两种以上的单体组成的高聚物称共聚物。共聚物中不同单体混合共聚得到的是交替共聚物和无规共聚物,如果是把不同单体分别聚合再混合键合成长链,得到的是嵌段共聚物和接枝共聚物(图 8-20)。

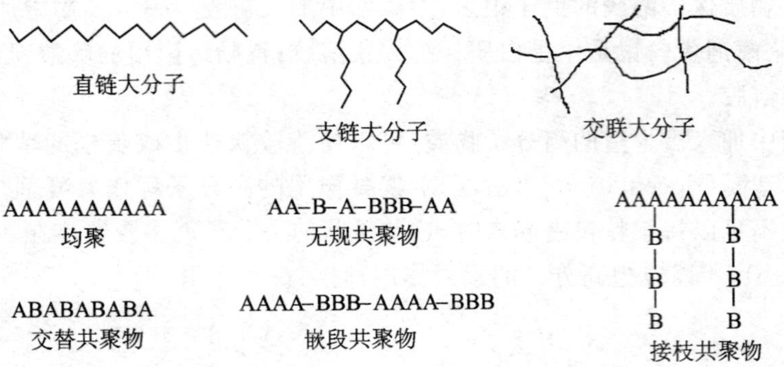

图 8-20　高聚物结构示意图

链状的聚合物分子并不都是直链,比如淀粉就是支链结构。若链状大分子上有未饱和的活性基团,则有可能在三维空间发生链的键合,形成网状结构,称为交联(图 8-20)。交联对高分子性能影响很大,直链大分子可溶解,可熔融,而交联大分子不溶不熔。

高聚物的摩尔质量是不均匀的,这种性质被称为多分散性。因此高分子化合物的摩尔质量是统计平均值。摩尔质量的大小和分布对高分子的性质影响很大。高分子化合物用作材料时,希望它有一定的机械强度,需要较大的摩尔质量。高分子作为药物制剂的辅料时,往往希望它有良好的溶解性能,因此摩尔质量不能太大。

高分子的主链很长,当它以单个分子存在时,一般都会卷曲,这种不规则卷曲的高分子链称无规线团(random coil)。

高分子链上能够独立运动的最小单元称**链段**(chain segment)。"链段"是高分子物理中最重要的概念。链段越短、越多,也就是高分子链上能独立运动的单元越多,高分子链越柔顺。因此可以用链段长度来表征高分子链的**柔顺性**(flexibility)。柔顺的高分子链卷曲的程度较大。

二、高分子溶液的特性

高聚物的溶解过程

高聚物分子量大,具有多分散性,高分子链具有柔顺性,这些特点使高分子和小分子的溶解过程不同,复杂得多也慢得多。

大分子的溶解过程一般分两个阶段:溶胀(swelling)和溶解。溶解结构比较松散的非晶态高分子时,运动速度较快的小分子首先渗入固体高分子,逐渐使高分子链溶剂化,宏观上可观察到高分子固体的体积开始膨胀,渐渐变软呈凝胶状。这个过程就是溶胀。对于交联网状大分子来说，溶解过程到此为止，称有限溶胀。对于链状大分子，溶剂小分子进入大分子链之间，使大分子链之间的距离增大，大分子链之间的相互作用力减弱，固体表面的大分子开始向溶剂扩散，使高聚物最终被溶解，这个溶解过程往往需要很长时间。

晶态高聚物中的分子排列紧密，大分子之间相互作用力强，溶剂小分子很难进入高分子链之间。在溶解非极性的晶态高聚物时，要将其加热至熔点附近，使结晶处于熔融状态，这样溶剂小分子才能进入高分子链之间，逐步将其溶解。

极性晶态高分子可以在室温下被强极性溶剂溶解。溶剂分子首先进入结构相对较疏松的非晶区，强烈的溶剂化作用大量放热，这个热量足以破坏晶格，使结晶区熔融，最终高聚物被溶解。

根据大分子在溶液中的形态可以将溶剂分为良溶剂和不良溶剂。如果溶剂分子与高分子链之间的相互作用力大于高分子链之间的相互作用力，高分子链在溶液中舒展，是一个疏松的无规线团(图 8 - 21a)，这样的溶剂为良溶剂(good solvent)。如果溶剂分子与高分子链之间的相互作用力较弱，而高分子链段之间的吸引力更大些，则线团紧缩(图 8 - 21b)，这种溶剂为不良溶剂(poor solvent)。

a.良溶剂中的高分子化合物　　b.不良溶剂中的高分子化合物

图 8 - 21　高分子化合物的无规线团

高聚物的溶解速度和溶解度与其摩尔质量有关。较小摩尔质量的高聚物溶解速度较快，溶解度也较大。反之，摩尔质量越大，溶解速度越慢，溶解度也越小。为了保证高聚物能完全溶解，常常需要放置数日。

高分子溶液性质

高分子溶液是真溶液，和小分子溶液一样是热力学稳定系统，符合相律。

由于高分子的分子量很大，单个分子的大小在胶体分散系统的范围之内，因此高分子溶液有许多性质与溶胶相似，如扩散较慢、不能通过半透膜、聚电解质也有电泳现象等。加入电解质也会使溶在水中的高分子析出。但是高分子溶液盐析需要加入大量的电解质。这是由于电解质聚沉溶胶的作用是由于降低了 ζ 电势，而沉淀高分子的原因是由于小分子电解质使大分子脱溶剂化。对于高分子电解质，小分子电解质的存在还会抑制大分子电解质的电离，这也会使高分子的溶解度降低。

高分子溶液还有一些独特的性质，这些性质既不同于小分子溶液，又不同于溶胶，如高分子溶液的黏度很大，有较高的渗透压等。有关黏度和渗透压的内容详见本章第八节、第九节。表 8 - 5 是高分子溶液、小分子溶液和溶胶的性质比较。

表 8-5　高分子溶液、小分子溶液和溶胶的性质

特　性	高分子溶液	溶　胶	小分子溶液
分散相大小(m)	$10^{-7}\sim10^{-9}$	$10^{-7}\sim10^{-9}$	$<10^{-9}$
稳定性	稳定	不稳定,放置会聚沉	稳定
扩散速度	慢	慢	快
半透膜	不能透过	不能透过	能透过
溶液系统	单相系统	多相系统	单相系统
与溶剂亲和力	大	小	大
热力学特性	热力学稳定系统	热力学不稳定系统	热力学稳定系统
渗透压	大	小	小
黏度	大	小	小
对电解质	不很敏感	很敏感	不敏感

三、高分子电解质溶液

高分子电解质(macromolecular electrolyte)也称聚电解质(polyelectrolyte)。当其溶于介电常数很大的溶剂(如水)中时会发生电离,生成高分子离子和许多小分子离子。高分子电解质溶液除了具有一般高分子溶液的通性外,由于分子的电离,还具有一些特殊的性质。这些性质既不同于一般高分子溶液,也不同于小分子电解质溶液。

高电荷密度　随着浓度的降低,高分子电解质的电离度增加。在同一条高分子链上聚集着许多有相同电荷的离子,高密度的电荷,会产生很强的静电场。同一条链上的相同电荷互相排斥,使分子链尽可能地伸展开来。

高度水化　高分子链上的离子密集,使疏水链的部分也被极化。因此在水溶液中不仅离子部分被水化,部分疏水链也会水化,形成水化层。这种高度水化对高分子电解质具有保护作用。水化层使链更加伸展。

对 pH 敏感　两性高分子电解质,如蛋白质,对 pH 非常敏感。两性电解质分子在低 pH 溶液中带正电荷,在高 pH 溶液中带负电荷。将溶液 pH 值调节至使分子链上的正负电荷数相等,该 pH 值即等电点。处于等电点的两性电解质溶液的性质如黏度、渗透压、溶解度、稳定性等都发生明显变化,这时的溶液行为更接近一般高分子溶液。

电泳　高分子离子在电场作用下会产生电泳现象,电泳速度和所带电荷、分子大小、结构等因素有关,经常用电泳的方法来分离蛋白质。

高黏度　由于高分子电解质在电离后分子链的高电荷密度和高度水化作用,溶液黏度明显增大。一般高分子溶液随着溶液的稀释而黏度下降。而高分子电解质溶液浓度越小,电离度越大,大分子链上电荷密度增加,分子链的内斥力增加,使溶液黏度急剧上升。这种现象称作电黏效应。

渗透压改变　高分子电解质溶液的渗透压也不同于一般高分子溶液。在半透膜的一侧加入高分子电解质溶液,另一侧的溶液中含有少量可以通过半透膜的小分子电解质,当系统平衡后发现,小分子离子在膜两侧的浓度不相等。也就是说,大分子离子的存在导致了小分子离子在膜两侧不均匀分布。这种现象称唐南平衡(Donnan equilibrium)。由于唐南平衡的存在,高

分子电解质产生的渗透压不同于一般高分子溶液产生的渗透压。

【例 8-6】 298.2K 时，在容器中半透膜的两侧分别放入 $1dm^3$ 浓度为 $0.100\ mol \cdot dm^{-3}$ 的 NaP 溶液和 $0.200\ mol \cdot dm^{-3}$ 的 NaCl 溶液。试计算平衡时膜两侧 Na^+ 和 Cl^- 的浓度及由此产生的渗透压。

【解】 开始时膜的左侧没有 Cl^- 离子，在 Cl^- 离子向膜的左侧扩散时，根据电中性原则，必然有相同数量的 Na^+ 离子扩散到膜的左侧。

根据热力学原理，平衡后膜两侧 NaCl 的离子积相等，设有 x mol 的 Na^+ 和 x mol Cl^- 通过半透膜扩散到膜的另一侧

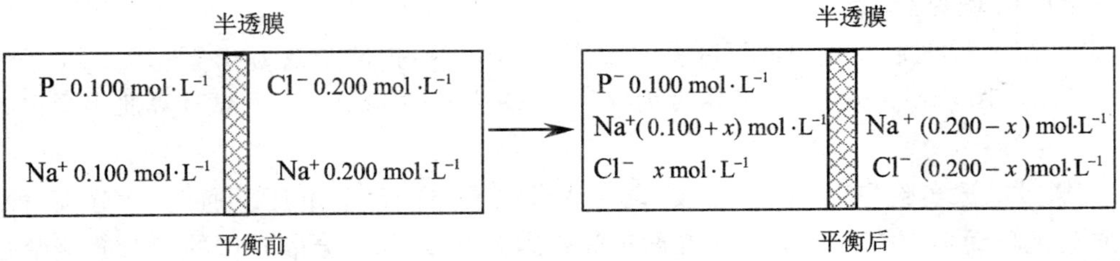

$$(c_{Na^+} \cdot c_{Cl^-})_{左} = (c_{Na^+} \cdot c_{Cl^-})_{右}$$
$$(0.10 + x)x = (0.20 - x)^2$$
$$x = 0.080\ mol \cdot dm^{-3}$$

膜的一侧 Na^+ 和 Cl^- 的浓度分别为：

$$c_{Na^+} = 0.100 + 0.080 = 0.180\ mol \cdot dm^{-3} = 0.180 \times 10^3\ mol \cdot m^{-3}$$
$$c_{Cl^-} = 0.080\ mol \cdot dm^{-3} = 0.080 \times 10^3\ mol \cdot m^{-3}$$

另一侧 Na^+ 和 Cl^- 的浓度分别为：

$$c_{Na^+} = c_{Cl^-} = 0.200 - 0.080 = 0.120\ mol \cdot dm^{-3} = 0.120 \times 10^3\ mol \cdot m^{-3}$$

可以看到，平衡后 NaCl 在膜两侧的浓度不相等。

平衡后产生的渗透压：

$$\pi = \Delta cRT$$
$$= [(0.100 + 0.180 + 0.080) \times 10^3 - (2 \times 0.120) \times 10^3] \times 8.314 \times 298.2 \times 10^{-3}$$
$$= 297.5\ kPa$$

所得到的渗透压一部分是由大分子引起的，另一部分是由于小分子离子在膜两侧浓度不相等而引起的。

小分子强电解质的大量加入会改变高分子电解质溶液的性质。小分子离子的存在，会把大分子离子的反离子挤入高分子链中，遮蔽了有效电荷。足够量的小分子强电解质的存在，使高分子离子的行为类同中性高分子，因而溶液的性质也和一般高分子溶液相同。

习　题

1. 布朗运动的本质是什么？溶胶的动力性质有何特点？为什么？
2. 丁铎尔现象的本质是什么？
3. 胶体粒子为什么会带有电荷？这对溶胶的稳定性有什么影响？
4. 20℃做布朗运动实验，测得某溶胶胶粒在 30 s 平均位移 2.30×10^{-5} m，若介质的黏度

$\eta=1.0\times10^{-3}\,kg\cdot m^{-1}\cdot s^{-1}$，试计算：

(1) 该温度下胶粒的扩散系数；

(2) 胶粒的直径。

5. (1) 试计算20℃时质量浓度为$1.0\times10^{-3}\,kg\cdot L^{-1}$的蔗糖水溶液的渗透压。蔗糖的摩尔质量$M_B=342\times10^{-3}\,kg\cdot mol^{-1}$。(2) 试计算同样浓度$As_2S_3$溶胶的渗透压。设溶胶粒子为球形，半径$r=1\times10^{-8}\,m$。已知$As_2S_3$胶粒的密度$\rho=2.8\times10^3\,kg\cdot m^{-3}$。(提示：在使用渗透压公式时，注意要把浓度单位换成$kg\cdot m^{-3}$)

6. 制备粒子半径$r=1.0\times10^{-8}\,m$的金溶胶。试计算在25℃达到沉降平衡时，粒子浓度下降一半时的高度差。已知在此温度下$\rho_{金}=1.93\times10^4\,kg\cdot m^{-3}$，$\rho_{水}=1.00\times10^3\,kg\cdot m^{-3}$。

7. 已知20℃时肌凝蛋白的沉降系数为$6.4\times10^{-13}\,s$，扩散系数为$0.1\times10^{-10}\,m^2\cdot s^{-1}$，比容为$0.728\times10^{-3}\,m^3\cdot kg^{-1}$，水的密度为$\rho_{水}=0.9982\times10^3\,kg\cdot m^{-3}$。试计算肌凝蛋白的摩尔质量。

8. 通过电泳实验测得，AgCl溶胶(设为球形粒子)在150V电压下通电20分15秒，溶液界面向正极移动$1.10\times10^{-2}\,m$。已知两极间距离为0.460 m，分散介质的相对介电常数$\varepsilon_r=81$($\varepsilon_0=8.85\times10^{-12}\,C^2\cdot N^{-1}\cdot m^{-2}$)，黏度$\eta=1.03\times10^{-3}\,Pa\cdot s$，计算溶胶的$\zeta$电势。

9. $Fe(OH)_3$溶胶带有正电荷，分别加入$CaSO_4$、NaCl、Na_3PO_4三种电解质使其聚沉，比较三种电解质溶液聚沉此种溶胶的能力，并解释原因。

*10. 在半透膜内某蛋白质钠盐NaP水溶液的浓度为$0.05\,mol\cdot dm^{-3}$，膜外加入浓度为$0.2\,mol\cdot dm^{-3}$的NaCl溶液，若膜内外溶液体积相等，计算300K达到平衡时膜两侧溶液中离子的浓度和渗透压。

习题答案

4. (1) $8.82\times10^{-12}\,m\cdot s^{-1}$　(2) $5.0\times10^{-8}\,m$

5. (1) $7.11\times10^3\,Pa$　(2) 0.34 Pa

6. $\Delta h=3.8\times10^{-3}\,m$

7. $570.8\,kg\cdot mol^{-1}$

8. 0.0598 V

9. $Na_3PO_4>CaSO_4>NaCl$

10. 膜内：$c_{Na^+}=0.139\,mol\cdot dm^{-3}$，$c_{Cl^-}=0.089\,mol\cdot dm^{-3}$，$c_{P^-}=0.05\,mol\cdot dm^{-3}$

　膜外：$c_{Na^+}=c_{Cl^-}=0.111\,mol\cdot dm^{-3}$，渗透压$\pi=139.7\,kPa$

附　录

附录 1　基本物理常量

真空中的光速	c	$(2.997\ 924\ 58\pm0.000\ 000\ 012)\times10^{8}\ m\cdot s^{-1}$
元电荷(一个质子的电荷)	e	$(1.602\ 177\ 33\pm0.000\ 000\ 49)\times10^{-19}\ C$
Planck 常量	h	$(6.626\ 075\ 5\pm0.000\ 004\ 0)\times10^{-34}\ J\cdot s$
Boltzmann 常量	k	$(1.380\ 658\pm0.000\ 012)\times10^{-23}\ J\cdot K^{-1}$
Avogadro 常量	L	$(6.022\ 045\pm0.000\ 031)\times10^{23}\ mol^{-1}$
原子质量单位	$1u=m(^{12}C)/12$	$(1.660\ 540\ 2\pm0.000\ 100\ 10)\times10^{-27}\ kg$
电子的静止质量	m_e	$9.109\ 38\times10^{-31}\ kg$
质子的静止质量	m_p	$1.672\ 62\times10^{-27}\ kg$
真空介电常量	ε_0	$8.854\ 188\times10^{-12}\ J^{-1}\cdot C^{2}\cdot m^{-1}$
	$4\pi\varepsilon_0$	$1.112\ 650\times10^{-12}\ J^{-1}\cdot C^{2}\cdot m^{-1}$
Faraday 常量	F	$(9.648\ 530\ 9\pm0.000\ 002\ 9)\times10^{4}\ C\cdot mol^{-1}$
摩尔气体常量*	R	$8.314\ 510\pm0.000\ 070\ J\cdot K^{-1}\cdot mol^{-1}$

* $R=8.314\ J\cdot K^{-1}\cdot mol^{-1}=8.314\times10^{7}\ erg\cdot K^{-1}\cdot mol^{-1}$

$=1.987\ 2\ cal\cdot K^{-1}\cdot mol^{-1}=0.082\ 06\ dm^{3}\cdot atm\cdot K^{-1}\cdot mol^{-1}$

$=62.364\ dm^{3}\cdot mmHg\cdot K^{-1}\cdot mol^{-1}$

附录 2　用于构成十进倍数和分数单位的词头

因数	词头名称	符号	因数	词头名称	符号
10^{-1}	分	d	10^{1}	十	da
10^{-2}	厘	c	10^{2}	百	h
10^{-3}	毫	m	10^{3}	千	k
10^{-6}	微	μ	10^{6}	兆	M
10^{-9}	纳[诺]	n	10^{9}	吉[咖]	G
10^{-12}	皮[可]	p	10^{12}	太[拉]	T
10^{-15}	飞[母托]	f	10^{15}	拍[它]	P
10^{-18}	阿[托]	a	10^{18}	艾[可萨]	E
10^{-21}	仄[普托]	z	10^{21}	泽[它]	Z
10^{-24}	幺[科托]	y	10^{24}	尧[它]	Y

附录 3　能量换算因数

	J	cal	erg	$cm^3 \cdot atm$	eV
1J	1	0. 2390	10^7	9. 869	6.242×10^{18}
1 cal	4. 184	1	4.184×10^7	41. 29	2.612×10^{19}
1 erg	10^{-7}	2.390×10^{-3}	1	9.869×10^{-7}	6.242×10^{11}
1 $cm^3 \cdot atm$	0. 1013	2.422×10^{-3}	1.013×10^5	1	6.325×10^{17}
1 eV	1.602×10^{-19}	3.829×10^{-20}	1.602×10^{-12}	1.581×10^{-18}	1

附录 4　常用数学公式

$$\ln x = \lg x/\lg e = 2.30261\ \lg x$$

$$dx^m = mx^{m-1}dx$$

$$d\ln x = dx/x$$

$$de^x = e^x dx$$

$$\int dx = x + c\ (c\ \text{为积分常数})$$

$$\int x^m dx = \frac{x^{m+1}}{m+1} + c$$

$$\int dx/x = \ln x + c$$

$$\frac{1}{1-x} = 1 + x + x^2 + \cdots (|\ x\ | < 1)$$

$$\int x^n e^{ax} dx = \frac{x^n e^{an}}{a^{n+1}} - \frac{n}{a}\int x^{n-1} e^{ax} dx$$

$$\int_0^\infty x^n e^{-ax} dx = \frac{n!}{a^{n+1}} (n > -1, a > 0)$$

$$\int_{-\infty}^\infty e^{-ax^2} dx = \sqrt{\pi/a}$$

$$\int_{-\infty}^\infty x^2 e^{-ax^2} dx = \frac{1}{2a}$$

$$\int_0^a \sin^2 x dx = \left[-\frac{1}{2}\sin x + \frac{1}{2}x\right]_0^a$$

$$\int x\sin(ax)dx = \frac{1}{a^2}\sin(ax) - \frac{x}{a}\cos(ax)$$

附录5 元素的相对原子质量

元素	次序号	相对原子质量	元素	次序号	相对原子质量	元素	次序号	相对原子质量
O	1	15.9994	Cu	36	63.54	Sm	71	150.35
H	2	1.0080	Ag	37	107.870	Pm	72	146.915
He	3	4.0026	Au	38	196.967	Nd	73	144.24
Ne	4	20.183	Ni	39	58.71	Pr	74	140.907
Ar	5	39.948	Co	40	58.9332	Ce	75	140.12
Kr	6	83.80	Fe	41	55.847	La	76	138.91
Xe	7	131.30	Pd	42	106.4	Lw	77	257
Rn	8	222	Rh	43	102.905	No	78	255
F	9	18.9984	Ru	44	101.07	Md	79	258.10
Cl	10	35.453	Pt	45	195.09	Fm	80	257.10
Br	11	79.909	Ir	46	192.2	Es	81	254.09
I	12	126.9044	Os	47	190.2	Cf	82	251.08
At	13	210	Mn	48	54.9380	Bk	83	249.075
S	14	32.064	Tc	49	98.906	Cm	84	247.07
Se	15	78.96	Re	50	186.2	Am	85	241.06
Te	16	127.60	Cr	51	51.996	Pu	86	239.05
Po	17	210	Mo	52	95.94	Np	87	237.05
N	18	14.0067	W	53	183.85	U	88	238.029
P	19	30.9738	V	54	50.942	Pa	89	231.0359
As	20	74.9216	Nb	55	92.9060	Th	90	232.0381
Sb	21	121.75	Ta	56	180.948	Ac	91	227.028
Bi	22	208.980	Ti	57	47.90	Be	92	9.0122
C	23	12.0112	Zr	58	91.22	Mg	93	24.312
Si	24	28.086	Hf	59	178.49	Ca	94	40.08
Ge	25	72.59	Sc	60	44.956	Sr	95	87.62
Sn	26	118.69	Y	61	88.905	Ba	96	137.34
Pb	27	207.19	Lu	62	174.97	Ra	97	226.025
B	28	10.811	Yb	63	173.04	Li	98	6.941
Al	29	26.9815	Tm	64	168.934	Na	99	22.9898
Ga	30	69.72	Er	65	167.26	K	100	39.102
In	31	114.82	Ho	66	164.930	Rb	101	85.4678
Tl	32	204.37	Dy	67	162.50	Cs	102	132.9054
Zn	33	65.37	Tb	68	158.924	Fr	103	223
Cd	34	112.40	Gd	69	157.25			
Hg	35	200.59	Eu	70	151.96			

附录 6　物质的摩尔标准生成焓、摩尔标准生成吉布斯能、摩尔标准熵和摩尔热容

1. 单质与无机物

(**100**kPa)

物质	$\Delta_f H_m^{\ominus}$(298.15K)	$\Delta_f G_m^{\ominus}$(298.15K)	$S_m^{\ominus}$(298.15K)	$C_{p,m}^{\ominus}$(298.15K)	$C_{p,m}^{\ominus}=a+bT+cT^2$，或 $C_{p,m}^{\ominus}=a+bT+c'T^{-2}$				
					a	$b\times10^3$	$c\times10^6$	$c'\times10^{-5}$	适用温度/K
	$kJ\cdot mol^{-1}$	$kJ\cdot mol^{-1}$	$J\cdot K^{-1}\cdot mol^{-1}$	$J\cdot K^{-1}\cdot mol^{-1}$	$J\cdot K^{-1}\cdot mol^{-1}$	$J\cdot mol^{-1}\cdot K^{-2}$	$J\cdot mol^{-1}\cdot K^{-3}$	$J\cdot K\cdot mol^{-1}$	
Ag(s)	0	0	42.712	25.48	23.97	5.284		−0.25	293～1234
Ag_2CO_3(s)	−506.14	−437.09	167.36						
Ag_2O(s)	−30.56	−10.32	121.71	65.57					
Al(s)	0	0	28.315	24.35	20.67	12.38			273～931.7
Al(g)	313.80	273.2	164.553						
Al_2O_3−α	−1669.8	−2213.16	0.986	79.0	92.38	37.535		−26.861	27～1937
$Al_2(SO_4)_3$(s)	−3434.98	−3728.53	239.3	259.4	368.57	61.92		−113.47	298～1100
Br(g)	111.884	82.396	175.021						
Br_2(g)	30.71	3.109	245.455	35.99	37.20	0.690		−1.188	300～1500
Br_2(l)	0	0	152.3	35.6					
C(g)	718.384	672.942	158.101						
C(金刚石)	1.896	2.866	2.439	6.07	9.12	13.22		−6.19	298～1200
C(石墨)	0	0	5.694	8.66	17.15	4.27		−8.79	298～2300
CO(g)	−110.525	−137.285	198.016	29.142	27.6	5.0			290～2500
CO_2(g)	−393.511	−394.38	213.76	37.120	44.14	9.04		−8.54	298～2500
Ca(s)	0	0	41.63	26.27	21.92	14.64			273～673
CaC_2(s)	−62.8	−67.8	70.2	62.34	68.6	11.88		−8.66	298～720
$CaCO_3$(方解石)	−1206.87	−1128.70	92.8	81.83	104.52	21.92		−25.94	298～1200
$CaCl_2$(s)	−795.0	−750.2	113.8	72.63	71.88	12.72		−2.51	298～1055
CaO(s)	−635.6	−604.2	39.7	48.53	43.83	4.52		−6.52	298～1800
$Ca(OH)_2$(s)	−986.5	−896.89	76.1	84.5					
$CaSO_4$(硬石膏)	−1432.68	−1320.24	106.7	97.65	77.49	91.92		−6.561	273～1373
Cl^-(aq)	−167.456	−131.168	55.10						
Cl_2(g)	0	0	222.948	33.9	36.69	1.05		−2.523	273～1500
Cu(s)	0	0	33.32	24.47	24.56	4.18		−1.201	273～1357
CuO(s)	−155.2	−127.1	43.51	44.4	38.79	20.08			298～1250
Cu_2O−α	−166.69	−146.33	100.8	69.8	62.34	23.85			298～1200
F_2(g)	0	0	203.5	31.64	34.69	1.84		−3.35	273～2000
Fe−α	0	0	27.15	25.23	17.28	26.69			273～1041
$FeCO_3$(s)	−747.68	−673.84	92.8	82.13	48.66	112.1			298～885
FeO(s)	−266.52	−244.3	54.0	51.1	52.80	6.242		−3.188	273～1173
Fe_2O_3(s)	−822.1	−741.0	90.0	104.6	97.74	17.13		−12.887	298～1100

（续表）

物质	$\Delta_f H_m^{\ominus}$(298.15K)	$\Delta_f G_m^{\ominus}$(298.15K)	$S_m^{\ominus}$(298.15K)	$C_{p,m}^{\ominus}$(298.15K)	$C_{p,m}^{\ominus}=a+bT+cT^2$，或 $C_{p,m}^{\ominus}=a+bT+c'T^{-2}$				
					a	$b\times10^3$	$c\times10^6$	$c'\times10^{-5}$	适用温度/K
	$kJ\cdot mol^{-1}$	$kJ\cdot mol^{-1}$	$J\cdot K^{-1}\cdot mol^{-1}$	$J\cdot K^{-1}\cdot mol^{-1}$	$J\cdot K^{-1}\cdot mol^{-1}$	$J\cdot mol^{-1}\cdot K^{-2}$	$J\cdot mol^{-1}\cdot K^{-3}$	$J\cdot K\cdot mol^{-1}$	
Fe_3O_4(s)	−117.1	−1014.1	146.4	143.42	167.03	78.91		−41.88	298～1100
H(g)	217.94	203.122	114.724	20.80					
H_2(g)	0	0	130.695	28.83	29.08	−0.84	2.00		300～1500
D_2(g)	0	0	144.884	29.20	28.577	0.879	1.958		298～1500
HBr(g)	−36.24	−53.22	198.60	29.12	26.15	5.86		1.09	298～1600
HBr(aq)	−120.92	−102.80	80.71						
HCl(g)	−92.311	−95.265	186.786	29.12	26.53	4.60		1.90	298～2000
HCl(aq)	−167.44	−131.17	55.10						
H_2CO_3(aq)	−698.7	−623.37	191.2						
HI(g)	−25.94	−1.32	206.42	29.12	26.32	5.94		0.92	298～1000
H_2O(g)	−241.825	−228.577	188.823	33.571	30.12	11.30			273～2000
H_2O(l)	−285.838	−237.142	69.940	75.296					
H_2O(s)	−291.850	(−234.03)	(39.4)						
H_2O_2(l)	−187.61	−118.04	102.26	82.29					
H_2S(g)	−20.146	−33.040	205.75	33.97	29.29	15.69			273～1300
H_2SO_4(l)	−811.35	(−866.4)	156.85	137.57					
H_2SO_4(aq)	−811.32								
HSO_4^-(aq)	−885.75	−752.99	126.86						
I_2(s)	0	0	116.7	55.97	40.12	49.79			298～386.8
I_2(g)	62.242	19.34	260.60	36.87					
N_2(g)	0	0	191.598	29.12	26.87	4.27			273～2500
NH_3(g)	−46.19	−16.603	192.61	35.65	29.79	25.48		−1.665	273～1400
NO(g)	89.860	90.37	210.309	29.861	29.58	3.85		−0.59	273～1500
NO_2(g)	33.85	51.86	240.57	37.90	42.93	8.54		−6.74	
N_2O(g)	81.55	103.62	220.10	38.70	45.69	8.62		−8.54	273～500
N_2O_4(g)	9.660	98.39	304.42	79.0	83.89	30.75		14.90	
N_2O_5(g)	2.51	110.5	342.4	108.0					
O(g)	247.521	230.095	161.063	21.93					
O_2(g)	0	0	205.138	29.37	31.46	3.39		−3.77	273～2000
O_3(g)	142.3	163.45	237.7	38.15					
OH^-(aq)	−229.940	−157.297	−10.539						
S(单斜)	0.29	0.096	32.55	23.64	14.90	29.08			368.6～392
S(斜方)	0	0	31.9	22.60	14.98	26.11			273～368.6
S(g)	222.80	182.27	167.825					−3.51	
SO_2(g)	−296.90	−300.37	248.64	39.79	47.70	7.171		−8.54	298～1800
SO_3(g)	−395.18	−370.40	256.34	50.70	57.32	26.86		−13.05	273～900
SO_4^{2-}(aq)	−907.51	−741.90	17.2						

2. 有机化合物

在指定温度范围内恒压热容可用式 $C_{p,m}^{\ominus}=a+bT+cT^2+dT^3$ 计算

物质	$\Delta_f H_m^{\ominus}$(298.15K)	$\Delta_f G_m^{\ominus}$(298.15K)	$S_m^{\ominus}$(298.15K)	$C_{p,m}^{\ominus}$(298.15K)	$C_{p,m}^{\ominus}$				
					a	$b\times10^3$	$c\times10^6$	$d\times10^6$	适用温度
	$kJ\cdot mol^{-1}$	$kJ\cdot mol^{-1}$	$J\cdot K^{-1}\cdot mol^{-1}$	$J\cdot K^{-1}\cdot mol^{-1}$	$J\cdot K^{-1}\cdot mol^{-1}$	$J\cdot mol^{-1}\cdot K^{-2}$	$J\cdot mol^{-1}\cdot K^{-3}$	$J\cdot mol^{-1}\cdot K^{-4}$	/K
甲烷 CH_4(g)	−74.847	50.827	186.30	35.715	17.451	60.46	1.117	−7.205	298～1500
乙炔 C_2H_2(g)	226.748	209.200	200.928	43.928	23.460	85.768	−58.342	15.870	298～1500
乙烯 C_2H_4(g)	52.283	68.157	219.56	43.56	4.197	154.590	−81.090	16.815	298～1500
乙烷 C_2H_6(g)	−84.667	−32.821	229.60	52.650	4.936	182.259	−74.856	10.799	298～1500
丙烯 C_3H_6(g)	20.414	62.783	267.05	63.89	3.305	235.860	−117.600	22.677	298～1500
丙烷 C_3H_8(g)	−103.847	−23.391	270.02	73.51	−4.799	307.311	−160.159	32.748	298～1500
1,3-丁二烯 C_4H_6(g)	110.16	150.74	278.85	79.54	−2.958	340.084	−223.689	56.530	298～1500
1-丁烯 C_4H_8(g)	−0.13	71.6	305.71	85.65	2.540	344.929	−191.284	41.664	298～1500
顺-2-丁烯 C_4H_8(g)	−6.99	65.96	300.94	78.91	8.774	342.448	−197.322	34.271	298～1500
反-2-丁烯 C_4H_8(g)	−11.17	63.07	296.59	87.82	8.381	307.541	−148.256	27.284	298～1500
2-甲基丙烯 C_4H_8(g)	−16.90	58.17	293.7	89.12	7.084	321.632	−166.071	33.497	298～1500
正丁烷 C_4H_{10}(g)	−126.15	−17.02	310.23	97.45	0.469	385.376	−198.882	39.996	298～1500
异丁烷 C_4H_{10}(g)	−134.52	−20.79	294.75	96.82	−6.841	409.643	−220.547	45.739	298～1500
苯 C_6H_6(g)	82.927	129.723	269.31	81.67	−33.899	471.872	−298.344	70.835	298～1500
苯 C_6H_6(l)	49.028	124.597	172.35	135.77	59.50	255.01			281～353
环己烷 C_6H_{12}(g)	−123.14	31.92	298.51	106.27	−67.664	679.452	−380.761	78.006	298～1500
正己烷 C_6H_{14}(g)	−167.19	−0.09	388.85	143.09	3.084	565.786	−300.369	62.061	298～1500
正己烷 C_6H_{14}(l)	−198.82	−4.08	295.89	194.93					
甲苯 $C_6H_5CH_3$(g)	49.999	122.388	319.86	103.76	−33.882	557.045	−342.373	79.873	298～1500
甲苯 $C_6H_5CH_3$(l)	11.995	114.299	219.58	157.11	59.62	326.98			281～382
邻二甲苯 $C_6H_4(CH_3)_2$(g)	18.995	122.207	352.86	133.26	−14.811	591.136	−339.590	74.697	298～1500
邻二甲苯 $C_6H_4(CH_3)_2$(l)	−24.439	110.495	246.48	187.9					
间二甲苯 $C_6H_4(CH_3)_2$(g)	17.238	118.977	357.80	127.57	−27.384	620.870	−363.895	81.379	298～1500
间二甲苯 $C_6H_4(CH_3)_2$(l)	−25.418	107.817	252.17	183.3					
对二甲苯 $C_6H_4(CH_3)_2$(g)	17.949	121.266	352.53	126.86	−25.924	60.670	−350.561	76.877	298～1500
对二甲苯 $C_6H_4(CH_3)_2$(l)	−24.426	110.244	247.36	183.7					
甲醛 HCHO(g)	−115.90	−110.0	220.2	35.36	18.820	58.379	15.606		291～1500
甲酸 HCOOH(g)	−362.63	−335.69	251.1	54.4	30.67	89.20	−34.539		300～700
甲酸 HCOOH(l)	−409.20	−345.9	128.95	99.04					
甲醇 CH_3OH(g)	−201.17	−161.83	237.8	49.4	20.42	103.68	−24.640		300～700

（续表）

物质	$\Delta_f H_m^\ominus$(298.15K)	$\Delta_f G_m^\ominus$(298.15K)	$S_m^\ominus$(298.15K)	$C_{p,m}^\ominus$(298.15K)	$C_{p,m}^\ominus$				
					a	$b\times10^3$	$c\times10^6$	$d\times10^6$	适用温度
	$kJ\cdot mol^{-1}$	$kJ\cdot mol^{-1}$	$J\cdot K^{-1}\cdot mol^{-1}$	$J\cdot K^{-1}\cdot mol^{-1}$	$J\cdot K^{-1}\cdot mol^{-1}$	$J\cdot mol^{-1}\cdot K^{-2}$	$J\cdot mol^{-1}\cdot K^{-3}$	$J\cdot mol^{-1}\cdot K^{-4}$	/K
甲醇 $CH_3OH(l)$	−238.57	−166.15	126.8	81.6					
乙醛 $CH_3CHO(g)$	−166.36	−133.67	265.8	62.8	31.054	121.457	−36.577		298～1500
乙酸 $CH_3COOH(l)$	−487.0	−392.4	159.8	123.4	54.81	230			
乙酸 $CH_3COOH(g)$	−436.4	−381.5	293.4	72.4	21.76	193.09	−76.78		300～700
乙醇 $C_2H_5OH(l)$	−277.63	−174.36	160.7	111.46	106.52	165.7	575.3		283～348
乙醇 $C_2H_5OH(g)$	−235.31	−168.54	282.1	71.1	20.694	+205.38	−99.809		300～1500
丙酮 $CH_3COCH_3(l)$	−248.283	−155.33	200.0	124.73	55.61	232.2			298～320
丙酮 $CH_3COCH_3(g)$	−216.69	−152.2	296.00	75.3	22.472	201.78	−63.521		298～1500
乙醚 $C_2H_5OC_2H_5(l)$	−273.2	−116.47	253.1		170.7				290
乙酸乙酯 $CH_3COOC_2H_5(l)$	−463.2	−315.3	259		169.0				293
苯甲酸 $C_6H_5COOH(s)$	−384.55	−245.5	170.7	155.2					
氯甲烷 $CH_3Cl(g)$	−82.0	−58.6	234.29	40.79	14.903	96.2	−31.552		273～800
二氯甲烷 $CH_2Cl_2(g)$	−88	−59	270.62	51.38	33.47	65.3			273～800
氯仿 $CHCl_3(l)$	−131.8	−71.4	202.9	116.3					
氯仿 $CHCl_3(g)$	−100	−67	296.48	65.81	29.506	148.942	−90.713		273～800
四氯化碳 $CCl_4(l)$	−139.3	−68.5	214.43	131.75	97.99	111.71			273～330
四氯化碳 $CCl_4(g)$	−106.7	−64.0	309.41	85.51					
氯苯 $C_6H_5Cl(l)$	116.3	−198.2	197.5	145.6					
二甲胺 $NH(CH_3)_2(g)$	−27.6	59.1	273.2	69.37					
吡啶 $C_5H_5N(l)$	78.87	159.9	179.1		140.2				293
苯胺 $C_6H_5NH_2(l)$	35.31	153.35	191.6	199.6	338.28	−1068.6	2022.1		278～348
硝基苯 $C_6H_5NO_2(l)$	15.90	146.36	244.3		185.4				293

附录7　某些有机化合物的摩尔标准燃烧焓(100kPa、298.15K)

化合物	$\Delta_c H_m^{\ominus}/kJ \cdot mol^{-1}$
$CH_4(g)$甲烷	−890.31
$C_2H_2(g)$乙炔	−1299.59
$C_2H_4(g)$乙烯	−1410.97
$C_2H_6(g)$乙烷	−1559.84
$C_3H_8(g)$丙烷	−2219.07
$C_4H_{10}(g)$正丁烷	−2878.34
$C_6H_6(l)$苯	−3267.54
$C_6H_{12}(l)$环己烷	−3919.86
$C_7H_8(l)$甲苯	−3925.4
$C_{10}H_8(s)$萘	−5153.9
$CH_3OH(l)$甲醇	−726.64
$C_2H_5OH(l)$乙醇	−1366.91
$C_6H_5OH(s)$苯酚	−3053.48
$HCHO(g)$甲醛	−570.78
$CH_3COCH_3(l)$丙酮	−1790.42
$C_2H_5COC_2H_5(l)$乙醚	−2730.9
$HCOOH(l)$甲酸	−254.64
$CH_3COOH(l)$乙酸	−874.54
C_6H_5COOH(晶)苯甲酸	−3226.7
$C_7H_6O_3(s)$水杨酸	−3022.5
$CHCl_3(l)$氯仿	−373.2
$CH_3Cl(g)$氯甲烷	−689.1
$CS_2(l)$二硫化碳	−1076
$CO(NH_2)_2(s)$脲素	−634.3
$C_6H_5NO_2(l)$硝基苯	−3091.2
$C_6H_5NH_2(l)$苯胺	−3396.2

附录 8　298.15K 时水溶液中一些电极的标准电极电势

电　极	电极反应	$\varphi^{\ominus}$/V
Li^+/Li	$Li^+ + e \rightleftharpoons Li$	−3.045
K^+/K	$K^+ + e \rightleftharpoons K$	−2.924
Ba^{2+}/Ba	$Ba^{2+} + 2e \rightleftharpoons Ba$	−2.906
Ca^{2+}/Ca	$Ca^{2+} + 2e \rightleftharpoons Ca$	−2.866
Na^+/Na	$Na^+ + e \rightleftharpoons Na$	−2.714
Mg^{2+}/Mg	$Mg^{2+} + 2e \rightleftharpoons Mg$	−2.363
Mn^{2+}/Mn	$Mn^{2+} + 2e \rightleftharpoons Mn$	−1.180
$OH^-/H_2,Pt$	$2H_2O + 2e \rightleftharpoons H_2 + 2OH^-$	−0.828
Zn^{2+}/Zn	$Zn^{2+} + 2e \rightleftharpoons Zn$	−0.7628
Cr^{3+}/Cr	$Cr^{3+} + 3e \rightleftharpoons Cr$	−0.744
SbO_2^-/Sb	$SbO_2 + 2H_2O + 3e \rightleftharpoons Sb + 4OH^-$	−0.67
Fe^{2+}/Fe	$Fe^{2+} + 2e \rightleftharpoons Fe$	−0.4402
$Cr^{3+}/Cr^{2+}/Pt$	$Cr^{3+} + e \rightleftharpoons Cr^{2+}$	−0.408
Cd^{2+}/Cd	$Cd^{2+} + 2e \rightleftharpoons Cd$	−0.4029
$Cd^{2+}/Cd(Hg)$	$Cd^{2+} + 2e \rightleftharpoons Cd(Hg)$	−0.3521
Co^{2+}/Co	$Co^{2+} + 2e \rightleftharpoons Co$	−0.277
Ni^{2+}/Ni	$Ni^{2+} + 2e \rightleftharpoons Ni$	−0.250
$I^-/AgI,Ag$	$AgI + e \rightleftharpoons Ag + I^-$	−0.152
Sn^{2+}/Sn	$Sn^{2+} + 2e \rightleftharpoons Sn$	−0.136
Pb^{2+}/Pb	$Pb^{2+} + 2e \rightleftharpoons Pb$	−0.126
Fe^{3+}/Fe	$Fe^{3+} + 3e \rightleftharpoons Fe$	−0.036
$H^-/H_2,Pt$	$2H^+ + 2e \rightleftharpoons H_2$	0.0000
$Br^-/AgBr,Ag$	$AgBr + e \rightleftharpoons Ag + Br^-$	+0.07103
$Sn^{4+},Sn^{2+}/Pt$	$Sn^{4+} + 2e \rightleftharpoons Sn^{2+}$	+0.15
$Cu^{2+},Cu^-/Pt$	$Cu^{2+} + e \rightleftharpoons Cu^+$	+0.153
$Cl^-/AgCl,Ag$	$AgCl + e \rightleftharpoons Ag + Cl^-$	+0.2224
$Cl^-/Hg_2Cl_2,Hg$	$Hg_2Cl_2 + 2e \rightleftharpoons 2Hg + 2Cl^-$	+0.2682
Cu^{2+}/Cu	$Cu^{2+} + 2e \rightleftharpoons Cu$	+0.337
$OH^-/Ag_2O,Ag$	$Ag_2O + H_2O + 2e \rightleftharpoons 2Ag + 2OH^-$	+0.344
$OH^-/O_2,Pt$	$1/2O_2 + H_2O + 2e \rightleftharpoons 2OH^-$	+0.401
Cu^+/Cu	$Cu^+ + e \rightleftharpoons Cu$	+0.521
$I^-/I_2,Pt$	$I_2 + 2e \rightleftharpoons 2I^-$	+0.5355
$MnO_4^-,MnO_4^{2-}/Pt$	$MnO_4^- + e \rightleftharpoons MnO_4^{2-}$	+0.564
$H^+,C_6H_4O_2,C_6H_4(OH)_2/Pt$	$C_6H_4O_2 + 2H^+ + 2e \rightleftharpoons C_6H_4(OH)_2$	+0.6993

(续表)

电　极	电极反应	$\varphi^{\ominus}$/V
Fe^{3+}, Fe^{2+}/Pt	$Fe^{3+}+e \rightleftharpoons Fe^{2+}$	+0.771
Hg_2^{2+}/Hg	$Hg_{22+}+2e \rightleftharpoons 2Hg$	+0.788
Ag^+/Ag	$Ag^+ + e \rightleftharpoons Ag$	+0.7991
Hg_2^{2+}/Hg	$Hg^{2+}+2e \rightleftharpoons Hg$	+0.854
Hg^{2+}, Hg^+/Pt	$Hg^{2+}+e \rightleftharpoons Hg^+$	+0.91
Pd^{2+}/Pd	$Pd^{2+}+2e \rightleftharpoons Pd$	+0.987
Br^-, Br_2/Pt	$Br_2+2e \rightleftharpoons 2Br^-$	+1.0652
Pt^{2+}/Pt	$Pt^{2+}+2e \rightleftharpoons Pt$	+1.20
H^+/O_2, Pt	$O_2+4H^++4e \rightleftharpoons 2H_2O$	+1.229
Mn^{2+}, H^+/MnO_2, Pt	$MnO_2+4H^++2e \rightleftharpoons Mn^{2+}+2H_2O$	+1.23
Cr^{3+}, $Cr_2O_7^{2-}$, H^+/Pt	$Cr_2O_7^{2-}+14H^++6e \rightleftharpoons 2Cr^{3+}+7H_2O$	+1.33
Cl^-/Cl_2, Pt	$Cl_2+2e \rightleftharpoons 2Cl^-$	+1.3595
Pb^{2+}, H^+/PbO_2, Pt	$PbO_2+4H^++2e \rightleftharpoons Pb^{2+}+H_2O$	+1.455
Au^{3+}/Au	$Au^{3+}+3e \rightleftharpoons Au$	+1.498
MnO_4^-, H^+/MnO_2, Pt	$MnO_4^-+4H^++3e \rightleftharpoons MnO_2+2H_2O$	+1.695
Ce^{4+}, Ce^{3+}/Pt	$Ce^{4+}+e \rightleftharpoons Ce^{3+}$	+1.61
SO_4^{2-}, H^+/$PbSO_4$, PbO_2, Pt	$PbO_2+SO_4^{2-}+4H^++2e \rightleftharpoons PbSO_4+2H_2O$	+1.682
Au^+/Au	$Au^++e \rightleftharpoons Au$	+1.691
$S_2O_8^{2-}$, SO_4^{2-}/Pt	$S_2O_8^{2-}+2e \rightleftharpoons 2\ SO_4^{2-}$	+2.05
F^-/F_2, Pt	$F_2+2e \rightleftharpoons 2F^-$	+2.87